本书所获赞誉

“在软件领域，我们站在前人的肩膀上前进。Mark的经验丰富，涉猎广泛，上至哲学和组织的宏观思考，下至写代码的微观细节。这本书让这些经验为你所用。去读吧。”

——Adam Ralph，演讲者、导师、低代码平台开发者，供职于Particular Software

“我阅读Mark的博客已有多年，他总能提供深入的技术见解，又不失趣味。这本书仍然如此。对任何希望更上一层楼的开发人员来说，这本书都是一笔宝贵的资源。”

——Adam Tornhill，CodeScene创始人，
*Software Design X-Rays*和*Your Code as a Crime Scene*的作者

“这本书最合我心意的是，它只用了一个代码库作为示例。你不必再四处下载单独的示例代码，而可以一次性得到包含完整应用程序的Git仓库。代码库的历史保留了工作痕迹，用来展示不断演进的代码以及书中解释的概念。阅读到某个特定的原理或技术时，你会发现它直接引用了某次提交，在实践中证明了该原理或技术。当然，你也可以按照自己的喜好浏览历史记录，在任何节点驻足检查、调试，甚至试验代码。我从没有在哪本书中看到过这样便利的交互，这让我享受到一种特别的愉悦，因为它以建设性的全新方式展示了Git的独到设计。”

——Enrico Campidoglio，独立顾问、演讲者、在线教育网站Pluralsight的课程作者

“Mark Seemann不仅在大型系统的架构设计和软件构造方面拥有数十年的丰富经验，对于如何扩展和管理此类系统与构建团队之间的复杂关系，他也是最著名的思考者之一。”

——Mike Hadlow，独立软件顾问、博客作者

“Mark Seemann以能够清晰透彻地解释复杂概念而闻名。在这本书中，他浓缩了自己丰富的软件开发经验，将之凝聚为一套实用的、务实的技巧，用于编写可持续的、对人类友好的代码。这本书应当成为程序员的案头书。”

——Scott Wlaschin，*Domain Modeling Made Functional*的作者

“Mark说过‘成功的软件经久不衰’，这本书将助力你写出这样的软件。”

——Bryan Hogan，软件架构师、播客主播、博客作者

“Mark的能力超群，能启发他人深入思考软件开发行业/职业。每次跟他合作完成*.NET Rocks*！的访谈，我都意识到，必须把自己的节目重听一遍，才能真正理解我们所讨论的一切。”

——Richard Campbell，*.NET Rocks*！播客联席主播

思维整洁之道

编写与头脑合拍的卓越代码

[丹麦] Mark Seemann◎著

余晟◎译

Code That Fits in Your Head

Heuristics for Software Engineering

電子工業出版社
Publishing House of Electronics Industry
北京•BEIJING

内 容 简 介

软件开发既需要理论和科学，也需要经验和手艺。可惜，一直以来许多图书都只关注前一部分，而忽略了后一部分。Mark的这本书主要关注的就是经验和手艺的部分。本书既详细讲解了API设计、红绿重构等常用技术，也演示了如何撰写提交说明、如何修改单元测试，同时对故障定位、代码阅读、团队合作等传统上被认为“难以说清”的话题，也给出了实用而且精当的建议。难能可贵的是，与其他图书提供的示例代码库不同，本书的示例代码库包含了完整的Git提交记录。也就是说，读者可以按照作者的路径，一步一个脚印地重温整个开发过程。

如果你的经验还不够丰富，建议严格按照作者的讲解，认真读完全书，掌握软件工程的技巧。如果你已经有足够的开发经验，不妨在速览全书后，精读自己不熟悉但感兴趣的部分。对自己不认同的部分，也不妨花时间了解作者主张的前因后果，让自己对许多问题有更全面的认知。

全书以C#为示范语言，但并没有用到太多C#的专属特性。面对示例代码，任何熟悉现代主流面向对象语言的读者，都可以很容易地理解作者背后的思考。

版权贸易合同登记号　图字：01-2022-2794

图书在版编目（CIP）数据

思维整洁之道 : 编写与头脑合拍的卓越代码 / (丹)
马克·泽曼 (Mark Seemann) 著 ; 余晟译. -- 北京 :
电子工业出版社, 2024. 8. -- ISBN 978-7-121-48308-0
Ⅰ. TP311.52
中国国家版本馆CIP数据核字第2024EF5933号

责任编辑：张春雨
印　　刷：山东华立印务有限公司
装　　订：山东华立印务有限公司
出版发行：电子工业出版社
　　　　　北京市海淀区万寿路173信箱　　邮编：100036
开　　本：787 × 980　1/16　　印张：20.5　　字数：360.8千字
版　　次：2024年8月第1版
印　　次：2024年8月第1次印刷
定　　价：109.00元

凡所购买电子工业出版社图书有缺损问题，请向购买书店调换。若书店售缺，请与本社发行部联系，联系及邮购电话：（010）88254888，88258888。

质量投诉请发邮件至zlts@phei.com.cn，盗版侵权举报请发邮件至dbqq@phei.com.cn。

本书咨询联系方式：faq@phei.com.cn。

推荐序

缘起

作为一个在一线奋斗多年的架构师，我总是在想，如何能够时刻保持清晰的头脑，高效地编写出正确的、易于维护的、清晰整洁的代码。可以说，下面这两个问题在我脑海里回荡了很多很多年。

- 问题一关乎效率：怎么做，能让交付快？
- 问题二关乎质量：怎么做，能让交付稳？

一直以来，我认为这两个问题是矛盾的。我的思维定式告诉我：代码交付快，则势必质量差，欲速则不达；系统要想稳，则交付必定耗时，慢工出细活儿。直到遇到*Code That Fits in Your Head*，其中的一些思路让我豁然开朗，原来"快"和"稳"并非不可兼得。如果我能早一点儿读到它就好了。

近期，其中文版《思维整洁之道》如期而至。作为一个技术人，又或是一个技术管理者，如果你有过关于编码效率与编码质量，以及架构效率与架构质量方面的困惑与疑虑，我建议你读读这本书。

由慢到快

关于 checklist，我们会有很多关于系统结构、配置规范、交互规则等方面的考量。那么，这到底是一项关于效率还是关于质量的工具呢？这本书化解了这个非此即彼的烦恼——效率与质量并不矛盾。

关于复杂性控制，我们会有很多拆分粒度、递归次数、交互限制等方面的讲究。那么，这到底是一项关于效率还是关于质量的约束呢？这本书清晰地判决了这个公案——效率与质量并不矛盾。

关于切片技术，我们会有很多方便数据注入的切片、方便异常复现的切片、方便测试控制的切片……那么，这到底是一项关于效率还是关于质量的技术呢？这本书告诉我们的答案依旧是——效率与质量并不矛盾。

同理，我们对封装的要求、对测试的折中、对 API 的设计、对腐化代码的态度，以及针对团队合作的机制……如此种种，体现的无一不是对效率与质量的并重。相关的底层逻辑在本书中均有极其细致的讲解。

由快到稳

对于代码的新增，如何进行版本管理、如何与历史代码兼容以及如何在注释上避免误解等诸多细节，在效率与质量并重的时代，我们真的思考过吗？

对于故障的排除，如何尽早重现缺陷、如何高效定位问题以及如何快速修复 bug 等诸多细节，在效率与质量并重的时代，我们真的思考过吗？

对于旧代码的阅读，如何快速统揽全局、如何把握整体架构以及如何立刻抓住当下需要关注的代码文件等诸多细节，在效率与质量并重的时代，我们真的思考过吗？

同理，单元测试、项目节奏、性能分析、安全设计、日志实践等技术，无不关乎代码高效率下的高质量。相关的技术在本书中也有极其细致的讲解。

最后，我想要提醒大家的是，这不是一本高高在上的理论类图书，而是一本接地气的实践类图书。本书中有大量跨语言的代码示例，能让我们对“高效高质”的每一条建议，都有最为直观的认识与理解。

对于每一位工程师、每一位技术管理者，我再次郑重推荐这本《思维整洁之道》，希望你能有收获。在此，我愿与每一位致力于提升软件研发效率与质量的技术人共勉！

——“架构师之路”公众号文章作者　沈剑

过去未去，未来已来

同意翻译这本书的时候，我正在自己的琴上练习《云宫迅音》。

对于“云宫迅音”这个名字，也许一般人不是很熟悉，但只要前奏响起，绝大多数人都会第一时间反应过来：啊，《西游记》。

没错，它就是广为人知的“86版”电视剧《西游记》中，给观众留下深刻印象的片头曲。

在很长的时间里，大家都不知道它的名字是“云宫迅音”，甚至作曲者许镜清老师也没有给它正经取个名字。大家印象深刻的是全曲开头电声乐器那特别的旋律，音乐响起，所有人都知道，神魔鬼怪的故事就要上演了。

如今，面对着《云宫迅音》的乐谱，我才发现，这首曲子并非那么简单。仔细分析，全曲涵盖了多个不同的主题，从猴王问世到大闹天宫，从天庭盛会到取经长路，磅礴大气又层次分明，还贯穿着不断升华的主线旋律。在这背后，从调式到节奏，从和声到配器，处处都体现出精妙的味道。

不必观看许老师的采访也可以想见，当年为了这首连名字都没有的片头曲，他一定绞尽了脑汁。最终，这首片头曲留下的影响力，轻松穿透了近40年的光阴。

过去的东西，未必会真的离我们而去，前提是，它是真的好东西。

恰好是在反复练习《云宫迅音》的时候，我收到了翻译这本书的邀请，再三考虑，我决定接下这个任务。

翻译图书，我的顾虑不少。

早年间，我翻译过几本书，也自恃“爱惜名声”，所以对于继续翻译书这回事，我是非常谨慎的，因为技术图书的翻译纯粹是个“费力不讨好”的活儿。

相信大家都知道，如果看完一本英文书的难度是 1，那么陈述书中主要观点的难度大概是 5，逐字逐句复述书中内容的难度大概是 50。如果不但要逐字逐句复述，还必须考虑听者的理解能力，保证听者准确理解，难度还要翻上几番。如果再进一步，要准确还原作者的行文风格，让译文读者产生与原文读者相同的感受，那就难比登天了。

偏生翻译这回事又没有太多工具可以依赖，它有点儿像写代码时，沿着 happy path 一条道走到黑，既没有单元测试，也没有集成测试，大部分时候全凭手感。所以，译稿出错漏的概率可比代码出 bug 的概率要高多了。

更麻烦的是，许多读者的技术不错，英语也不错，是故能轻而易举地发现翻译中的错漏。在这个社交媒体流行的年代，任何错误都可能被人拿出来，发在网上四处讨论。换句话说，翻译技术图书这事，风险极大。

所以，该怎么办？还要不要翻译这本书呢？

《云宫迅音》给了我启发。我想，对许老师来说，“会不会流行”“不被人喜欢怎么办”之类的问题，一定不那么重要。相反，用心写好这首曲子，对得起自己，这才重要。

对我来说，阅读英文图书当然没有大的问题；但我仍然要承认，自己读中文书的速度远远超过读英文书。我相信，对许多同行来说，情况也是如此。所以，把这本书的内容以中文形式呈现给大家，会是一件有意义的事情。

加之，这又确实是本特殊的书，与我翻译过的、读过的许多书都不一样。初读这本书的时候，我好几次想要笑出来，因为内容实在太“土”了。

请不要误会，这里的“土”完全没有任何贬义，反而还有赞许的色彩，因为软件开发从来也离不开“土办法”。

我算是计算机专业毕业的，基础知识也不算不扎实，但仍然会犯下“修改防火墙（iptables）配置把自己锁死在外面”的错误。怎么杜绝这种风险，我绞尽脑汁也找不到答案。直到许多年后，朋友告诉我一个“土办法”：先准备一份“绝对没问题”的配置作为备份，再设定一个计划任务，每 5 分钟就自动载入备份配置，如此就能放心折腾，安全无虞。

这个“土办法”让我拍案叫绝，可是我从没有在教科书里看到过它。我由此想到，许多技术图书都是“阳春白雪”，而“下里巴人”往往不可或缺。那么，类似的经验有没有聚沙成塔、集腋成裘的机会呢？ Mark 的这本书，恰恰就是我想找的答案。

实际上，Mark 也毫不隐瞒，在副标题里直接注明这本书讲的是软件工程中的 heuristics。许多人把 heuristics 翻译为“启发式方法”，其实未必准确，因为它不一定能给人多少“启发”。严格说起来，heuristics 指的是一种综合了经验、规则、直觉的试错方法，常用于解决复杂问题，目标不是保证找到最优解，而是在合理的时间内找到接近最优解的实用解决方案。

工作的年头长了，我越来越觉得，软件工程从来不是科学研究，不要求穷尽心力寻找最优解，而是要在合理的时间里找到实用的次优解。而这，恰恰就是“土办法”的价值所在。办法“土”无所谓，能解决问题就是好的。

当然，“土”也会带来疑惑。尤其是在 ChatGPT 已经诞生并且大肆流行的年代，大量“聪明”的工具涌现出来帮我们生成代码。既然手工写代码都已显得多余，那么手工写代码的各种“讲究”是否还有意义，似乎应该打上一个大大的问号。

但是我继而又发现，许多代码虽然可以自动生成，但最终还是要靠人来阅读、合并、构建的。而不管在中国还是在外国，不管是做哪种系统的开发，也不管从业人员的经验多寡，软件工程的许多问题都是共通的。

比如，与代码渐行渐远的文档；比如，大杂烩式的提交（commit）操作；又比如，含混潦草的提交说明（commit message）⋯⋯ 所有这些，都会让你在与人合作的时候无比头痛，哪怕现成的代码库摆在眼前，也不过是《西游记》中的盘丝洞，看一眼就要倒吸一口凉气。

每当这种时候，我都想让当事人去读读这本书，好好补习基本功。

又比如，在多团队协作联调时，一个诡异的 bug 消耗了我们的大量时间，最后发现对接口的调用没有错，可惜接口的设计有误，调用某个接口之后，对象就处于异常状态。然而当我指出问题之后，合作团队的工程师轻描淡写地说：“噢，问题不大，你再调用某某接口，状态就会对了。”

那一刻，我恨不得直接把他从屏幕那面拽过来，指着这本书上的内容给他看：“从本质上讲，封装应该保证一个对象永远不会处于无效状态。”虽然他确实是一位资深工程师，但他无疑还应当补习这些基本常识。

当然，阅读这本书的过程，也不仅仅是强化已有常识的过程。实话实说，我也收获了很多新的知识。

比如“提交记录分析法”。在新接触已有代码库时，先对过往提交记录做个统计分析，画出提交的热点围栏图，就可以很清楚地知道大家的工作模式，哪些模块是当前的重点，bug 主要集中在哪些模块——这个办法的确比自己闷头读代码快得多。

再比如“橡皮鸭法”。在面对问题一筹莫展时，找个橡皮鸭玩具，或者想象自己正对着橡皮鸭，尝试复述问题和自己的思路。“你看，现在我遇到了这个问题，它的现象是这样的……我尝试分析，第一步我做了……第二步我做了……那么接下来我大概应该……”。

看起来有点儿滑稽，但它真的帮我排除了不少疑难杂症。

Mark 还告诉我，如果实在没有思路，也不要紧。一定要站起身来，离开计算机，四处走动走动，干点儿不相干的事情。切记不要沉迷在问题当中，而是把它交给“系统 1”（也就是潜意识）去思考。经过一段时间的“发酵”，没准儿就能水到渠成。

看起来有点儿荒谬，但我真的很多次在骑自行车时体验了灵感爆发。

因此，“土”归“土”，我还是很高兴地读完了这本书，也愿意让更多人读到这本书。要知道，软件开发这回事，从来不是在理论、工具、框架的新世界里叱咤风云，也从来不能对留传下来的宝贵实践经验嗤之以鼻。

怎样提交代码，怎样写提交说明，怎样设计 API 来杜绝用户做你不想让他们做的事情，怎样迅速理解巨大的代码库，怎样找到排障的思路……经典的教科书完全不会涉及这些问题，在那些书中，写提交说明、提交代码、设计接口、定位故障……似乎这一切都会按部就班地自然发生。

然而在真实的开发中，我们又常常被这些“不起眼”的问题困住，消耗了太多的时间和精力。更可惜的是，如果没有人告诉开发人员怎么做才是对的，那么他可能根本意识不到，这类问题本不应该浪费如此多的时间和精力。

所以，阅读这本书，也暗合了 Mark 反复提起的那句话：“未来已来，只不过是参差而来。”

“未来已来”，让读者意识到旧问题，寻找到新答案，提升自己的技艺水准。至于“参差而来”，则意味着读者不必完全赞同 Mark 的每个观点——老实说，他的许多观点我看了也皱眉，比如他对 ORM 的反感，以及他对于计算机科学知识价值的低估，无论是根据理论认知还是实践经验，我都无法赞同他的这些观点。所以，建议大家因地制宜，放心拿走对自己有用、有启发的观点。

要补充的是，Mark 的这本书，行文是非常轻松随意的，因此即便是相对严肃的话题，你也看不到一本正经的腔调。虽然中英文的表达方式有很大不同，但我仍然努力保持、还原英文原书那种轻松随意的风格，希望大家在收获知识的同时，也有良好的阅读体验相伴。

我衷心地希望，在未来的某个时刻，也许你早已忘记了作者和书名，可是一看到模糊潦草的提交说明，就能条件反射般地知道：嘿，这可不行！

另附：特别感谢网友 @yihong0618，你的开源项目 bilingual_book_maker 让我不但感受到 ChatGPT 给开发人员带来的压力，也真切地享受到了它带来的便利。它大大提升了翻译的速度和质量，让我在翻译讲述“未来已来”的图书时，也能亲身体验到“未来已来”。

同样特别感谢网友 boholder 通读了全部译稿，指出了很多错漏之处，并给出了非常精当中肯的建议。感谢你，你是造福其他读者的先行者。

也需要特别感谢本书的文字编辑李云静，你的耐心细致帮我找到了译稿中的不少问题，避免了让它们影响更多的读者。如果读者喜爱本书，那必然有你的辛劳；如果读者发现了问题，我应当承担全部责任。

余晟

2024 年 3 月

出版说明

我的孙子正在学编程。

对，你没看错。我 18 岁的孙子正学习在计算机上编程。跟谁学呢？他的姑姑[1]，我的小女儿。她生于 1986 年，16 个月之前才决定换个行业，不再做化学工程，改做软件开发。他俩为谁工作呢？我的大儿子。他正和我的小儿子一起，在准备创办自己的第二家软件咨询公司。

对，软件开发成了家族传承的事业。没错，编程这回事，我已经做了太长太长的时间。

这还不够，我女儿还要求我花 1 小时陪孙子，教他编程基础知识和起步课程。所以我搞了一次专门授课，教他计算机是什么，计算机是如何出现的，最早的计算机是什么样子的，还有很多很多……你可以想象。

教他的最后一步是，由我编程实现算法，用 PDP-8 的汇编语言实现两个二进制整数的乘法。如果你还没听说过 PDP-8，我来解释一下，它没有提供乘法指令，

1 英文与中文的亲戚称呼不同，grandson可以是“孙子”也可以是“外孙”，aunt可以是“姨妈”也可以是“姑姑”，不好臆测。好在Uncle Bob亲自帮我解答了这个问题，所以“孙子”和“姑姑”的翻译是有切实依据的。——译者注

所以你需要自己写程序来做乘法运算。实际上，PDP-8甚至连减法指令也没有，你需要自己对两个数做补码运算，然后加上一个伪负数（你大概听得懂吧）。

等我演示完这些代码，这孩子已经被吓到了。我想说的是，在我18岁的时候，光是见到这么多极客范儿的细节，就会让我心潮澎湃。但是对今天的18岁男孩来说，即便是姑姑教他写简单的Clojure程序，他也没多少兴趣。

我于是开始思考，编程到底有多难。它很难，真的很难。它可能是人类尝试做过的最难的事情。

噢，我的意思不是说，让你写代码去找出若干个素数，或者生成斐波那契数列，抑或实现简单的冒泡排序，这些任务并不算难。但是，写一个空中交通管制系统，或者行李管理系统，抑或原料管理系统、《愤怒的小鸟》之类复杂一些的程序，又如何呢？这些就很难，真的很难。

我几年前才结识Mark Seemann，都记不得自己真的见过他，很可能我们都没有在同一个房间里待过。但是在专业的新闻组和社交网络上，他和我之间有过很多互动。他是我最喜欢与之争论的人之一。

在几乎所有话题上，他跟我都有不同意见，比如怎么看静态类型检查和动态类型检查，怎么评价操作系统和编程语言。在许多烧脑的问题上，我们也有不同意见。不过，如果你坚持跟他不同的看法，就得非常小心，因为他的逻辑总是很完整，几乎没有漏洞。

所以，看到这本书的时候我就在猜想，在阅读这本书的同时表达不同观点，会是多么好玩。而我读下来的感觉也真的如此。我读完了这本书，有些观点我确实不同意。如果借此机会能以我的逻辑取而代之，那真是让人高兴的事。我猜，真的有那么一两个问题，我大概做到了——只可惜没写下来。

不过，这不是关键。关键是，软件开发是困难的。过去70年来，大家花了很多时间，想找到把它变简单些的办法。Mark在这本书中所做的，就是汇聚70年来最好的办法，并将其集中展现给大家。

不止于此，他还把它们组织起来，形成体系化的实用方法和技巧，并按顺序排列，让读者能亲手实践。这些实用方法和技巧由浅入深，层层递进，读者在进行软件开发的时候就能拾级而上。

事实上，贯穿这本书的也是一个软件项目，对每个步骤，以及能帮助读者理解此步骤的实用方法和技巧，Mark 都做了讲解。

Mark 使用的编程语言是 C#（对于他的这个选择，我保留意见），但这不要紧。书中的代码都很简单，其中蕴含的实用方法和技巧，适用于你可能使用的任何一种编程语言。

他在书中谈到的内容还有很多，比如 checklist、测试驱动开发、命令与查询分离、Git、圈复杂度、引用透明性、垂直切片、绞杀榕模式，以及由外到内开发，而且恰到好处地控制在师傅领进门的程度。

更不用说，书中还蕴藏了大量软件开发的宝贵经验。我的意思是，你可能正在按部就班地往下读，忽然他说，“把你的测试转个 90°，看看你还能不能维持预备－执行－断言（Arrange-Act-Assert）的三部曲结构”，或者“我们的目标不是快速编写代码，而是获得可持续的软件”，以及“别忘了把数据库 schema 提交到 Git 仓库中”。

他的有些经验很深奥，有些经验则很平凡，还有些经验只是推测。不过，所有这些经验都反映了 Mark 在过去这些年的深邃思考。

所以，放心阅读这本书吧。仔细读下去，跟随 Mark 无懈可击的逻辑，把这些实用方法和技巧吸收到你的脑海中。在书中读到这些宝贵经验的时候，不妨停下来，认真想一想。这样，等到有一天你教自己的孙辈编程的时候，可能就不会吓到他们。

——Robert C. Martin

序

在 2005 年左右，我开始为一家出版社做技术审校。审校过若干本书之后，编辑要跟我谈一本关于依赖注入的书。

这样的开头有点儿奇怪。通常，他们跟我谈起某本书的时候，作者和大纲都已经有了，可是这次什么也没有。编辑要给我打个电话，聊聊这样的主题是否行得通。

我仔细想了几天，觉得这个主题有意思。但是同时，我觉得不值得为此写一整本书。毕竟，这些知识都是现成的，博客、库文档、杂志文章，甚至有些书已经覆盖了这类主题。

反思之后我意识到，尽管知识是现成的，但是它们是零散的，使用起来也没有一致性，有些术语甚至是互相矛盾的。所以，把这些知识收集起来，以规范一致的模式语言展现出来，会有很大的价值。

两年之后，我写的书出版了，这让我自豪。

又过了些年，我开始考虑再写一本书，并不是你手上的这本，而是关于其他主题的书。然后我有了第三个、第四个想法，但都不是你手上的这本。

10 年之后我逐渐意识到，在教导软件开发团队如何写出更好代码的时候，我会推荐采取一些做法，这些做法都来源于比我更聪明的头脑。我也意识到，大多数的知识已经是现成的，但是散落四方，几乎没有人明确地把零散的知识点串起来，熔铸为关于软件开发的一整套描述。

基于写作第一本书的经验，我知道做这件事是有价值的，应当把散落的信息收集起来，以逻辑一致的方式呈现出来。我尝试这么做了，成果就是你面前的这本书。

谁应该阅读本书

本书的目标读者，是已经有若干年专业经验的程序员。我期望读者经受过糟糕的软件开发项目的折磨，也见识过难以维护的代码。我还希望读者是希望进步的人。

本书的核心目标群体应当是“企业应用开发者”——尤其是后端开发人员。我职业生涯的大部分时间都在这个领域，所以这能够反映我的专业性。但如果你是前端开发人员，或者是游戏开发人员、开发工具工程师，抑或是完全不相干领域的人，我仍然希望本书能让你大有收获。

你应该能够很舒服地阅读 C 语言家族中的编译型、面向对象型语言。虽然我职业生涯中的大部分时候使用的是 C# 语言，但我也从以 C++ 或 Java 为示范语言的图书[1]中学到了很多。本书反其道而行之，示例代码基于 C# 语言，但是我希望 Java、TypeScript、C++ 开发人员也能有所收获。

前提要求

这不是一本入门书。虽然它讲的是如何组织和结构化源代码，但不包括最基础的细节。我希望你已经明白一些入门知识，比如，缩进有什么好处，冗长的方法为什么不好，全局变量是糟糕的。我并不期望你读过《代码大全》[65][2]，但是我假设，你应当掌握了该书所涉及的一些基础知识。

1　如果你希望知道我说的是哪些书，可以去看看本书末尾所列的参考资料。

2　《代码大全》（第2版），金戈等译，由电子工业出版社于2006年出版。——译者注

给软件架构师的建议

即便局限在软件开发的场景中，对不同的人来说，“架构师”的含义也是不同的。有些架构师关注宏观图景，努力帮助整个组织取得成功。其他架构师则深入代码，主要关注特定代码库的可持续性。

从这个意义上来说，我是后一种类型的软件架构师。我的专长在于，我懂得如何组织源代码，达成长期商业目标。我写下自己的经验所得，所以本书对我这一类架构师是很有用的。

本书没有涵盖关于 Architecture Tradeoff Analysis Method（ATAM）、Failure Mode and Effects Analysis（FMEA）、服务发现之类的内容。这些主题不在本书的介绍范围之内。

内容结构

本书谈的是方法论，我会围绕一套贯穿全书的示例代码库来组织内容。之所以这么做，是为了让读者的体验胜过阅读常见的“模式目录”。这个决定的结果之一是，我会引入符合“叙事”节奏的具体实践和实用方法。在指导团队时，我也是这么做的。

本书的叙事结构围绕着一个示例代码库展开，它实现了一个餐厅预订系统。你也可以从网址链接 1[1] 下载示例项目的源代码。

如果你希望把本书当成手册，我提供了一份附录，按照其中的清单，你可以找到所有的实践步骤和详细信息，然后深入阅读对应的章节。

代码风格

我的示例代码是用 C# 语言编写的，近年来它进化得很快。它从函数式编程中获得了越来越多的新语法，比如，不可变记录类型（immutable record type）在我写作本书时已经发布。不过，我决定忽略某些新的语言特性。

1 本书提供的链接地址，如文中的“网址链接1”“网址链接2”等，读者可从封底的读者服务处扫码获取。——编者注曾经有一段时间，Java 代码和 C# 代码看起来很相似。然而，现代的 C# 代码看起来并不像 Java 代码了。

我希望这些代码可以被尽可能多的读者理解。我曾经从以 Java 为示例语言的图书中获益良多，所以我也希望，读者无须了解最新的 C# 语法，就能读懂本书。因此，我尝试坚持只使用 C# 的一小部分特性，其他语言的程序员也应当能理解。

这并不会影响书中讲解的概念。没错，在某些时候，C# 有自己专属的更简洁的办法，但这可不是坏事，意味着读者可以进一步优化书里的这些代码。

用不用 var，这是个问题

C# 在 2007 年引入了 `var` 关键字。这样在声明变量的时候就不必显式指定其类型，编译器会根据上下文来做出推断。简而言之，`var` 类型的变量和明确指定的静态类型的变量没有区别。

长期以来，使用这个关键字是有争议的。不过现在大多数人都在使用它，我也是如此，虽然有时候我会遇到一些阻力。

虽然正经干活儿时我会用 `var`，但是，为写书提供示范代码与此略有不同。在正常情况下，IDE（集成开发环境）是标配。现代的 IDE 能够迅速显示出推断的类型，但是图书不会。

所以，我有时候还是会显式指定变量类型。本书中的多数示例代码仍然使用 `var` 关键字，因为这样代码会更短，且行宽也受制于书页。不过也有些时候，我会显式声明变量类型，以使读者更易于理解代码。

示例代码

大多数示例代码都来自同一个代码库。它是一个 Git 仓库（Git Repository），这些示例代码来自开发的不同阶段。每段示例代码都包含到对应文件的相对路径，路径中的一部分是 Git 的提交 ID（commit ID）。

举例来说，示例代码 2.1 的相对路径是：*Restaurant/f729ed9/Restaurant.RestApi/Program.cs*。这意味着示例代码来自 ID 为 `f729ed9` 的提交（commit），文件是 `Restaurant.RestApi/Program.cs`。也就是说，想要看到这个版本的文件，你可以签出（check out）这个提交：

```
$ git checkout f729ed9
```

执行以上命令，就可以在完整的、可运行的环境中查阅 `Restaurant.RestApi/Program.cs`。

参考资料

本书末尾所列的参考资料[1]来自图书、博客、视频等各种资源。许多资源来自线上，因此书中理所当然地提供了 URL。我会尽力提供那些我认为可以稳定存在于互联网上的资源。

不过，计划总是跟不上变化。如果你阅读本书时发现某个 URL 已经失效，请查询互联网的档案库。我写书时，网址链接 2 是最好的候选，不过未来它也可能失效。

引用自己的作品

除了外部资源，还有不少参考资料源于我自己的作品。我知道，在这些例子中，自我引用并不会有麻烦。

我引用自己的作品并不是为了炫耀。相反，我提供这些资源是为了服务那些对更多细节感兴趣的读者。我这么做的理由是，你或许可以按图索骥，根据我提供的资源找到更多论据，甚至更详细的示例代码。

致谢

在此，我要特别感谢我的妻子 Cecilie，感谢多年来她对我的爱和支持。这里还要感谢我的孩子 Linea 和 Jarl，他们都乖巧可爱。

除了家人，我第一个要感谢的是我的多年挚友 Karsten Strøbæk，他不但忍了我 25 年，而且第一个审阅了本书。他还教会了我很多 LaTeX 技巧。

我也要感谢 Adam Tornhill，本书中有部分内容与他的工作有关，他审读了这部分内容。

我还欠 Dan North 一份人情，2011 年左右，他在我的潜意识里埋下了“与思维合拍的代码”（Code That Fits in Your Head）的种子 [72][2]。

1 因篇幅所限，本书所提供的参考资料内容放于博文视点网站，读者可从封底的读者服务处扫码获取。——编者注

2 在引用本书末尾所列的参考资料时，会以这种加中括号的数字形式进行提示。——编者注

关于作者

Mark Seemann 是一位平庸的经济学家，于是他改行当了程序员。从 20 世纪 90 年代起，他一直在开发 Web 和企业应用。Mark 年轻的时候想成为摇滚明星，然而不幸的是他既没有音乐天赋，也没有摇滚明星的长相——不过阴差阳错，他现在成了摇滚明星级别的王牌开发者。他写的一本关于依赖注入的书获得了 Jolt 大奖，他还做过 100 余场国际会议演讲，并给在线教育网站 Pluralsight 和 Clean Coders 录制过视频课程。从 2006 年开始，他一直定期更新博客。现在，他和妻子以及两个孩子一起住在丹麦首都哥本哈根。

目录

第1部分　由慢到快

第2部分　由快到稳

第1部分 由慢到快

本书第 1 部分的结构很松散，以写代码为线索展开。从新建第一个文件，到完成第一个功能，所有示例代码都来自同一个代码库。

一开始，我会提供代码变化的详细解释。在这之后，我会忽略某些细节。这些示例代码的作用是在介绍各种实践和技巧时，为你提供相应的上下文信息。

如果你希望更多地了解我略过的某个细节，可以去本书对应的 Git 仓库里查询。书里的每一段代码都有对应的提交 ID（commit ID），可以用它来定位源代码。

我的提交历史是美化过的。如果你把 Git 仓库的提交历史连贯起来看，会发现我似乎从来没有犯过任何错误。真相显然不会是这样的。

是人就会犯错，我犯过的错误跟你一样多。而 Git 最了不起的功能之一就是，你可以改写历史。我曾经对仓库做过多次 rebase 操作，让它看起来就像我想要它看起来的那样。

我这么做不是为了掩盖错误。之所以这么做，是因为我认为，对于想从代码库中学习的读者来说，没有错误来分散注意力，反而更好。

以示例代码为线索，可以找到我介绍的那些实践。阅读本书的这一部分，你会发现这些代码加速了从一无所有到可部署功能的过程。哪怕你不是从零开始，应当也能运用这些技巧来提升效率。

第1章　是艺术，还是科学

你是科学家还是艺术家？是工程师还是手艺人？是园丁还是厨子？是诗人还是架构师？

你是程序员（programmer）或者软件开发者（software developer）吗？如果是，以上问题你会如何回答？你到底是什么人？

我的答案是：我什么都不是。

即便我自认为是程序员，上面这些身份跟我也都有点儿重合。不过，我又不属于其中任何一种。

这类问题很重要。软件开发这个行业已经诞生差不多 70 年了，我们仍然在摸索。长久存在的一个问题是，我们该如何去理解它。之后就出现了这类问题：开发软件是像盖房子一样，还是像写诗一样？

几十年来，我们尝试了各种类比，但它们都不贴切。开发软件可以像盖房子，不过要排除掉那些不像盖房子的开发方式。开发软件也可以像培育花园，不过要排除掉那些不像培育花园的开发方式。总而言之，这些类比都不适用。

我认为，我们怎样做开发，取决于我们怎样理解软件开发这回事。

如果你认为软件开发就像盖房子，那你就错了。

1.1 盖房子

几十年来，大家总是把开发软件和盖房子联系起来。Kent Beck 就这么说：

> “不幸的是，软件设计总是受制于基于实物设计的各种类比。”[5]

在关于软件开发的各种类比中，它最流行，最具欺骗性，危害性也最大。

1.1.1 项目论之误

如果你认为开发软件就像盖房子，那么你犯的第一个错误就是把它当作一个*项目*。项目有明确的开始和结束时间点。一到结束时间点，工作就做完了。

只有不成功的软件才有终点。成功的软件会一直存在。如果你有幸开发过成功的软件就会知道，一旦你发布了新的版本，就要准备下一个版本。这个过程可以持续数年。对有些成功的软件来说，它会持续数十年。[1]

然而一旦你的房子建好，住户就可以搬进去了。你固然需要去维护它，但是维护费用相比于建造费用实在微不足道。没错，那样的软件也存在。尤其是在企业开发领域，一旦你构建[2]好了企业内部的应用程序，用户就被它所绑定。一旦项目完成，这些软件就进入了维护模式。

不过，大部分软件并非如此。软件之间的竞争永无结束。如果你坚持盖房子的类比，大概可以把软件开发理解为一系列项目。你计划在 9 个月内完成下一个版本，却惊恐地发现，竞争对手每 3 个月就会发布一个改进版本。

于是，你要努力缩短“项目”的周期。等你终于能每 3 个月发布一次时，竞争对手已经可以把发布频率提高到每月一次了。你知道这种竞争会是什么结果，对吗？

结果就是“持续发布”（Continuous Delivery）[49]。不然的话，你最终会出局。根据研究，*Accelerate*[29] 这本书让人信服地论证了，如果要区分表现优异的团队和表

---

1 我用LaTeX写的这本书，它的第1版发布于1984年！

2 对于“构建”这个动词，我期望自己永远不会用它描述软件开发；不过在这个特定语境中，用它并没有错。

现糟糕的团队，关键就看谁能做到随时发布。

如果你可以做到，那么软件开发“项目”的说法就失去了意义。

1.1.2 阶段论之误

关于盖房子的类比，另一个常见的误解就是，软件开发应当分为多个不同阶段。在盖房子的时候，架构师先画设计图，之后准备物料，再把物料运到工地，这时候才可以开始盖房子。

把这套逻辑用到软件开发，就应当先任命软件架构师，由他来画设计图。设计做完了，才可以开始开发。在软件开发的这种视角下，设计阶段被看成脑力劳动。根据这种类比，写代码的阶段就像真正盖房子的阶段。就像可以更换的建筑工人[1]，开发人员只不过是更洋气的打字员而已。

真相距离它十万八千里。Jack Reeves 在 1992 年指出 [87]，软件开发的构建阶段是指编译源代码的阶段。它其实是免费的，完全不同于盖房子。所有的工作都发生在设计阶段，Kevin Henney 雄辩地指出：

> “清晰细致地描述一个程序，与用代码把它写出来，其实是同一回事。”[42]

在软件开发中，不存在什么纯粹的构建阶段。这不等于说规划没有用；相反，它表明盖房子的类比，充其量也只是不会添乱而已。

1.1.3 依赖

在盖房子的时候，我们会受到物理现实的约束：必须先打地基，然后建墙，最后才能封顶。也就是说，天花板依赖墙壁，墙壁依赖地基。

这种类比误导了大家，让他们以为必须把依赖关系管理起来。有个跟我合作过的项目经理，为了规划项目，做出了巨细靡遗的甘特图。

我与许多团队合作过，其中的大多数团队在项目开始的时候，第一步都是设计数据库 schema。数据库是大多数在线服务的基础。这些团队无法想象的是，在

1 我无意贬低建筑工人，我深爱的父亲就是石匠。

设计数据库之前，你完全可以先设计用户界面。

有些团队从来也没有开发出软件中能使用的一部分。他们设计完数据库，才发现还需要配套的框架。所以他们继续重新发明对象关系映射器（object-relational mapper），这是计算机科学中的越战“泥潭”[70]。

盖房子的类比之所以有害，是因为它误导了你对软件开发的理解。在这种不符合现实的视角下，你会错失那些看不到的机会。如果要用盖房子的类比，那么软件开发的事实就是，你完全可以从房顶开始盖起。在下面，你将会看到这样的例子。

1.2 培育花园

盖房子的类比是错误的，我们也许能找到更好一点儿的类比。培育花园的类比在 2010 年代开始流行。Nat Pryce 和 Stevee Freeman 并不是突发奇想，才选了《测试驱动的面向对象软件开发》（*Growing Object-Oriented Software, Guided by Tests*）作为书名 [36]。

这种视角把软件看成活的生物体，该生物体必须得到照料、呵护、修剪。这种类比确实有说服力。那么你有没有感觉过，某个代码库有自己的生命？

这样审视软件开发是能给人启发的。至少，它强迫我们转变视角，让你怀疑关于“软件开发就像盖房子”的信念。

培育花园的类比把软件视为活的生物体，它强调的是修剪。如果任其发展，花园会变成荒园。为了让花园有价值，园丁必须清除杂草，给需要照料的植物以支持和帮助。比照软件开发，这样做有助于关注防止代码腐化的行为，比如重构，以及删掉无用的代码。

我想，这种类比的问题没有盖房子那么多，但我仍然认为它没能描述软件开发的全貌。

1.2.1 花园中的植物为何会生长

关于花园的类比，让我喜欢的地方在于，它强调了消灭无序。在花园里你必须修剪枝叶、清除杂草；在开发软件时，你也必须重构，并偿还代码库里的技术债。

另一方面，这种类比没有解释代码从何而来。在花园里，植物自己会生长。它们只需要阳光、水、营养。软件则不同，软件没法自己生长。你不能把计算机、薯片、软饮料扔进一间黑屋子里，然后等着软件冒出来。因为你还缺少了最关键的元素：开发人员。

代码总要有人写出来。这是一个主动的行为，但是培育花园的类比无法解释它。你如何决定写什么代码，不写什么代码？如果要整理某部分代码的结构，你又要如何规划呢？

如果希望改进软件开发行业，我们同样必须正视这些问题。

1.3 工程

关于软件开发，还有很多其他的类比。比如，我上面提到了术语“技术债”（technical debt），这是从会计行业借鉴过来的一种说法。我也谈到了写（writing）代码，这标志着它和写作之间的某种共性。很少有类比是完全错误的，但是也没有哪个是完美贴切的。

我专门谈到盖房子的类比是有原因的。理由之一是，这种类比太流行了；另一个理由是，它错得太离谱，几乎没有挽救的余地。

1.3.1 作为手工艺品的软件

许多年前我就有这个结论，盖房子的类比是有害的。一旦你放弃某个视角，就会去寻找一个新的来替代它。我在“软件工艺”（software craftsmanship）的说法里就找到了这种新视角。

看起来，把软件开发当成手艺，视作一种“技艺工作”的视角是很有说服力的。你当然可以去读个计算机科学的学位，但并非一定要这样。我就没有这个学位[1]。

要想成为专业的软件开发者，所需的技艺是和具体情境有关的。比如，知道这个特定的代码库是如何构建出来的；学习使用特定的框架；在生产环境中熬着，花上 3 天时间来查找一个 bug；诸如此类。

你做得越多，就越熟练。如果你留在一家公司，许多年都跟同一个代码库打交道，就可能成为专业权威。但是如果你决定换一个工作，那些知识还有帮助吗？

1 当然，我确实有大学学历，学习的是经济学。不过，除了在丹麦经济事务部工作的一段经历，经济学学历对我而言就没有其他用处了。

接触不同的代码库，可以让你学得更快。你可以做一点儿后端开发，再做一点儿前端开发。你也可以搞搞游戏开发，或者机器学习。你可以由此接触一系列问题，最终将对问题的解决累积成为你的经验。

这非常类似于欧洲的“学徒旅行”的古老传统。木匠、瓦工之类的工匠会游遍欧洲，在某个地方干上一段时间，再去其他地方继续工作。这样他们就可以接触到不同问题的解决方案，练就更好的手艺。

这样看来，软件开发也是很有说服力的。《程序员修炼之道》（*The Pragmatic Programmer*）这本书甚至有个副标题，就是“从小工到专家”（*From Journeyman to Master*）[50]。

如果真的如此，那么接下来的结论就是，我们应当照这个样子来调整我们行业的结构。我们应当有学员，跟着师父学习。我们甚至可能组织工会。

如果真的如此，我们就该这样做。

软件工艺是另一种类比，我发现它很有启发性。不过如果你用强光照亮一个物体，同时也会制造阴影。光照的部分越亮，阴影部分就越暗，就像图 1.1 那样。

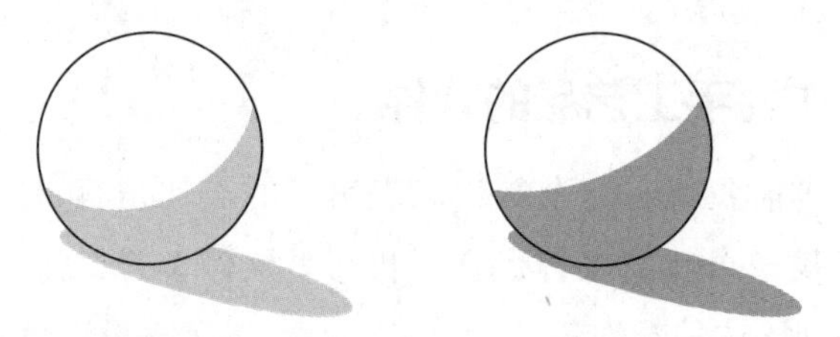

图 1.1　光照的部分越亮，阴影部分就越暗。

这幅图（图 1.1）还少了一点儿东西。

1.3.2　实用性[1]

从某种意义上说，我成为软件工匠的道路，恰恰也是幻想化为泡影的过程。

1　heuristics，常见的翻译“启发式方法”并不能准确地表达其原意。heuristics指解决问题或自我探索时的实用方法。采用这种方法不能保证人们得到最优结果，但可以达到现实可行的结果。在不能得到完美方案的时候，heuristics可以找到让人满意的解决方案。经过权衡利弊，本书中通常将其翻译为“实用性”或“实用方法”。——译者注

之前我相信，技艺无非是经验的积累，软件开发就没有方法论可言，一切都取决于具体情境。怎么做才对，怎么做不对，其实不存在一定之规。

那时候我认为，编程简直就是一门艺术。

我觉得这份工作挺适合自己，我一直喜欢艺术。我年轻的时候就希望成为艺术家。[1]

这种观点的一个问题是，它不能复制和移植。为了“制造”新的开发人员，你就得安排他们从学徒做起，直到他们学到足够多的东西，成为熟练工人。在这之后，他们还需要若干年才能完全掌握这门技艺。

把编程视为艺术或者手艺的另一个问题是，这也不符合事实。2010 年前后，我发现自己在编程的时候遵照的是实用方法 [106]。这些方法可以是实践规范，也可以是能传授的指导原则。

一开始，我没有太重视。然而过了些年，我发现自己经常需要教导其他开发人员。在这种情况下，我总是能解释清楚“为什么要这样写代码”。

我逐渐意识到，把软件开发看成“纯艺术”大概是错的。也许存在若干指导原则，这些原则是把编程变成一门工程学科的关键。

1.3.3 软件工程的早期表述

软件工程（Software Engineering）的说法可以追溯到 1960 年代[2]。那时候出现了软件危机，大家认为编程是颇具挑战性的工作。

那时候，程序员必须透彻理解他们所做的事。IT 行业里许多耀眼的明星就是在那时开始活跃的：Edsger Dijkstra、Tony Hoare、Donald Knuth、Alan Kay。如果你去问当时的人，他们是否认为到了 2020 年代，编程会有工程化的规范，他们大概会说是。

1 我最早的愿望是成为欧洲传统意义上的漫画家。等到十几岁的时候，我弹起了吉他，并希望成为摇滚明星。结果发现，虽然我喜欢画画，也喜欢音乐，却没有艺术细胞。

2 这个术语的出现也可能更早。但我不是很确定，因为那时候我还没有出生。似乎是在1968年和1969年举行的两次北约会议中，软件工程这个术语开始被广泛使用[4]。

你大概注意到了，我这里提到的“软件工程”，是一个高高在上的概念，而不是指日常的软件开发活动。可能世界上真的有一些高级软件工程的例子[1]，但是根据我的经验，大多数软件开发并不是这样的。

不是只有我认为，软件工程是尚未实现的目标。Adam Barr 讲得很好：

> “如果你跟我一样，就也会梦想有一天，软件工程能够以一种考虑全面、严谨准确的方法来进行研究，并且交给程序员的指导原则能建筑在实验结果之上，而不是依赖于充满不确定性的个人经验。”[4]

他解释说，软件工程一开始的发展走的是正确的道路，之后发生的某件事让它偏离了正确的轨道。根据 Barr 的说法，那件事就是 PC（个人计算机）的出现。PC 造就了一批在家自学编程的程序员。既然他们通过自学就能让计算机做各种事情，当然就不必在乎业已存在的知识体系。

这种状况似乎一直持续到今天。Alan Kay 说，编程是“大众文化”：

> “不过大众文化是不太看重历史的。流行文化关心的是身份认同和参与感受。它与合作没关系，与历史和未来也没关系。它就存在于当下。我觉得，对大多数写代码赚钱的人来说，情况也是这样的。他们根本不知道（这种文化从哪里来）。”[52]

我们大概已经在软件工程上浪费了 50 年，几乎没什么进展；不过我认为，我们在其他方面或许已经有所进步。

1.3.4 与软件工程共同进步

工程师是干什么的？工程师设计并监督制造各种事物，大到桥梁、隧道、摩天大楼、发电站，小到微处理器[2]。制造物理实体，离不开他们的贡献。

---

1 NASA大概可以算是其中的典范。

2 我有个朋友读的是化学工程专业。毕业之后，他去了嘉士伯啤酒厂当酿酒工程师。没错，工程师还可以酿酒。

在丹麦的莫恩岛与西兰岛之间，有一座著名的桥梁，那就是亚历山德拉皇后桥（Dronning Alexandrines Bridge），该桥通常被称为莫恩桥（Mønbroen）。该桥于 1943 年完工，连接了西兰岛和莫恩岛。

程序员做的事情不一样，因为软件是看不见摸不着的。Jack Reeves 指出 [87]，软件开发无须制造物理实体，且构建实际上是无成本的。软件开发主要是设计活动。我们在编辑器里敲代码，对应的是工程师在纸上画设计图，而不是建筑工人盖楼。

"真正"的工程师会遵循方法论，这些方法论能带来成功的结果。我们程序员也希望如法炮制，但是在把此类活动照搬到我们工作中来的时候，必须特别小心。因为设计物理实体的时候，实际建造的成本高昂。你不能试着造一座桥，试一段时间，看看它够不够好，然后拆掉，再重新来过。因为现实世界中的构建成本是昂贵的，所以工程师需要用到计算和仿真。计算桥梁的强度所用的时间和材料，少于实打实地造一座桥。

所以，有一门完整的工程学科是与后勤保障相关的。大家会做详细规划，因为要建造物理实体，这是最安全也最经济的办法。

这是工程学中我们无须照搬的部分。

不过，仍然有许多工程方法论可以给我们一些启发。工程师也会做创造性的、人性化的工作，不过此类工作通常是按一整套框架来开展的。某些环节一旦完成，其他后续环节就必须跟上，此类工作需要其他人审查并签字确认，工程师会依照

checklist[40] 来办事。

你也可以这么做。

本书讲解的就是这部分内容。它引导你读遍我发现的有用的实用方法。没准儿，这更接近 Adam Barr 的“充满不确定性的个人经验”，而不是基于科学的一整套法则。

我相信，这反映了我们行业的现状。认定凡事都要讲科学证据的人，应当去看看 *The Leprechauns of Software Engineering*[13]。

1.4 结论

回顾软件开发的历史，你大概会把它看作一系列的量级进步。可惜，许多进步都是硬件方面的，而不是软件方面的。尽管如此，在过去 50 年里，我们仍然见证了软件开发的许多重大进展。

今天，我们能用的高级编程语言比 50 年前多得多，并且还有唾手可得的互联网资源（包括实质上的在线帮助，Stack Overflow 就是其中一种途径）、面向对象编程语言、函数式编程语言、自动化测试框架、Git、集成开发环境等等。

另一方面，我们仍然没有摆脱软件危机。尽管有人会争辩：如果一种危机持续了超过 50 年，它还能被叫作“危机”吗？

尽管同样需要付出艰苦的努力，软件开发行业仍然不像工程学科。在工程和编程之间，存在着一些基本的差异。如果不理解它们，就没法进步。

好消息是，许多事情工程师可以做，你也可以做。有一套观念、一套流程，可以供你遵循。

科幻作者 William Gibson 说过：

“未来已来，只不过是参差而来。”[1]

按照.《加速》（*Accelerate*）的介绍，如今有些组织已经运用了先进的技术，其他的组织则落在了后面 [29]。确实，未来已来，只不过是参差而来。好消息是，这些先进的理念是可以免费获得的，而且由你来决定要不要使用它们。

在下一章，你会见识到自己具体能做哪些事情。

1 这句话的来源很含混。不过大家似乎都同意，该观念和表述都来自Gibson，但具体是他什么时候说的，目前还不清楚[76]。

第2章 checklist

你该如何从程序员成长为工程师？我不想吹嘘说，本书提供了最终答案，不过我希望它能带你走上正确的道路。

我相信，我们仍然处在软件开发的早期阶段，所以仍然有许多东西是我们还不理解的。反过来，我们也不能等所有东西都了解清楚再动手，而是可以从实验中学习。本书展示的实践和方法论来自伟大的先行者们[1]。这些实践对我有用，对我教过的许多人也有用。我希望它们对你同样有用，或者它们能启发你找到更好的工作方法。

2.1 助记工具

软件开发的一个根本问题是，同时发生的事情太多了。但是，我们的大脑并不擅长同时跟踪许多问题。不过，我们也有一种本能，就是忽略那些看起来并不重要的事物。

1 这里没办法列出太多名字，请查看本书末尾所列的参考资料。我已经尽力致谢每个对本书有贡献的人，但是肯定还有遗漏，实在抱歉。

所以，问题不是你不知道怎样做一件事，问题是虽然你知道自己应该去做，但仍然忘记去做了。

这不是编程独有的问题。飞行员也会遇到这种问题，因此他们发明了一个简单的工具：*checklist*（核对清单）。

我明白，checklist 听起来非常枯燥，也非常机械，但是别忘了 checklist 诞生的故事。根据 Atul Gawande[40] 的说法，它来自 1935 年首飞的 B-17 轰炸机。与之前的飞机相比，B-17 要复杂得多。实际上它过于复杂了：在给潜在的军方买家做演示飞行时，它就坠毁了，包括飞行员在内的两名机组人员遇难。

坠机的原因是“飞行员误操作”。考虑到飞行员是美国陆军航空队[1]中最有经验的试飞员，这很难归咎于“缺乏训练”。一家报纸指出，这款轰炸机“太过复杂，无法由一个人驾驶”。[40]

一组试飞员聚集起来商量之后，得到了解决方案：一张由简单动作构成的 checklist，对应着起飞阶段。降落阶段，则有另一张 checklist 对应着。

简单的 checklist 也可以赋能给技能高超的专业人士，比如飞行员。面对复杂任务，人们忘记其中的一到两项几乎是不可避免的。checklist 能够让你专注于最硬核的部分，而忽略不要紧的部分。你不需要刻意花精力去应付所有不要紧的项目，只需要在各种关键节点（pause point）记得去核对 checklist 就好。

重要的是要理解，对使用者来说，checklist 的作用应当是赋能、支持、解脱束缚，而不是用来监视或者做审计。checklist 的价值在于，你可以在具体情境中使用它们，而不是靠它们来保留证据。也许最有用的 checklist 就应该不留下任何审计痕迹，它们可以出现在墙壁贴纸中、剪贴板中，或活页夹中。

checklist 不是用来束缚你的，而是用来改进结果的。在 Atul Gawande 收到的一封信里有这样一段话：

> “外科医生要确认自己洗过手，并要确认自己与团队里的每个人都谈过话。他们不需要掌握新技能，就能增加产出。所以，我们要用到 checklist。”——说这话的人肯定见过外科医生的 checklist。[40]

1 美国空军（U.S. Air Force）1947年才独立成军，之前只有“美国陆军航空队”（U.S. Army Air Force）。——译者注

如果飞行员和医生都可以用 checklist，那么你也能。它的关键价值在于“不需要掌握新技能，就能增加产出”。

在后面的章节中，我会给你提供很多份 checklist。它们不是你唯一需要学习的“工程方法”，但是它们最简单，很适合你用来入门学习。

checklist 是对记忆的辅助。它不是为了束缚你，而是为了防止你忘掉那些琐碎但又重要的动作。比如，医生在上手术台之前要洗手。

2.2　针对新代码库的checklist

本书中提供的 checklist 都是一些建议。它们来自我写程序的经验，不过你的情况可能有所不同，所以它们未必完全适用于你。同样道理，空客 A380 客机的起飞 checklist 当然也不同于 B-17 轰炸机的。

我的 checklist 你可以直接拿去用，也可以只是从中有所借鉴。

在新建代码库的时候，我的 checklist 是这样的：

- [x] 使用 Git。
- [x] 自动化构建。
- [ ] 显示所有错误消息。

看起来没几项，但我是故意这么做的。checklist 不是复杂的流程图，不需要详细的指令。它无非就是一张简单的事项清单，以方便执行者在几分钟之内过一遍。

checklist 有两种形式：要么是“先看再做”（read-do），要么是“做完确认”（do-confirm）[40]。如果选择“先看再做”，那么先把列表的一个条目读出来，立刻执行动作，然后轮到下一个条目。如果是“做完确认”，就先完成所有事项，然后核对列表，确认已经完成所有事项。

我故意把上面的 checklist 写得模糊而概念化；不过，因为全都是祈使句式，它显然是“先看再做”式的 checklist。把它改为“做完确认”式的 checklist 也很简单。不过，要做就务必跟其他人一起至少完全过一遍。飞行员们就是这么做的。一个人阅读 checklist，另一个人确认。如果是自己单干，就很容易漏掉某些项目，多一个副驾驶，就有人可以帮你补上。

具体怎么“使用 *Git*”、“自动化构建”和“显示所有错误消息”，这取决于你；不过，为了让上面的 checklist 直观形象，我会展示一个可运行的具体实例。

2.2.1 使用 Git

Git 已经成为事实上的标准源代码管理系统，应该采用它[1]。

与 CVS 或 Subversion 之类集中式的源代码管理系统相比，分布式源代码管理系统的优势相当明显。如果你会用 Git，那么你已经享受到了这些好处。

Git 不是这个星球上对用户最友好的技术。不过你是程序员，你起码能学会编程语言；有鉴于此，你学些 Git 知识是很简单的。给自己加把劲，花一两天学习它的基础知识。你要学的不是包装它的图形界面，而是它的工作原理。

有了 Git，你可以大胆试验自己的代码。你可以做各种尝试；如果不行，就撤回。相比于其他所有中心化的版本管理软件，Git 高出一筹，它能在本地磁盘上进行版本管理。

Git 也有不少图形用户界面（GUI），不过在本书中我仍然坚持使用命令行，这不仅是因为它是 Git 的基础，也因为我一般更喜欢用命令行。虽然我用的操作系统是 Windows，但我有 Git Bash。

在新代码库中要做的第一件事就是初始化本地 Git 仓库[2]。在你想要放代码的文件夹里打开命令行窗口。这时候你还不必考虑远程的 Git 服务，比如 GitHub。之后你随时都能连上它。现在敲入[3]：

```
$ git init
```

就好了。你大概愿意采纳我朋友 Enrico Campidoglio 的建议 [17]，先做一次空提交：

```
$ git commit -allow-empty -m "Initial commit"
```

---

1 尽管Git比大多数同类软件要好，但它仍然有自己的问题。最大的问题是它的复杂而不统一的命令行界面。如果未来有更好的版本管理软件，别犹豫，赶紧迁移。不过，在我写作本书的时候，这样的软件还不存在。

2 对于任何预计要存在超过一周的代码库，我都会按这条规则来处理。对于真正短命的代码，我有时不会费力初始化Git仓库；但我创建Git仓库的负担很轻，要撤掉仓库时，直接删除`.git`目录就可以。

3 美元符号不用输入——它只是用来表示命令行提示符的。在本书示范命令行的操作时，我都会用到它。

我一般都会这么做，因为这样就可以在把代码库推送到在线的 Git 服务之前，重写本地的版本记录。当然，你不一定非得照做。

2.2.2 自动化构建

在几乎什么代码也没有的时候，编译、测试、部署的自动化都很容易完成。但把已有的代码库对接到持续交付 [49]，绝对是一份苦差。所以我认为，你应该从一开始就搞定自动化。

现在只有一个 Git 仓库，什么代码也没有。要想能编译，你只需要最袖珍的程序。编写可部署的最少的代码，然后部署它。这个做法有点儿像制造“活动骨架”（Walking Skeleton）[36]，但是在开发流程中它的位置更靠前，如图 2.1 所示。

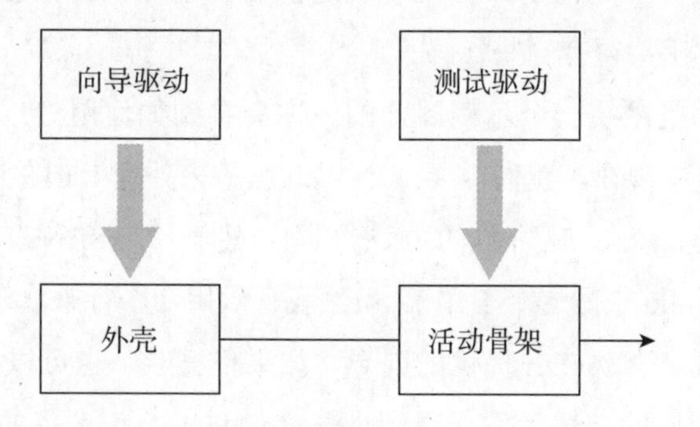

图 2.1　使用向导或者脚手架程序来构建应用的外壳，然后提交和部署。再借助自动化测试来构建一具活动骨架 [36]，完成后续的提交和部署。

对已经可以进行自动化构建、部署、端对端测试的实际功能来说，活动骨架是最轻量级的切片 [36]。晚一点儿再构建活动骨架当然也可以；不过我觉得，不妨从一开始就构建部署流水线 [49]。

构建部署流水线的常见问题

如果你还没有部署流水线，该怎么办？你可能并没有一台持续集成（Continuous Integration）各种实用方法和严格规范的服务器。如果是这样的，就应当去弄一台。你不需要一台真正的服务器，如今已经有许多基于云端的持续交付（Continuous Delivery）服务。

你可能还没有生产环境，那么尝试绕过这个问题，配置好你的部署流水线，让它能把代码发布到某个预生产环境。这个预生产环境跟实际的生产环境越像越好。即便你不能接触到代表生产环境的真实硬件，至少也要模拟与生产环境相同的网络结构。你可以使用配置更低的机器、虚拟机，或是容器。

本书中提到的大多数策略都是免费的。唯独购买服务器、软件或者基于云端的服务，很可能需要付费。付费金额大概只是程序员月薪的一小部分，所以比起开发软件的总成本，这笔钱的支出相当值得。

不过，开始构建部署流水线之前，应确保代码很容易就能得到编译和测试。所以，你手头得有一些代码。

本书是围绕一个示例展开的。你会看到如何用 C# 开发一套简单的在线餐厅预订系统。现在，我们需要一个 Web 服务来处理 HTTP 请求。

要这么做，最简单的办法就是创建一个 ASP.NET Core Web 项目。我会用 Visual Studio 来做这个工作[1]。虽然我喜欢用命令行来演示常见的交互，但对于某些操作，我也喜欢 IDE 提供的向导。如果你喜欢，也可以用命令行来做，但是结果应该是相同的。然后你会得到少量文件和一个可运行的网站。我用 Visual Studio 生成了示例代码 2.1 和示例代码 2.2[2]。

把这个网站跑起来，访问它，会得到一段文本，内容是：

```
Hello World!
```

这已经足够了，现在把代码提交到 Git。

1 我不会展示任何屏幕截图或者深入讨论这个过程的细节。等本书出版的时候，这些都会过时。但是这个过程很简单，只涉及一两个步骤。

2 C# 是一种相对啰唆的语言，因此我通常只展示文件的重点。我省略了 `using` 语句和 `namespace` 语句。

示例代码 2.1　默认的 ASP.NET Core Web Service 入口，由 Visual Studio 生成。
（*Restaurant/f729ed9/Restaurant.RestApi/Program.cs*）

```
public class Program
{
    public static void Main(string[] args)
    {
        CreateHostBuilder(args).Build().Run();
    }

    public static IHostBuilder CreateHostBuilder(string[] args) =>
        Host.CreateDefaultBuilder(args)
            .ConfigureWebHostDefaults(webBuilder =>
            {
                webBuilder.UseStartup<Startup>();
            });
}
```

示例代码 2.2　由 Visual Studio 生成的默认的 `Startup` 文件。为了更方便在纸质图书中呈现，我修改了换行。
（*Restaurant/f729ed9/Restaurant.RestApi/Startup.cs*）

```
public class Startup
{
    // This method gets called by the runtime. Use this method to add
    // services to the container.
    // For more information on how to configure your application,
    // visit 网址链接3
    public void ConfigureServices(IServiceCollection services)
    {
    }

    // This method gets called by the runtime. Use this method to configure
    // the HTTP request pipeline.
    public void Configure(IApplicationBuilder app, IWebHostEnvironment env)
    {
        if (env.IsDevelopment())
        {
            app.UseDeveloperExceptionPage();
        }

        app.UseRouting();

        app.UseEndpoints(endpoints =>
        {
            endpoints.MapGet("/", async context =>
            {
```

```
                await context.Response.WriteAsync("Hello World!");
            });
        });
    }
}
```

这么做的目标是自动化构建。你当然可以打开 IDE 来编译代码，但那就不是自动化的做法了。你应该写一个脚本文件来完成构建，并把脚本文件也提交到 Git。最开始，它就像示例代码 2.3 那么简单。

示例代码 2.3 构建脚本。
（*Restaurant/f729ed9/build.sh*）

```
#!/usr/bin/env bash
dotnet build --configuration Release
```

虽然我在 Windows 系统中工作，但我的命令行操作都在纯 Bash 环境中进行。所以我定义了一个 shell 脚本。如果你喜欢，你也可以创建一个 `.bat` 文件，或者创建一个 PowerShell 脚本[1]。重要的是，现在应该调用 `dotnet build`。请注意，我配置的是发布构建。自动化构建应当反映的是，最终会进入生产环境的内容。

每次添加构建步骤的时候，也应当同步修改构建脚本。使用脚本的关键在于，其他开发人员也可以依靠它，在自己的机器上轻松运行整条流水线。如果构建脚本在一台开发机上能通过，你就可以放心地把最新的代码推送到持续集成服务器上。

下一步是建立你的部署流水线。只要你在 *master* 分支上新增了提交，就会触发一个流程：它要么（如果需要）把变更部署到生产环境；要么不进行部署，但把所有准备工作都做完，只等一个人工放行的信号，就可以进行部署。

此步骤的细节已经超出了本书的范围。具体做法取决于你所用的持续集成服务器或者服务，以及其版本情况，而这些东西一直在变化。我可以展示在 Azure DevOps Services、Jenkins、TeamCity 之类的工具上如何做，不过那样就偏离了本书的焦点。

1 如果你有更复杂的任务，比如生成文档、编译能重复使用的软件包等等，可以考虑使用功能完备的构建工具。但是，你一开始应当保持简单，只有在必要时才增加复杂度。在大多数情况下，你并不需要用到那些高级功能。

2.2.3 显示所有错误消息

我曾坐在一名程序员身边，教他如何给已有的代码库增加单元测试。但我们很快就陷入了困境。代码可以编译，结果却不是我们想要的。他开始发疯一样地在代码中翻来翻去，毫无头绪地在这里改改，在那里改改。于是我问他：

“我们看看，是不是编译器有警告？”

其实我很清楚“问题到底出在哪里”；不过我帮助他人的方式是，让他们自己发现问题出在哪里。这是因为这样的学习效果更好。

“没有用的，”他说，“这个代码库里的编译器警告有好几百条。”

他说的是实话，不过我坚持要检查这些警告。之后，我很快发现了跟自己猜测相印证的警告。这条警告准确地暴露了问题。

编译器警告和其他自动化工具可以检查出代码的问题，应该把它们用起来。

除了 Git，这大概是你最容易摘到的“果子”了。我很不理解，为什么那么多人对这种唾手可得的工具视而不见。

大多数编程语言和开发环境都提供了各种代码检查工具，比如编译器、语法检查器（linter）、代码分析工具（code analysis tool）、代码格式化和风格统一工具（style and formatting guard）等等。你应该尽量把它们用起来，它们很少出错。

在本书里，我用 C# 做示范。C# 是一种编译型语言，如果代码虽然能编译但很可能会出错，编译器也会给出警告。这些警告消息给出的提示通常是准确的，所以值得严肃对待。

上面的故事说明，如果你已经有一百多条编译器警告，那么发现一个新问题并不容易。所以，你应当对这些警告采取零容忍的态度，不该放过任何一条编译器警告。

直接点儿说，你应当把警告当成错误（error）来对待。

我用过的所有编译型语言都有一个选项，可以把编译器警告升级为编译器错误。这种办法能有效地防止警告堆积。

消灭几百条警告，看起来是挺难的一件事。但是，如果警告刚露头，我们立即动手，就容易多了。所以，如果你新建了一个代码库，就应该打开“把警告当成错误”（warnings-as-errors）的选项。这可以有效地防止警告消息越积越多。

我对 2.2.2 节的代码库做这样的设置时，代码仍然可以编译。我运气好，Visual Studio 自动生成的那一点儿代码，没有触发任何警告[1]。

许多编程语言和开发环境还提供了额外的自动化工具。比如说语法检查器（linter）[2]，这个工具可以在代码出现坏味道的时候向你发出警告。还有些语法检查器可以检查出拼写错误。从 JavaScript 到 Haskell，各种语言里都有语法检查器。

C# 也提供了类似的工具，即“分析器”（analysers）[3]。想要“把警告当成错误”，你只需简单地勾选就好，但添加分析器的步骤稍微多一点儿。不过，在最新版本的 Visual Studio 里面，它还是非常简单的[4]。

这些分析器反映出的是几十年来积累的，有关如何写 .NET 代码的知识。其最早是一个叫 *UrtCop* 的内部工具，在 .NET 框架的早期开发过程中被使用过，因此其诞生日期比 .NET 1.0 还要早。后来它更名为 *FxCop*[23]。在 .NET 生态系统中，它的存在一直很不稳定。但是，最近它已经在 Roslyn 编译器工具链的基础上被重新实现了一遍。

分析器是一套可扩展的框架，其中包含丰富的指引和规则。它寻找命名约定的违规情况、潜在的安全问题、使用已知类库 API 的错误、性能问题等等。

分析器在示例代码 2.1 和示例代码 2.2 中被激活后，会根据默认的规则集给出 7 条以上的警告！由于编译器现在将警告视为错误，所以代码不能继续编译。乍看起来，这可能会妨碍“正事”，但真正应该引起你不安的事情恰恰是那种幻觉——没有经过再三推敲的代码仍然是可以维护的。

今天的 7 条警告要比未来的数百条警告容易解决。一旦你克服了最初的震惊，就会意识到大多数的修复都涉及删除代码。只是一定要记得对 `Program` 类做一次

1 在Visual Studio中，“把警告当成错误”的设置是与构建配置关联的。在发布生产代码时，你无疑应当这样做；不过，在调试时，我也会这样做。如果你希望改变两种环境中的此项配置，就必须记得做两遍。也许你应该把它列到自己的checklist里。

2 linter，原指衣服上起的毛球，后来被引申为让人讨厌但不致命的问题。开发中的linter工具用于检查静态代码，发现其中潜藏的问题。该词其实没有统一的中文译名，有人将其翻译为“求疵”。这也是一个不错的译法。——译者注

3 按照微软的官方文档，最新版本的准确名称是Roslyn analysers。——译者注

4 再说一次，我不会讲解实际的操作步骤，因为等本书出版的时候，这些操作步骤就可能过时了。

更改。结果可以参考示例代码 2.4。你能找到变化吗？

示例代码 2.4 消灭分析器警告之后的 ASP.NET Core Web 服务入口点。
（*Restaurant/caafdf1/Restaurant.RestApi/Program.cs*）

```
public static class Program
{
    public static void Main(string[] args)
    {
        CreateHostBuilder(args).Build().Run();
    }

    public static IHostBuilder CreateHostBuilder(string[] args) =>
        Host.CreateDefaultBuilder(args)
            .ConfigureWebHostDefaults(webBuilder =>
            {
                webBuilder.UseStartup<Startup>();
            });
}
```

Program 类的变化是使用了 static 关键字。如果所有成员都是共享的，这个类就没必要实例化。这是代码分析规则的一个例子。看起来这个问题不太重要；好在修复也非常简单，只需在类声明中添加一个关键字，那么我们为何不照着做呢？一旦照做了，其他各处的相关代码也会更容易理解。

我必须完成的大部分改动涉及 Startup 类，要做的就是删除部分代码。我认为，结果确实更好了，如示例代码 2.5 所示。

哪些东西变了呢？最明显的是，我删除了 ConfigureServices 方法，因为它没有任何作用。我还把这个类声明为 sealed，并添加了对 ConfigureAwait 的调用。

每条代码分析规则都有在线文档。你可以查阅这些规则的原意，并消除警告的指引。

示例代码 2.5 解决分析器警告后的 Startup 类。可以将它和示例代码 2.2 进行比较。
（*Restaurant/caafdf1/Restaurant.RestApi/Startup.cs*）

```
public sealed class Startup
{
    // This method gets called by the runtime. Use this method to configure
    // the HTTP request pipeline.
    public static void Configure(
        IApplicationBuilder app,
```

```
        IWebHostEnvironment env)
    {
        if (env.IsDevelopment())
        {
            app.UseDeveloperExceptionPage();
        }

        app.UseRouting();

        app.UseEndpoints(endpoints =>
        {
            endpoints.MapGet("/", async context =>
            {
                await context.Response.WriteAsync("Hello World!")
                    .ConfigureAwait(false);
            });
        });
    }
}
```

nullable 引用类型

C# 8 引用了一种可选的类型，即 *nullable reference types*（nullable 引用类型）[a]。有了它，在静态类型的系统里，你就可以声明一个对象是否可以为 null。如果启用它，默认情况下对象均为 non-nullable 类型的；也就是说，它们不能为 null。

如果要声明对象可以为 null，可以在声明对象时在类型后面加上问号，比如 `IApplicationBuilder?app`。

如果能明确区分不可为 null 的对象和可能为 null 的对象，就可以减少防御式编程的工作量。这个功能也能够减少系统运行时的缺陷（defect）数量，所以我们应当开启它。对于新代码库，我们更应该开启它，这样就不必处理太多编译器错误。

我对本章的示例代码库开启了这个功能，代码仍然能编译。

a　微软对概念和属性的命名确实很容易误导人。在其他主流的基于C的编程语言中，引用类型一直均为 *nullable*，因为对象可以为null。这个属性真的应该改名叫“*non-nullable reference types*”。

静态代码分析就像自动化的 code review（代码审查）。实际上，曾有一家研发机构联系我，因为这家机构希望我来给其做 C# 代码审查（code review），我告诉对方的第一件事就是，跑一遍静态代码分析，这样可以节省咨询费。

一般来说，这种客户就不会再联系我了[1]。如果你对已有的代码库跑一遍静态代码分析，很容易就可以拿到几千条警告，并感觉无所适从。为了避免出现这种局面，应当从一开始就使用这些工具。

与编译器警告不同，语法检查器或者 .NET Roslyn 这样的静态代码分析工具容易产生一些假阳性结果[2]。但是，自动化工具通常会给出若干选项来剔除假阳性，所以我们实在没有理由拒绝使用这类工具。

把编译器警告当成错误，把语法检查器和静态代码分析的警告视为错误。一开始这可能会让人灰心丧气，但是它会提升代码的质量。同样，它也会帮助你成为更优秀的开发人员。

这也是“工程”吗？“工程”这么简单吗？你能做的当然还有很多，但这是很好的入门实践。一般来说，“工程”意味着，使用你拥有的各种实用方法和严格规范来提升最终成功的概率。这些工具就像自动化的 checklist。你每次执行它们的时候，都可以挖出成百上千个隐患。

其中的一些工具老早就有了，不过根据我的经验，只有很少的人使用它们。未来已来，只不过是参差而来。打开这些警告，你不需要掌握新技能，就能增加产出。

从一开始就把警告当成错误，这是最容易的。如果代码库是从零开始的，就没有滋生警告的土壤。这样，你就可以一次只关注一个错误。

2.3 为已有的代码库新增检查规则

在真实世界里，你很少有机会从零开始弄个代码库。大多数专业的软件开发都会在已有的代码上继续开发。虽然只有对全新的代码库开启警告没什么成本，但是对已有的代码库，也不是完全不可能这么做。

---

1 我做生意很不在行，对吧？

2 我知道这有点儿不好理解，其实，事实是这样的：阳性意味着警告，意味着代码看起来有问题。这听起来一点儿也不“积极”，但是在二分法的术语里，“阳性”意味着某种信号的存在，而“阴性”意味着它不存在。软件测试和医药行业也这样使用术语。想想“*Covid*-19-阳性”吧，它意味着什么？

2.3.1 渐进式开发

关键的一点是，编译器警告这类附加的保护措施必须逐步开启。大多数已有的代码库包含了多个类库[1]，就像图 2.2 那样。所以，你应该每次只对一个类库开启这些额外的检查。

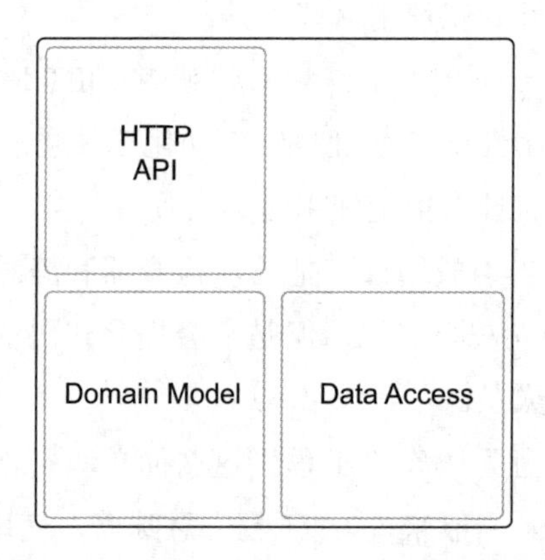

图 2.2 从包（package）来看一个代码库。这个例子里有 3 个包，HTTP API、Domain Model、Data Access。

通常你应该一次只关心一种类型的警告。对已有的代码库，你可能会得到几百条编译器警告。这时候需要把所有警告的单子拉出来，分门别类。然后选出大概只有十来条警告的某个类型，处理掉其中的警告。在处理的时候，还是要把它们当成警告而不是错误，这样就不会影响编译。做完这一步之后，应当把修改完的代码提交到 Git，并把这些改动逐步合并到 *master* 分支。

一旦你“干掉”了代码库中某部分的某种特定类型的警告，就可以把这些警告设置为错误。然后开始处理下一种警告类型，或者转到代码库的另一部分，处理同样的警告。

你也可以借助语法检查器和分析器来做这个工作。比如，在 .NET 的分析器里，你可以配置开启哪些规则。你应该每次只关注一条规则，一旦处理掉了这条规则

1 类库（library）也叫作“包”（package）。Visual Studio的开发人员通常把“解决方案”（solution）中的类库叫作“项目”（project）。

对应的全部警告，就把违反此规则的情况视为错误，这样以后就不会再有类似的问题。

以此类推，C# 中 *nullable reference types* 的选项也可以逐渐启用。

关键是，不论具体情况是什么，都应当遵守那条“童子军军规”[61]：等你完工的时候，代码质量应当比一开始接手时要好。

2.3.2 在组织中“便宜行事”

每次我在会议或群组中发言之后，总会有人来找我聊。他们大多受到了我的鼓舞，但是他们感到顶头上司不会让他们关注“*内在质量*”。

把警告当成错误的设置，实际上是增加了质量把关的制度。如果你把警告当成错误，并开启了静态代码分析，其实是放弃了某种控制权。控制权下降听起来并不是好事，但是有时候它确实是有好处的。

如果你面对的要求是“交付就够了”，因为“我们没有时间按本本上说的做”，设想这样回答：

> “*对不起，但是如果我不这么做，代码就不能编译。*”

如果利益相关方坚持忽略工程原则，这样的答复有制衡对方的底气。其实并不是你没有办法避开这些自动的检查，你只是不必跟所有人说实话。诀窍就在于，你需要把人工决策替换为机器强制执行的规则。

这是合乎道德的吗？你可以自己判断。作为专业的软件开发人员，你肯定是技术专家。所以，技术决策当然应当由你来做。你可以把所有细节都告诉上级，不过如果上级不是技术人员出身，对他来说，这些技术信息大都是没用的。你提供的技术专业能力，也包括避免让利益相关方为其并不了解的细节而困惑。

在健康的组织里，最好的策略是对自己的行为保持坦城的态度。在不健康的组织里，比如在“投机文化”盛行的组织里，采用相反的策略可能更合适。你可以使用自动化的质量把关机制来“拔高”组织文化。即便这有点儿强词夺理，你也可以说，自己的终极目标是支持好的软件开发工程。总之，你要兼顾整个组织的利益。

你应当运用自己的道德判断力。做事的着眼点应当是组织的利益，而不只是推动个人的计划。

2.4　结论

使用 checklist，你不需要掌握新技能，就能增加产出 [40]。你应当使用 checklist。使用 checklist，可确保你不会忘记做出正确的决定。它们会给你提供支持，而不是施加限制。

在本章中你已经看到，在新建代码库时使用的简单的 checklist。然后，你看到了把 checklist 纳入制度流程的结果。checklist 本身是简单的，但你使用 checklist 的收益是巨大的。

你也看到了如何立刻使用 Git。在 checklist 上的 3 个条目中，这是最简单的。尽管你可能觉得这一步太简单，但小小的付出却能带来多样的收获。

你还看到了如何进行自动化构建。如果你找对了节奏，就很容易完成自动化构建。你只需要写一个构建脚本，再使用它。

最后，你看到了如何把编译器警告设定为错误。你也可以使用更多的自动化检查，比如语法检查器或者静态代码分析工具。考虑到开启这些功能的成本如此之低，你实在没什么理由拒绝开启它们。

接下来你会看到，在我后续添加功能的时候，这些早期决策对代码库的影响。

工程化当然不只是根据 checklist 按部就班，也不是简单地把能自动化完成的工作全都自动化，但是书中这些措施代表我们朝正确的方向迈进了一步。这样的改进，你今天就能完成。

第3章 控制复杂性

请尝试用直觉来回答下面的问题，而不要依靠数学或计算。

棒球棍和棒球一共卖1.10美元。棒球棍比棒球贵1美元。请问：棒球卖多少钱？

请留意你的第一反应。

这个问题看上去很简单。既然本书是关于工程学的，而工程学是一门运用理智的学科，那么你大概意识到了，这是一个陷阱。

我们稍后再谈棒球棍和棒球的故事。

本章不谈代码，而是退一步，尝试回答一个基础性的问题：为什么软件开发如此之难？

答案同样是基础性的：因为它与人类的思维有关。这是整本书的核心论点。在讨论如何编写与思维合拍的代码之前，我们首先必须讨论，什么东西能跟思维合拍[1]。

后续章节会把这些知识付诸实践。

3.1 目标

读完开头的两章之后，你大概有点儿不知所措。也许你曾经认为，软件工程是需要大量思考的学问，它复杂、神秘，而且深奥。我们很容易就会把问题复杂化，复杂到超过自己的理解能力，因此我们不妨先找一个立足点。我们为什么不从简单的地方开始呢？像图 3.1 那样，登山是从平地开始的。

图 3.1　登山是从平地开始的。

现在，我认为应该先暂停一会儿，讨论一下我们正在解决的问题。它是什么呢？

本书尝试解决的问题，就是可持续性（sustainability）的问题。在这里，它指的不是常见的生态环境“可持续发展”；它的意思是，代码应当能为其所服务的组织机构提供持续支持（sustain）[2]。

1　fit in your head：直译为“适应你的头脑”，但这里的head并非指物理的“头脑”，而是指人类的思维。综合权衡之后，下面各章通常将其翻译为“与思维合拍”或“跟思维合拍”。——译者注

2　sustain：一般翻译为“支撑、维持”，意思是随着组织机构的发展变化，代码始终是可控的，可以提供价值的。但下文里也有形容词形式的sustainable及其名词形式的sustainability，将其分别翻译为“可支撑（性）”及“代码可支撑其组织机构”，或“可维持（性）”及“代码可维持其组织机构”就不太合适了。综合考虑之后，将此处翻译为“持续支持”，将下一个标题翻译为“可持续性”。——译者注

3.1.1 可持续性

组织机构开发软件的目的是多种多样的。通常是为了赚钱，有时候是为了省钱。还有些时候，政府启动软件项目的初衷，是为公民建设数字化的基础设施。这类软件并没有直接的收益或者节余，但是此类任务也需要完成。

开发一款复杂的软件往往需要很长时间，即使用不了几年，起码也要用几个月。

许多软件会存在数年甚至数十年。在整个生命周期中，它需要不断更新，引入新功能，修复 bug，如此种种。所以，代码库离不开周期性的维护。

软件存在的目的，是为了以某种方式为组织机构提供支持。添加新功能，或者修复缺陷，都是为组织机构提供支持。如果人们今天提供支持的难度和半年前一样，并且再过半年仍然一样，这就是非常理想的情况。

这是一种不断延续的努力，它必须是可持续的（sustainable）。

Martin Fowler 解释过：如果忽略内在质量，你很快就会丧失在合理时间内完成改进的能力。

> “如果内在质量很糟糕，就会发生这种情况。刚开始进度很快，但随着时间的推移，新增功能越来越难。即便是做很小的改动，程序员也必须理解大量难以理解的代码。在做修改时，会出现意想不到的问题，需要长时间的测试，还会产生需要修复的缺陷。”[32]

我相信，这就是软件工程需要面对的问题。软件开发的过程应当更有规律。它应当能为其所服务的组织机构提供持续支持，持续几个月、几年，甚至几十年。

> **软件工程应当让软件开发的过程变得更规范。它应当能为其所服务的组织机构提供持续支持。**

3.1.2 价值

软件之所以存在，是因为要服务于某个目的，软件应当提供价值。我经常遇到某些软件开发专业人士，他们似乎完全不明白“价值”是什么。如果你写的代码不能提供价值，为什么还要写呢？

看起来，有必要提醒大家，切勿忘记关注价值。我也不止一次遇到过这样的程序员，在独处的时候，他们可以花好几个小时来不紧不慢地打磨一些花里胡哨的框架。

在商业公司中也有这样的事情。Richard P. Gabriel 讲过一家叫 Lucid 的公司的兴衰史 [38]。这家公司还在修修补补，试图用 Common Lisp 做出完美的商业实现时，C++ 出现了，而且抢占了跨平台软件开发语言的大量市场。

Lucid 的人认为 C++ 不如 Common Lisp，但是 Gabriel 最终理解了为什么客户要选择 C++。C++ 可能一致性比较差，也更复杂，可是它能解决问题，也确实能让客户用起来。Lucid 的产品却总在原地踏步。所以 Gabriel 说出了金句："更糟糕的反而更好"（worse is better）。Lucid 就这样出局了。

不考虑目的，单纯"玩"技术的人，占据了图 3.2 的右端。

图 3.2　有些程序员从不考虑自己写的程序的价值，还有些程序员眼里只有当下可量化的结果。可持续性就在两个极端中的某个位置。

对价值的关注，看起来是在纠正这种观念。了解代码是否符合目标，是有意义的。术语"价值"（value）往往是"目标"（purpose）的代名词，二者唯一的区别在于价值可以衡量，而目标无法衡量。有个项目管理学派的理论正是基于此种思想的 [88]，即技术人员应当：

1. 对待完成工作的影响做出假设。
2. 完成工作。
3. 评估其影响，与假设对照。

本书的主题不是项目管理，但这种办法应当是奏效的。它符合《加速》[29] 这本书的观察结果。

"代码应当创造价值"也会带来逻辑谬误，即不创造价值的代码不应当存在。事实上应当留下这些不创造价值的代码，这又一次证明了"更糟糕的反而更好"。

之所以说它是逻辑谬误，是因为有些代码的价值是不能在当下衡量的。相反，你大概可以估算出来，如果没有这些代码会是什么样的。明显的例子就是系统安全性。你多半没法测量给在线系统增加认证机制的价值；但是你不难知道，如果没有它会发生什么。

这个道理也适用于 Fowler 关于内在质量的论述。缺乏架构思维造成的损失也是可以衡量的，不过等到木已成舟的时候就太晚了。内在质量差劲导致生意做不下去，这样的公司我见过不止一家。

可持续性位于图 3.2 的中间位置。它不鼓励“为技术而技术”的做法，但也不鼓励在价值上的短视。

软件工程应当鼓励可持续性。通过践行 checklist，通过把警告当成错误等等手段，可以掐断糟糕设计的苗头 [32]。本书提供的这些方法论和实用方法，无一能保证完美的结果，但是它们会引导你走向正确的方向。你仍然离不开自己的经验和判断。毕竟，这正是软件工程的艺术所在。

3.2 为何编程是困难的

为什么软件开发如此困难？答案不止一个。答案之一是在 1.1 节提到的，我们使用了错误的类比。这让我们的思维变得模糊；不过，这不是唯一原因。

另一个问题是，电脑[1]和人脑迥然不同。对，这又是一个有问题的类比。

3.2.1 人脑类比

将人脑比作电脑，或者将电脑比作人脑，都是很容易想到的。没错，这两者表面上很像。它们都能计算，都能回忆起过去发生的事情，都可以存储和检索信息。

---

1 computer：可以翻译为“电脑”，也可以翻译为“计算机”，与“人脑”并列时“电脑”更登对，但“计算机科学”听起来显然又比“电脑科学”更顺耳。所以除了本节，在其他章节中，主要将其翻译为“计算机”。——译者注

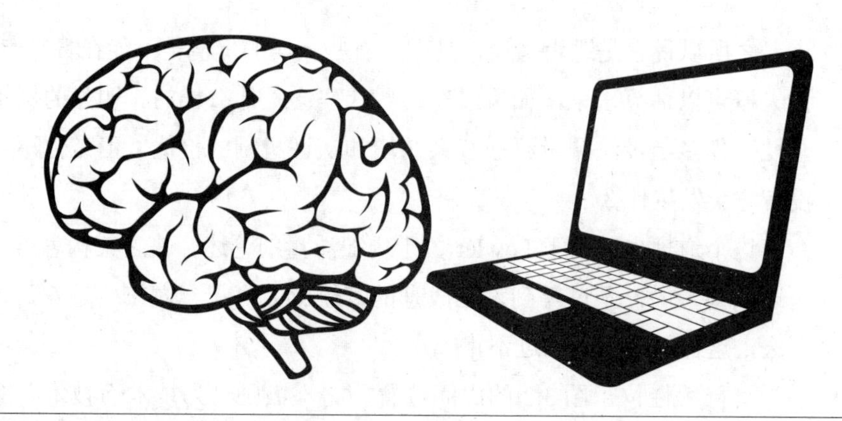

人脑和电脑相似吗？请不要被这些明显的共性所误导。

电脑和人脑相似吗？我觉得它们的差异多过共性。电脑不能进行直觉推理，也不能准确识别声音和图像信号。[1] 电脑也没有内在的动机。

大脑像电脑吗？相比于电脑，我们的计算能力差得很远，我们的记忆不可靠也是出了名的。我们会忘记重要的事情。记忆可以被伪造，也可以被操控 [109]，而你甚至对此毫无知觉。也许你很确定，20 年前你和最好的朋友一同参加了某个派对，但是她百分之百地确信自己没去过。你们两个人总有一个人错了，要么是她，要么是你。

*要是谈到工作记忆呢？*电脑可以在内存中保存数百万条记录。人类的短期记忆只能记住 4 到 7 条信息 [2][80][109]。

这对编程有很大的影响。即便是最简单的子程序，也可以创建几十个变量和执行分支指令。在你尝试理解源代码的时候，其实是在脑海里运行编程语言的模拟器。如果其中的信息太多，脑海中的模拟器就会罢工。

那么，多少算多呢？

本书把 7 设定为人类大脑短期记忆的极限。你也可能可以同时记住 9 件事；不过，姑且让我们用 7 来代表这个概念。

1 近年来所谓*AI*取得了很大进步；不过很长时间里研究人员要解决的问题，即便是蹒跚学步的婴儿也可以轻松解决。不信，请给电脑看一本关于农场动物的儿童画册，问它书里有什么。

2 你大概见到过*魔法数字7（正负误差为2）*。我觉得具体数字不重要，重要的是，它与电脑的工作内存容量存在着数量级的差别。

3.2.2 读得多、写得少的代码

所以，我们遇到了编程的一个根本性难题。

你花在读代码上的时间远比写代码要多。

代码你只会写一遍，但是要读很多遍 [61]。我们都很少从零开始写代码。如果你手上有现成的代码库，在成功更改它之前，你必须先理解它。如果要增加新功能，必须先阅读已有的代码，找到最好的办法来复用已有的代码，思考如何新增代码。如果你要修复一个 bug，应当先理解它的根源。通常，你一定会在工作时间里花大量的时间来阅读代码。

我们应当为了可读性而优化代码。

你会经常听到新编程语言、新类库、新框架，或者新的 IDE 功能，让你能更快地写代码。Lucid 公司的故事告诉我们，卖得好是一回事，但可持续的软件开发是另一回事。更快地生产更多的代码，意味着你需要阅读更多的代码。生产的代码越多，要阅读的代码也就越多。自动生成代码这回事，只会让事情更糟糕。

Martin Fowler 这样描述糟糕的代码质量：

> “即便是做很小的改动，程序员也必须理解大量难以理解的代码。” [32]

难以理解的代码会成为你的阻碍。另一方面，你为代码可读性改进的每一分投入，都会换来十分的收获。

3.2.3 可读性

相比于容易写出来的代码，我们更应当选择容易阅读的代码。这话说起来容易；但是，可阅读的代码究竟是什么呢？

你是否端详过某些代码，然后问自己：“这堆垃圾玩意儿是谁写的？”可是你一调查[1]却发现，原来是你自己写的。

1 git blame做这事很趁手。

每个人都遇到过这种事。在写代码的时候，你知道代码诞生之际全部的上下文。但是在读代码的时候，这些上下文信息都不见了。

说一千道一万，真正要紧的还是代码。文档可能过时，也可能根本就没有。写代码的人可能在休假，也可能已经离职。

情况没准儿会更糟，在阅读和评判规范的文本时，人脑的表现很糟糕。还记得本章开始，看到棒球棍和棒球的算术题时，你的第一反应吗？

普通人的第一反应是棒球卖 *10* 美分。这确实是大多数人的答案 [51]。

但这个答案不对。如果棒球的价格是 10 美分，那么棒球棍就要 1.10 美元，两者加在一起就是 1.20 美元。而正确的答案是棒球的价格为 5 美分。

这正是事情的关键：我们总会犯错误。我们做简单的算术题会出错，阅读代码也会出错。

怎么才能写出容易理解的代码呢？这不能依靠直觉，而需要一些具备可操作性的指引。实用方法、checklist、软件工程……这些是整本书都在谈论的主题。

3.2.4 脑力劳动

你有没有过这样的经历？你开车去某处，开了 10 分钟之后忽然“猛醒”过来，吃惊地问自己：“*我怎么到这里来了？*”

我就有过这样的经历。这并不是因为我在驾驶座上打瞌睡，而是我在开车时走神了。我还有过与此类似的经历，比如骑自行车时会错过自己的家门，以及把楼下邻居的门当成自己家的门。

或许你听了我上面的自白，再也不敢乘坐我开的车，不过我想表达的并不是我很容易分心。我想说的是，即便你没有明确意识到，大脑随时都在运转。

你知道，即便在你没有思考如何呼吸的时候，你的大脑也控制着呼吸。大脑也会主管许多运动机能，而你并不需要明确地控制它。事实上，大脑能做的比我们想象的多得多。

在某一次震惊于“我是怎么把车开到这里来的”的时候，我既震惊又后怕。那时候我在自己的家乡哥本哈根开车，为了抵达目的地，我一定完成了许多高难度动作。红灯停车，左转，右转，不要撞到这个城市里随处可见的自行车，最后正确地抵达目的地。但是，我完全不记得自己是怎么做到这一切的。

自觉意识（conscious awareness）并不是复杂脑力劳动的必需因素。

你在编程时是否进入过“化境”（zone）？把眼睛从屏幕上移开，才发现你已经连续干了好几个小时，外面的天已经黑了。在心理学上，这种精神状态被称为“心流”（flow）[51]。在这种状态下，你完全沉醉于自己的活动，而失去了自我意识。

你可以不依赖严谨的思考就写下代码，同样你也可以在明确知道自己正在干什么的情况下写代码。关键点在于，大脑在处理很多信息，可是你并没有明确感知。你的大脑在干活儿，而你的意识不过是被动的旁观者。

你大概认为，脑力劳动应该是百分之百的专注思考。事实却是，许多无意识的活动也在发生。按照诺贝尔奖得主、心理学家 Daniel Kahneman（丹尼尔·卡尼曼）提出的模型，人脑包含两套系统：系统 1 和系统 2。

> “系统 1 会自动运行，而且反应很快，几乎不需要花什么精力，也不需要刻意控制。
>
> “系统 2 会根据包括复杂计算在内的脑力活动的要求分配注意力。系统 2 的运行通常与计划行动、做选择、注意力等主观行为相联系。”[51]

你大概认为，编程完全属于系统 2 的范畴，但事实未必如此。看起来，系统 1 始终在后台运行，尝试理解它所看到代码的意义。问题就在于，系统 1 反应很快，却并不那么准确。它很容易做出错误的推断。对于本章开头的题目，普通人之所以把棒球的价格错算为 *10* 美分，问题就在这里。

为了有效地组织源代码，便于大脑理解，你必须确保系统 1 不会脱轨。卡尼曼这样写道：

> “（系统 1）的一项关键设计是，它只容纳当前活跃的观念。没有从记忆中提取出来的（哪怕是无意识的）信息，就等于不存在。系统 1 擅长做的是，构建与当前活跃观念兼容的，最动听且有可能性的故事，但是它并不会（也不能）容纳自己知觉范围之外的信息。
>
> “如何衡量系统 1 的成功？应当是依靠它所构建故事的合理性。这与构建故事所用素材的质量和数量毫无关联。通常情况下我们并不能掌握足够多的信息，那么系统 1 就像一步给出最终结论的机器。”[51]

也就是说，你的大脑[1]里有台“直接跳到结论”的机器，这台机器在看着你的代码。所以更好的办法是，组织好源代码，让所有相关信息都能被激活。就像卡尼曼说的，“你看到的，就是一切你认为存在的（WYSIATI, what you see is all there is）。”[51][2]

这已经足够解释，为什么全局变量和隐藏副作用会让代码更难懂。在你专注于某段代码时，全局变量是看不见的。哪怕系统 2 知道它存在，这些知识也不在激活状态，所以系统 1 不会考虑它。

因此，我们需要把相关的代码归拢到一起。所有的依赖项、变量，以及需要的条件分支，都应当在同一时刻可见。这是贯穿整本书的主题，所以你会看到大量的例子，尤其是在第 7 章中。

3.3 关于软件工程

软件工程的目标，是支持拥有软件的组织机构。软件变更的节奏应当是可持续的。

不过开发软件并不容易，因为软件是看不见、摸不着的。你花在阅读代码上的时间比写代码的多，而大脑很容易被误导——甚至是被不起眼的问题误导，就比如棒球棍和棒球的算术题。

软件工程必须重视这个问题。

3.3.1 与计算机科学的关系

计算机科学有用吗？我看不出它没用的迹象，但计算机科学并不是（软件）工程学科，就好像物理学不等于机械工程学一样。

这两个学科有关联，但不是一回事。成功的实践可以给科学家提供启发和洞见，科学的结晶也可以反哺工程实践，正如图 3.3 所示。

1 为什么系统1时刻都在运行，而系统2可能会休息？原因之一可能是费力思考会消耗人体的更多葡萄糖[51]。也就是说，系统1采用的是一个节省能源的机制。

2 这句话出自卡尼曼的《思考，快与慢》，意思是“（人）以直觉和情感来做判断”，不经过审慎思考，径直相信自己看到的便是客观真相。——译者注

图 3.3 科学和工程学有关联，但不是一回事。

举例来说，计算机科学的成果可以被封装为可重复使用的软件包。

在我学习排序算法之前，已经有好些年从事专业软件开发的经验。我自学编程，没有受过计算机科学的科班教育。如果需要在 C++、VB（Visual Basic）或者 VBScript 中对数组做排序，我会直接调用排序方法。

并不是必须自己去实现快速排序或者归并排序，才能完成排序。也不是必须知道 hash 索引、SSTables、LSM-trees、B-trees[1]，才能在数据库中完成查询。

计算机科学可以造福于整个软件开发行业，但是这门学科的知识往往已经凝聚在可重复使用的软件之中。了解计算机科学知识没有坏处，但是这并不是必需的。即使不了解，你仍然可以去实践软件工程。

3.3.2 人性化代码

排序算法可以被封装在可重用的类库中并分发出去。复杂的存储和检索的数据结构可以作为用于普通用途的数据库软件，或者作为云基础设施来予以提供。

但是，你仍然需要写代码。

这些代码还必须按照可持续发展的模式组织起来。你必须按照一定的结构来组织它，然后它才能跟你的思维合拍。

Martin Fowler 说：

> “再愚蠢的人都可以写出计算机能理解的代码。但是人类能理解的代码，只有优秀的程序员才能写出来。”[34]

大脑有一些与生俱来的认知限制，与计算机的限制完全不同。计算机可以在内存中记录几百万条信息。你的大脑只能记住 7 条。

计算机只会在收到明确指令的时候做选择。你的大脑喜欢直接跳到结论。你看到的，就是一切你认为存在的。

1 这些是数据库会用到的数据结构[55]。

显然，你的目标不应只是写出能运行的系统，而应当保证系统运行得和期望的一致。这已经不再是软件工程的主要问题。主要的挑战是，代码应当按照人类思维的节奏被加以组织。代码必须是人性化的。

这意味着要编写小的、自洽的函数。在整本书中，我会用数字 7 作为人类短期记忆的极限。所以，人性化的代码意味着依赖项少于 7，圈（调用）复杂度不超过 7，等等。

不过，魔鬼在细节中；所以，我还会展示很多例子。

3.4　结论

软件工程要解决的核心问题是，它太过复杂，超过了人脑的驾驭极限。Fred Brooks 在 1986 年如是分析：

> “软件开发的许多经典问题，都源于其本质的复杂性，而且这种复杂性并不随规模线性增长……因为有这种复杂性，如想要枚举和理解软件的各种可能状态，难度很高。”[14]

我对于“复杂性”的用法和 Rich Hickey 相同 [45]：它是“简单性”的反义词。复杂意味着“由多个部分组成”；它的对应面是简单，简单意味着统一。

人脑能够处理有限的复杂性。我们的短期记忆只能追踪 7 个对象。如果不注意，我们很容易写出同时处理超过 7 个头绪的代码。但是计算机不在乎，所以它不会阻止我们。

软件工程，应该是一个有意识防止复杂性不断增加的过程。

也许你会对此感到畏惧。你可能会认为，这样做会减慢你的速度。

不过，这恰恰就是重点。用 J.B. Rainsberger[86] 的话说就是，你可能需要放慢速度。你敲键盘的速度越快，就会写出越多需要所有人来维护的代码。代码不是资产，而是负债 [77]。

Martin Fowler 说过，如果采用了优秀的架构，你就可以保持可持续的节奏 [32]。软件工程是实现这一目标的手段，它试图将软件开发从纯艺术创作转变为*方法论*实践。

第4章 垂直切片

几年前，有个老客户请我去一个项目组帮忙。到了现场我才发现，有一个团队已经在某项任务上花了差不多半年，却没有任何进展。

他们的任务确实很艰巨，可惜他们患上了“分析瘫痪症”[15]。需求太多了，团队不知道要如何解决。在各种团队中，我都见过这种情况。

有时候，最好的策略是立刻动手。我们当然应该提前思考和计划，没有理由故意忽略前期的思考，计划太少并不是好事；同样道理，计划太多也不是好事。如果已经构建了部署流水线[49]，那么越早部署可运行的软件，无论它多么简陋，都能越早开始收集利益相关方的反馈[29]。

第一步，应当从创建和部署程序的一个垂直切片开始。

4.1 从能使用的软件开始

你怎么知道软件能使用（work）[1]？归根结底，只有发布了之后才能知道。一

1 work既表示软件能运行，也表示软件能解决问题；而这里将其译为“能工作”可能会被人误解为“能运行”，故此处将其译为“能使用”。——译者注

旦软件部署或安装完成，并被真正的用户用起来，你就能验证它是不是能使用。这或许还不是最终的评价标准。你开发的软件或许可以按照设计意图工作，却不能解决用户的实际问题。这个问题的答案已经超出本书的范围，所以这里略过不谈[1]。我认为软件工程是一种方法论，它确保软件能按预期工作，并保持这种状态。

垂直切片背后的想法就是要尽快让软件能使用。实现你能想到的最简单的功能——从用户界面一直打通到数据存储层，就能做到这一点。

4.1.1　从数据入口到数据持久化

大多数软件与外部世界之间都有两种边界。你可能见过类似于图 4.1 的图形。数据从顶部输入，应用程序对输入的数据做各种处理，并最终将其保存。

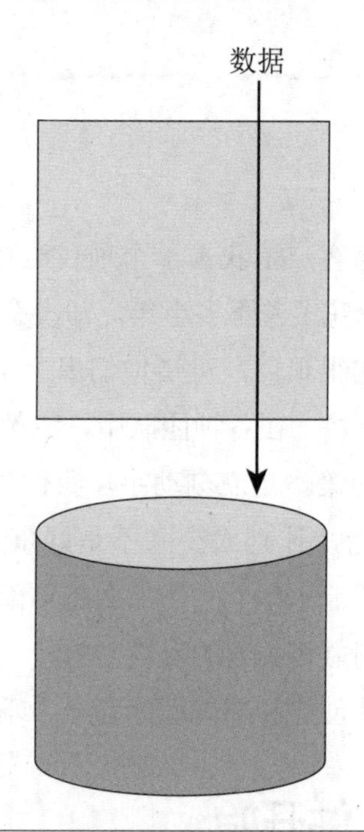

图 4.1　典型架构。数据从顶部输入，通过应用程序（方框），在底部（桶里）完成持久化。

即使是读操作，也可以被视作输入，虽然它并不保存数据。查询通常带有查

1　如果你要探索这个话题，《精益创业》[88]和《加速》[29]是很好的着手点。

询参数，这样它才能准确描述希望获得的数据。软件仍然需要处理这些输入，这样它才能与数据存储进行交互。

有时候，数据存储在专用数据库中。有时候，数据存储在另一个系统中。它可能是互联网上某个地方的HTTP服务，也可能是消息队列，或者文件系统，甚至只是本地计算机的标准输出流。

此软件的下游可以是只允许写入的系统（如标准输出流）、只允许读取的系统（如第三方的HTTP API），或既可读取又可写入的系统（如文件系统或数据库）。

因此，足够抽象地说，图4.1可以代表大多数软件（复杂到网站，简单到命令行工具）。

4.1.2 最小的垂直切片

我们可以用各种办法来组织代码。传统架构是将各组成元素分层 [33][26][50][60]。你不一定要这样做，但以分层应用架构为参照，可以解释为什么它被称为"垂直切片"。

> 你不一定要这样分层组织自己的代码。本节只是讨论分层架构，以解释为什么它被称为垂直切片。

如图4.2所示，各层通常以水平方框表示，数据从顶部输入，在底部完成持久化。为了实现一个完整的功能，数据必须从入口一直穿透到持久层，当然也可以反过来。因为各层是水平放置的，所以，一项功能就可以被理解为贯穿各层的垂直切片。

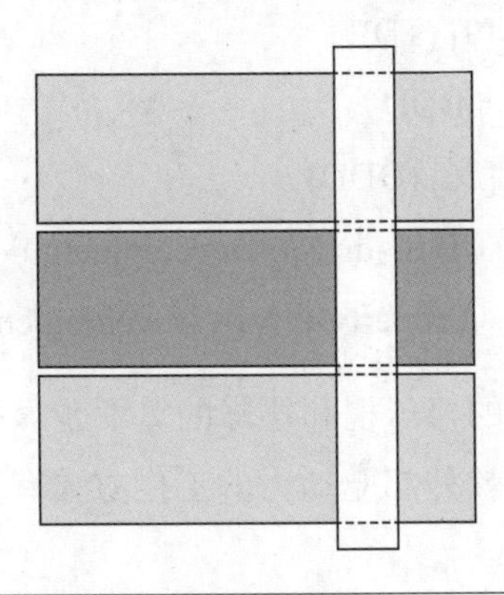

图4.2 垂直切片会穿过完整应用架构的各水平分层。

不管你是以分层还是以其他方式组织代码，从头到尾实现功能至少有两个好处。

1. 它提供了能覆盖整个软件开发周期的前期反馈。
2. 它是能使用的软件。它甚至可能足够让用户去亲自试用了。

我也遇到过这样的程序员，他们会花几个月打磨自研的数据访问框架，然后才尝试用它来实现功能。他们经常会发现，自己对使用场景的假设并不符合现实。这种追求通用性 [34] 的行为带有赌博色彩，你应当远离它，远离为了“以后可能的需要”而在代码中添加功能的做法。相反，你应该用最简单的代码实现功能，但要注意，不要在添加功能时复制代码。

实现垂直切片是一个好办法，借助它，你可以了解自己需要什么样的代码，不需要什么样的代码。

4.2 活动骨架

接下来要找到修改代码的动机。可以说，这样的动机正是持续开发的驱动力。

之前我们已经看到过这种驱动力。当你把警告当成错误来对待时，当你启用语法检查器和其他静态代码分析器时，就诞生了修改代码的外部动机。这样做是值得的，因为它在一定程度上消除了主观判断。

因为驱动力的不同，诞生了五花八门的“某某驱动”软件开发方法论。

1. 测试驱动开发 [9] (TDD)
2. 行为驱动开发（BDD）。
3. 领域驱动设计 [26] (DDD)
4. 类型驱动开发（Type-driven Development）
5. 属性驱动开发（Property-driven Development）[1]

想想前一章中的棒球棍和棒球的算术题。那个题目告诉我们，犯错误是多么容易的一件事。依赖外部驱动力的工作方式有点儿像复式簿记 [63]。你通过某种

1　基于属性的测试请参考15.3.1节。

方式与外部驱动力互相作用，它会督促你修改代码。

这种驱动力可以出自语法检查器，也可以来源于进行自动化测试的代码。我通常采用的是一种由外到内的测试驱动开发流派。按照这派的做法，测试应当从目标系统的外部边界开始。从这里出发，根据需要，逐步向内，不断添加更详细的测试来检验实现细节。4.3 节给出了更详细的解释，并展示了例子。

现在，你需要的是测试套件。

4.2.1　特征测试

在本章的剩下部分，我将演示如何为 2.2.2 节中开发的餐厅预订系统的 HTTP API 增加一个垂直切片。目前，它只返回纯文本的 `Hello World!`。

为系统添加简单的自动化测试之后，就可以着手测试驱动开发了。现在你拥有了一个能完成自动化测试和部署的功能薄切片：一具活动骨架 [36]。

在 Visual Studio 解决方案中添加单元测试项目时，请不要忘记核对 2.2 节中介绍的 *new-code-base checklist*：把新测试项目加到 Git 中，把警告视为错误，确保测试程序也包含在自动化构建过程中。

做完这些，就可以照示例代码 4.1 那样添加第一个测试用例。

示例代码 4.1　HTTP 主页（home）资源的集成测试。
（*Restaurant/3ee0733/Restaurant.RestApi.Tests/HomeTests.cs*）

```
[Fact]
public async Task HomeIsOk()
{
    using var factory = new WebApplicationFactory<Startup>();
    var client = factory.CreateClient();

    var response = await client
        .GetAsync(new Uri("", UriKind.Relative))
        .ConfigureAwait(false);

    Assert.True(
        response.IsSuccessStatusCode,
        $"Actual status code: {response.StatusCode}.");
}
```

要说明的是，这个测试是我在事后补的，所以我没有严格按测试驱动开发来写。

相反，这种类型的测试被称为特征测试[1][27]，因为它归纳（描摹）了现有软件的行为特征。

我这样做的原因是，代码已经是现成的了。你可能还记得，第 2 章中我使用向导程序来生成初始代码。现在它可以按预期那样工作，但是，怎么能保证它会一直正确运行呢？

经验告诉我，添加自动化测试可以有效地防止未来出现异常情况。

示例代码 4.1 的测试使用了单元测试框架 *xUnit.net*。我在本书中一直使用这个框架。即使你对它不熟悉，也应该很容易理解这些例子，因为它符合广为人知的单元测试模式 [66]。

它使用测试专用的类 `WebApplicationFactory<T>` 来创建自我托管的 HTTP 应用程序。`Startup` 类（如示例代码 2.5 所示）用来定义并引导应用程序。

请注意，这里的断言只考虑了系统最外层的属性：它是否以 `2xx` 的 HTTP 状态码来响应（例如，`200 OK` 或 `201 Created`）？我决定不验证任何更复杂的东西，因为当前的行为（它返回 `Hello World !` ）只不过是一个摆设。它不会一直这样。

如果只判断布尔表达式的值为真，那么如果测试失败，断言库能提供的唯一信息是：期望值是真（`True`），而实际值是假（`False`）。这样包含的信息太少了，所以需要更多的背景信息。我通过重载 `Assert.True` 来做到这一点，它需要额外的消息作为第二参数。

这个测试有点儿烦琐，但它确实可以通过编译和测试。我们一会儿再改进测试代码，现在先要记住 *new-code-base checklist*。应该由构建脚本自动完成的工作，我有没有用手工代劳？对，没错，我添加了一个测试套件。现在我们应当更新构建脚本，让它来运行这些测试，如示例代码 4.2 那样。

示例代码 4.2　带有测试的构建脚本。
（*Restaurant/3ee0733/build.sh*）

```
#!/usr/bin/env bash
dotnet test --configuration Release
```

1　特征测试（Characterisation Test）也叫表征测试，它描述（表征）现有软件的实际行为，从而通过自动化测试来保护遗留代码的现有行为不被意外更改。特征测试帮助开发人员验证对软件系统的参考版本所做的修改没有以不想要或不希望的方式修改其行为，这为没有足够的单元测试的代码扩展和重构提供了安全网。——译者注与示例代码 2.3 相比，这里的唯一区别在于它调用的是 `dotnet test`，而不是 `dotnet build`。

记住要按照 checklist 来，将修改记录提交到 Git。

4.2.2 预备 – 执行 – 断言

示例代码 4.1 中的测试是有结构的。开始是两行，然后是空行，之后是一个横跨 3 行的语句，后面是空行，最后又是一个横跨 3 行的语句。

这种结构来自成熟的方法论。现在我暂时忽略让语句横跨多行的原因，你可以在 7.1.3 节中找到相关介绍。

另一方面，空行存在是因为代码符合预备 – 执行 – 断言（Arrange Act Assert）模式 [9]，该模式也被称为“AAA 模式”。具体想法是将单个单元测试划分为 3 个阶段。

1. 预备阶段，准备好测试所需的一切。
2. 执行阶段，完成希望测试的动作。
3. 断言阶段，验证实际结果是否与预期一致。

你可以把这个模式变成实用方法。我通常会像示例代码 4.1 那样，用空行将各个阶段分隔开。

但是，如果你的测试代码中也包含空行，这种办法就行不通。常见的问题是，预备阶段的代码太多了，而你希望通过添加空行让它更美观。如果你这样做了，测试代码中就会有两个以上的空行，这样就分不清楚哪个空行是用来分隔各个阶段的。

一般来说，如果测试代码太多，就要考虑这是不是一种坏味道 [34]。我最喜欢的是这 3 个阶段保持平衡。执行阶段的代码通常是最少的，但如果你像如图 4.3 那样把测试代码旋转 90°，应该就能让执行阶段的代码占到合理的比重（保持大致的平衡）。

如果测试代码太多，不得不增加额外的空行，就必须用注释来区分各个阶段 [92]，不过应当尽量避免这样。

另一个极端是，你可能偶尔会写一个极简单的测试。如果只有 3 行代码，并且每行都属于不同的 AAA 阶段，就可以省去空行；同样，如果只有一两行代码，也可以省去空行。AAA 模式的目的是通过增加众所周知的格式元素，让测试更容易读懂。如果只有两三行代码，那么这就是一个极简测试，结构一目了然。

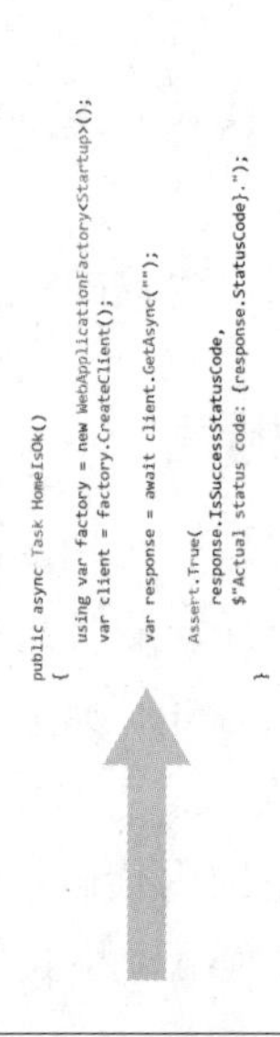

public async Task HomeIsOk()
{
using var factory = new WebApplicationFactory<Startup>();
var client = factory.CreateClient();
var response = await client.GetAsync("");
Assert.True(
response.IsSuccessStatusCode,
$"Actual status code: {response.StatusCode}.");
}

图 4.3 想象一下，把测试代码旋转 90°（这里的代码可以用来代表任何单元测试的代码组织方式）。如果你能大致定位到执行阶段的代码，那么它的比重分配就是平衡合理的。

4.2.3 静态代码分析的合理尺度

虽然示例代码 4.1 只有几行，我仍然觉得它太啰唆。特别是执行阶段，可读性还有不少提高空间。这里主要有两个问题。

1. 对 ConfigureAwait 的调用似乎是多此一举的。
2. 把空字符串作为参数，这种做法太烦琐。

下面逐个解决这些问题。

既然 ConfigureAwait 是多余的，它为什么会出现呢？因为不让它出现，代码就没法编译。我已经按照 *new-code-base checklist* 配置了测试项目，其中包括添加静态代码分析，并将所有警告视为错误。

.NET 平台有条可靠性规则[1]，即建议在等待的任务上调用 ConfigureAwait，附带的文档解释了原因。简单地说，在默认情况下，任务会在最初创建它的线程上恢复。如果调用 ConfigureAwait(false)，说明该任务可以在任何线程上恢复，这

1 CA2007：不要直接等待某个任务。

可以避免死锁和某些性能问题。这条规则大力推荐在开发可重用类库的代码时调用此方法。

然而，测试库并不是通用的可重用类库。我们已经预先知道客户端的情况：两三个标准的测试运行程序，包括内置的 Visual Studio 测试运行程序，以及持续集成服务器所使用的测试程序。

规则文档也说明了何时可以放心停用规则。单元测试库符合这些描述，所以你大可以停用它，消除测试中的噪音。

请注意，虽然运行单元测试代码时可以停用这条规则，但是对于生产代码来说，这条规则不应该被停用。示例代码 4.3 展示的是经过整理的特征测试代码。

示例代码 4.1 的另一个问题是，`GetAsync` 方法有一个重载版本，它接收的是 `string` 而不是 `Uri` 对象。如果用空字符串 `""` 代替 `new Uri("", UriKind.Relative)`，这个测试会更容易看懂。可惜，另一条静态代码分析规则[1]不鼓励使用这个重载方法。

你应该避免使用“字符串类型”[3] 的代码[2]。尽量使用封装对象，而不是四处传递字符串。我赞同这条设计原则，所以不打算禁用这一规则，这和我对 `ConfigureAwait` 规则的态度相同。

不过我确实相信，这条规则可以允许一个原则性例外。你可能已经注意到，你必须用一个字符串（`string`）来填充 `Uri` 对象。与字符串相比，`Uri` 对象的优势在于，接收方知道封装的对象比字符串有更强的约束[3]。而在创建方，两者没有什么区别。所以我认为忽略这条警告是公平的，因为这里出现的是字符串（`String`）字面量，而不是变量。

示例代码 4.3　用更宽松的代码分析规则测试。
（*Restaurant/d8167c3/Restaurant.RestApi.Tests/HomeTests.cs*）

```
[Fact]
[SuppressMessage(
    "Usage", "CA2234:Pass system uri objects instead of strings",
    Justification = "URL isn't passed as variable, but as literal.")]
```

1　CA2234：应当传递System.Uri对象而不是字符串。

2　这也被称为“原生类型情结”（Primitive Obsession）[34]。

3　第5章包括了更多关于约束和封装的内容。

```
public async Task HomeIsOk()
{
    using var factory = new WebApplicationFactory<Startup>();
    var client = factory.CreateClient();

    var response = await client.GetAsync("");

    Assert.True(
        response.IsSuccessStatusCode,
        $"Actual status code: {response.StatusCode}.");
}
```

示例代码 4.3 展示了针对所有测试忽略 ConfigureAwait 规则，同时针对特定测试忽略 Uri 规则的结果。请注意，执行阶段从 3 行代码缩减到 1 行。最重要的是，这段代码更容易读懂了。我删除的代码是（在这种情况下）噪音。现在它已经消失了。

你可以看到，我在测试方法上附加了一个属性，以忽略关于 Uri 的建议。注意，此处提供了 Justification 作为正式理由。在第 3 章中提过，说一千道一万，真正要紧的还是代码。未来的读者可能需要了解为什么代码是这样写的[1]。

> **文档应该优先解释的是决定的理由，而不是决定的内容。**

尽管静态代码分析很有用，但假阳性的情况也确实存在。我们当然可以禁用规则或忽略（suppress）[2]特定的警告，但不要轻易这样做。至少，要写下这么做的理由；如果可能，要倾听关于这个决定的反馈。

4.3 由外到内

现在已经有点儿眉目了。我们有了一个响应 HTTP 请求的系统（虽然它没有做什么），还有一个自动化测试。这就是我们的活动骨架 [36]。

这个系统应该做一些有用的事情。在本章中，我们的目标是实现从 HTTP 边界到数据存储的系统垂直切片。回顾 2.2.2 节，该系统是一个简单的在线餐厅预订系统。在我看来，理想的切片选择之一，是能接收一个有效的预订请求[3]，并将其

1 一般来说，你可以从Git历史中复现变化，但很难复现变化的原因。

2 suppress，业界一般将其翻译为抑制、忽略，或者“让xx保持静默”。——译者注

3 预订请求：这里对应的原文是Reservation。在原书中，Reservation有时指预订座位的请求，有时指数据库中已保存的记录。若将其统一翻译为“预订”，则可能引起混淆。为了方便读者理解，我将前者翻译为“预订请求”，将后者翻译为“预订记录”。——译者注

保存在数据库中。图 4.4 展示了它的工作流程。

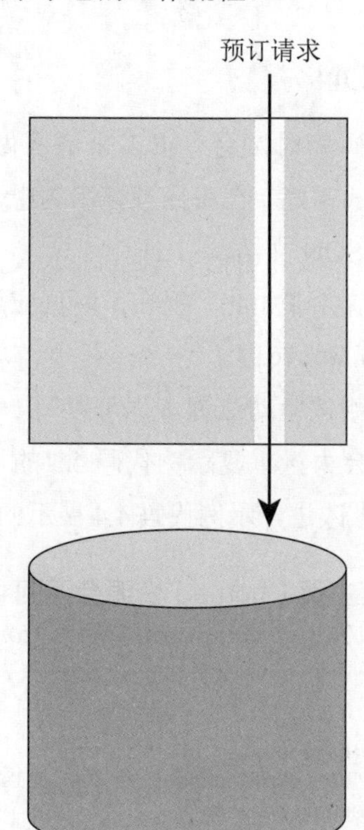

图 4.4 创建一个贯穿系统的垂直切片，接收有效的预订请求并将其保存在数据库中。

这个系统应该是一个 HTTP API，它接收和返回的都是 JSON 格式的数据。这就是该系统与外界互动的方式。这就是与外部客户的契约。所以重要的是，一旦契约定好了，就不要再变。

如何防止契约的腐化？方法之一是，编写一套针对 HTTP 边界的自动化测试。如果你在写实现代码之前就编写测试，那么你已经拥有了外部驱动力。

这样的测试也可以被用作自动化的验收测试 [49]，因此你可以将其称为"验收测试驱动开发"（acceptance-test-driven development）。我更愿意称其为"由外到内的测试驱动开发"（outside-in test-driven development）[1]，因为我们从外部边界开始，

1 这个术语并不是我发明的，我不记得自己第一次是在什么地方听到的。不过，我是从*Growing Object-Oriented Software, Guided by Tests*[36]中得知这类观点的。

可以（也应该）向内推进。下面很快就会看到一个实例。

4.3.1　接收 JSON

在创建新的代码库时，会有很多事情要做。小步前进可能并不容易，不过不要紧，尽管去尝试就好。在餐厅预订示例中，我能想到的最小的步伐是，验证 API 的响应是否为 JSON 文档。

我们知道，目前并非如此。现在，网页应用程序只会以纯文本形式返回硬编码的字符串“`Hello World!`”。

如果依照好的测试驱动流程，你可以写一个新测试，断言响应必须是 JSON 格式的，不过这样会大量重复示例代码 4.3 的已有测试。与其复制测试代码，还不如在原有的测试上改进。示例代码 4.4 展示的是改进后的测试。

示例代码 4.4　断言主页（home）资源会返回 JSON 格式数据的测试。
（*Restaurant/316beab/Restaurant.RestApi.Tests/HomeTests.cs*）

```
[Fact]
[SuppressMessage(
    "Usage", "CA2234:Pass system uri objects instead of strings",
    Justification = "URL isn't passed as variable, but as literal.")]
public async Task HomeReturnsJson()
{
    using var factory = new WebApplicationFactory<Startup>();
    var client = factory.CreateClient();

    using var request = new HttpRequestMessage(HttpMethod.Get, "");
    request.Headers.Accept.ParseAdd("application/json");
    var response = await client.SendAsync(request);

    Assert.True(
        response.IsSuccessStatusCode,
        $"Actual status code: {response.StatusCode}.");
    Assert.Equal(
        "application/json",
        response.Content.Headers.ContentType?.MediaType);
}
```

一共有三点变化：

1. 测试的名称变了，现在的名称更明确。

2. 该测试现在明确地将请求（request）的 Accept 头设置为 application/json。
3. 我添加了第二个断言。

通过如此设置 Accept 头，客户端就参与到了 HTTP 的内容协商 [2] 协议当中。如果服务器可以提供 JSON 响应，我们就应该这么做。

为了验证这一点，我添加了第二个断言，检查响应（response）的 Content-Type[1]。

现在测试会在第二个断言处失败。它期望的 Content-Type 是 application/json，实际上却是空的。这更像是测试驱动开发：先写一个失败的测试，然后才写实现代码，让测试通过。

在使用 ASP.NET 时，你应该遵循 Model View Controller[33]（MVC）模式。示例代码 4.5 展示的是我能实现的最简单的控制器 [2]。

示例代码 4.5　HomeController 的第一次实现 。
（*Restaurant/316beab/Restaurant.RestApi/HomeController.cs*）

```
[Route("")]
public class HomeController : ControllerBase
{
    public IActionResult Get()
    {
        return Ok(new { message = "Hello, World!" });
    }
}
```

不过，这还不够。你还必须命令 ASP.NET 使用其 MVC 框架。可以在 Startup 类中做到这一点，如示例代码 4.6 所示。

1　你可能听说过，一个测试应该只有一个断言。你也可能听说过，某些包含多个断言的测试被称为断言赌盘（Assertion Roulette），这些断言赌盘会散发出坏味道。没错，它确实会散发出坏味道。可是，包含多个断言的测试并不一定都是断言赌盘。所谓断言赌盘指的是两种情况：要么是多次把断言部分与额外的预备和执行部分混合在一起，要么是断言缺乏足够清楚的信息[66]。

2　虽然在实际开发中大家常说MVC，而不是“模型-视图-控制器”，但是在谈论具体组件时，许多人仍然习惯说“模型”“视图”“控制器”，所以这里把controller翻译为“控制器”。——译者注

示例代码 4.6 为 MVC 设置 ASP.NET。
（*Restaurant/316beab/Restaurant.RestApi/Startup.cs*）

```
public sealed class Startup
{
    public static void ConfigureServices(IServiceCollection services)
    {
        services.AddControllers();
    }

    public static void Configure(
        IApplicationBuilder app,
        IWebHostEnvironment env)
    {
        if (env.IsDevelopment())
            app.UseDeveloperExceptionPage();

        app.UseRouting();
        app.UseEndpoints(endpoints => { endpoints.MapControllers(); });
    }
}
```

与示例代码 2.5 相比，它看起来更简单。我认为这是一种进步。

有了这些改动，示例代码 4.4 中的测试通过了。现在请将这些变更提交到 Git，并考虑把它推送到你的部署流水线 [49]。

4.3.2 提交预订请求

回顾一下，垂直切片的目的是证明系统能使用。我们已经花了些工夫来做前期准备。对于新代码库来说，这很正常，现在是时候进行下一步了。

在选择用于第一个垂直切片的功能时，我会考虑一些因素。你也可以称之为一种实用方法。

1. 该功能应该很容易实现。
2. 如果可能，优先选择数据输入。

在开发有持久数据的系统时，你很快就会发现，需要系统中有些数据，才能测试其他功能。如果从一个向系统添加数据的功能开始，就可以很好地解决这个问题。

因此，使这个 Web 应用程序能够接收和保存餐厅的预订请求似乎非常可取。采用由外到内的测试驱动开发方式，你可以写一个类似于示例代码 4.7 的测试。

示例代码 4.7 测试是否可以通过 HTTP API 读取到预订请求成功的响应。`PostReservation` 方法参见示例代码 4.8。
（*Restaurant/90e4869/Restaurant.RestApi.Tests/ReservationsTests.cs*）

```
[Fact]
public async Task PostValidReservation()
{
    var response = await PostReservation(new {
        date = "2023-03-10 19:00",
        email = "katinka@example.com",
        name = "Katinka Ingabogovinanana",
        quantity = 2 });

    Assert.True(
        response.IsSuccessStatusCode,
        $"Actual status code: {response.StatusCode}.");
}
```

在制作垂直切片时，要瞄准 happy path[66]。现在我们需要忽略所有可能出错的因素[1]，目标是证明该系统具有特定的能力。在本例中，这种能力就是接收并保存一个预订请求。

因此，示例代码 4.7 向服务提交了一个有效的预订请求。这个预订请求应包括有效的日期、电子邮件、姓名和预订座位数。该测试使用一个匿名类来模拟 JSON 对象。这个类序列化产生的 JSON 具有相同的结构、相同的字段名。

高级测试的断言应当具有一定的灵活性。在开发过程中，许多细节会发生变化。如果你把断言写得太死板，就不得不频繁修正它，所以灵活性很重要。按 4.2.1 节的描述，示例代码 4.7 的测试只验证 HTTP 状态码是否成功。随着添加的测试代码越来越多，你需要越来越详细地描述系统的预期行为。这个过程会重复很多次。

你可能已经注意到，这个测试将所有的动作委托给一个名为 `PostReservation` 的方法。这就是示例代码 4.8 中的测试实用方法（Test Utility Method）[66]。

1 但是，如果你想到了什么，应当把它们写下来，这样你就不会忘记[9]。

示例代码 4.8　`PostReservation` 辅助方法。此方法在测试代码库中定义。
（*Restaurant/90e4869/Restaurant.RestApi.Tests/ReservationsTests.cs*）

```
[SuppressMessage(
    "Usage",
    "CA2234:Pass system uri objects instead of strings",
    Justification = "URL isn't passed as variable, but as literal.")]
private async Task<HttpResponseMessage> PostReservation(
    object reservation)
{
    using var factory = new WebApplicationFactory<Startup>();
    var client = factory.CreateClient();

    string json = JsonSerializer.Serialize(reservation);
    using var content = new StringContent(json);
    content.Headers.ContentType.MediaType = "application/json";
    return await client.PostAsync("reservations", content);
}
```

其部分代码与示例代码 4.4 相似。我本来可以把它写在测试内部，但是为什么没有这么做呢？原因有几个，这恰恰体现了软件工程的艺术性高于科学性。

一个原因是，我认为这提升了测试代码的可读性。这里只出现了最关键的内容，你向服务提交了一些值，看响应就知道成功了。根据 Robert C. Martin 的说法，这是关于“抽象”的绝佳示例：

> “抽象就是忽略无关紧要的东西，放大本质的东西。”[60]

我定义辅助（helper）方法的另一个原因是，我想保留改变这种实现方式的权利。请注意，最后一行代码中调用 `PostAsync` 的路径是硬编码的相对路径 `"reservations"`。这意味着预订服务资源的位置类似于 `https://api.example.com/reservations`。可能事实就是如此，然而你大概不希望把它写在契约里。

你可以为 HTTP API 发布一份 URL 模板，但这不算严格意义上的 REST，因为在不破坏契约的情况下很难更新 API[2]。如果 API 希望客户使用给定的 URL 模板，它必须依赖 HTTP 动词，也就不能使用超媒体控制[1]。

如果现在严格要求做到超媒体控制（也就是链接），就太麻烦了。如果要保留

1　Richardson成熟度模型（Richardson Maturity Model）把REST分为三层：第1层是资源，第2层是HTTP动词，第3层是超媒体控制[114]。

以后变更的权利，你可以把服务交互抽象到被测系统（SUT）[1] 的封装方法中 [66]。

关于示例代码 4.8，我只想补充一点，在其中我忽略了“建议使用 Uri 对象”的代码分析规则，原因与 4.2.3 节相同。

如果你运行这个测试，得到失败的结果是在意料之中的。Assert Message[66] 得到的就是实际的状态码：*NotFound*。这意味着 /reservations 资源在服务器上并不存在。这不奇怪，因为我们还没有实现它。

示例代码 4.9 告诉我们，它实现起来很简单。这是能通过所有现有测试的最简单实现。

示例代码 4.9　最简单的 ReservationsController。
（*Restaurant/90e4869/Restaurant.RestApi/ReservationsController.cs*）

```
    [Route("[controller]")]
    public class ReservationsController
    {
#pragma warning disable CA1822 // Mark members as static
        public void Post() { }
#pragma warning restore CA1822 // Mark members as static
    }
```

你看到的第一个细节是碍眼的 #pragma 指令。注释已经说明，它应当忽略一条静态代码分析规则，这条规则要求把 Post 方法声明为 static。但是，此处这样行不通：如果把这个方法声明为 static，测试会失败。按约定，ASP.NET MVC 框架将 HTTP 请求与 controller 方法进行匹配，而方法必须是实例方法（即非 static 方法）。

有多种方法可以忽略 .NET 分析器的警告，我故意选择了最吓人的那个方案。这样做是为了避免留下 //TODO 注释，希望那些 #pragma 指令有同样的效果。

Post 方法目前是一个空壳子，但它显然不能一直是空壳子。所以，你必须暂时忽略这条警告，否则代码将无法编译。将警告当成错误对于我们来说并不是完全免费的，但我认为值得为它放慢速度。记住：目标不是尽可能快地编写尽量多的代码，而是获得可持续的软件。

1　SUT（System Under Test），被测系统。

目标不是快速编写代码，而是获得可持续的软件。

所有的测试现在都通过了。请在 Git 中提交这些更改，并考虑把它们推送到你的部署流水线 [49]。

4.3.3　单元测试

如示例代码 4.9 所示，目前的服务还没有处理提交过来的预订请求。你可以把另一个测试当作驱动力，依靠它更进一步，像示例代码 4.10 那样。

示例代码 4.10　发布有效预订的单元测试。
（*Restaurant/bc1079a/Restaurant.RestApi.Tests/ReservationsTests.cs*）

```
[Fact]
public async Task PostValidReservationWhenDatabaseIsEmpty()
{
    var db = new FakeDatabase();
    var sut = new ReservationsController(db);

    var dto = new ReservationDto
    {
        At = "2023-11-24 19:00",
        Email = "juliad@example.net",
        Name = "Julia Domna",
        Quantity = 5
    };
    await sut.Post(dto);

    var expected = new Reservation(
        new DateTime(2023, 11, 24, 19, 0, 0),
        dto.Email,
        dto.Name,
        dto.Quantity);
    Assert.Contains(expected, db);
}
```

与之前看到的测试不同，这不是一个针对系统 HTTP API 的测试，而是一个单元测试[1]。它说明了由外到内的测试驱动开发的关键思想：虽然是从系统的边界

1　“单元测试”这个术语定义并不清楚。关于它的定义，人们几乎没有共识。我更愿意将其定义为一个自动化测试，测试一个独立于其依赖关系的单元。注意，这个定义仍然是模糊的，因为它没有定义“单元”。我通常认为一个单元是一个小的行为动作，但到底需要多小，也没有清楚的定义。

着手，你仍然应该向内推进。

“可是，系统的边界是系统与外部世界互动的地方”，你反对，“我们不是应该测试它的行为吗？”

这听起来很合适，不幸的是，它是不现实的。试图通过边界测试来覆盖所有的行为和边缘情况，会导致条件组合的爆炸。你得写几万个测试，才能做到全部覆盖 [85]。相反，从测试外部边界开始，再到单元隔离测试，可以解决这个问题。

虽然示例代码 4.10 中的单元测试表面上看起来很简单，但底下还有很多事情要做。这又是一个抽象化的例子：放大本质的东西，忽略无关紧要的东西。很明显，没有哪一行代码是不相关的。不过重点是，为了理解测试的整体目的，你（还）不需要了解 `ReservationDto`、`Reservation` 或 `FakeDatabase` 的所有细节。

该测试是根据预备 - 执行 - 断言 [9] 的实用方法来构造的 [92]。每个阶段之间都有空行。预备阶段创建了 `FakeDatabase` 和被测系统（SUT）[66]。

执行阶段创建了数据传输对象（Data Transfer Object，DTO）[33]，并将其传递给 `Post` 方法。你也可以把创建 `dto` 作为预备阶段的一部分。我认为两种选择都有各自的道理，所以我倾向于选择最平衡的方法，就像 4.2.2 节中的讲解那样。在这种情况下，每个阶段都有两条语句。我认为，如果你把 `dto` 的初始化放到预备阶段，就会产生 *3-1-2* 的结构，而这种 *2-2-2* 的结构更平衡。

最后，断言阶段验证了数据库是否包含预期的（`expected`）预订记录。

以上描述了测试的整体流程，以及采用这种方式结构的原因。希望这里介绍的抽象概念没有对你的理解造成困难（虽然你还没有看到新的类）。在看到示例代码 4.11 之前，可以想象一下 `ReservationDto` 是什么样的。

4.3.4 DTO 和领域模型

看到示例代码 4.11 的时候，你是否有点儿意外？这是一个再正常不过的 C# DTO。它的唯一职责是，原样保存（mirror）所传入 JSON 文档的结构并捕获其组成值。

示例代码 4.11　Reservation DTO。这是生产代码的一部分。
（*Restaurant/bc1079a/Restaurant.RestApi/ReservationDto.cs*）

```
public class ReservationDto
{
    public string? At { get; set; }
    public string? Email { get; set; }
    public string? Name { get; set; }
    public int Quantity { get; set; }
}
```

你认为 Reservation 会是什么样的？为什么代码中甚至包含两个名字相似的类？原因是，虽然它们都表示一条预订记录，但角色不同。

DTO 的作用是按照某种数据结构的方式获得输入数据，或按某种数据结构输出数据。你不应该把它用于其他场合，因为它不提供任何封装。Martin Fowler 是这样说的：

> “永远不要亲自去实现数据传输对象（DTO）,这应当成为家训。”[33]

相反，Reservation 类是用来封装预订的业务规则的。它属于代码中的领域模型 [33][26]。示例代码 4.12 展示了它的初始版本。虽然它看起来比示例代码 4.11 更繁复[1]，实际上并非如此。两者包含同样多的数据元素。

你要问：“但是，那里有这么多的代码！这不是骗人吗？驱动这些代码的测试在哪里呢？”

我确实没有写 Reservation 类的测试(除了示例代码 4.10)。我从来没有说过，自己要死守测试驱动开发。

前面提过，我不相信自己第一遍就能把代码写对。如果你需要再次了解大脑是多么不可靠，请回想第 3 章那道棒球棍和棒球的算术题。但是，我确实相信工具可以为我生成代码。虽然我不太喜欢自动生成的代码，但 Visual Studio 为我生成了示例代码 4.12 的大部分内容。

我写了 4 个只读属性，然后用 Visual Studio 的构造函数生成（generate constructor）工具来添加构造函数，之后使用工具 *generate Equals and GetHashCode* 生成剩下

1　请记住，这里的“繁复”（complex）是指由零件组装而成的[45]。它不是复杂（complicated）的同义词。

的代码。我相信微软已经测试过其产品内置功能的可靠性。

示例代码 4.12 Reservation 类。它是领域模型的一部分。
（*Restaurant/bc1079a/Restaurant.RestApi/Reservation.cs*）

```
public sealed class Reservation
{
    public Reservation(
        DateTime at,
        string email,
        string name,
        int quantity)
    {
        At = at;
        Email = email;
        Name = name;
        Quantity = quantity;
    }

    public DateTime At { get; }
    public string Email { get; }
    public string Name { get; }
    public int Quantity { get; }

    public override bool Equals(object? obj)
    {
        return obj is Reservation reservation &&
               At == reservation.At &&
               Email == reservation.Email &&
               Name == reservation.Name &&
               Quantity == reservation.Quantity;
    }

    public override int GetHashCode()
    {
        return HashCode.Combine(At, Email, Name, Quantity);
    }
}
```

Reservation 如何能更好地封装关于预订的业务规则呢？就目前而言，它只做了点基本功。主要的变化在于，与 DTO 相比，作为领域对象的 Reservation 要求，组成它的所有 4 个值都必须存在[1]。此外，Date 被声明为一个 DateTime，保证了该

1 回想一下，我们已经启用了*nullable*引用类型功能。属性声明中没有问号，说明它们都不可能是null。而示例代码 4.11 中的所有属性上都有问号，表明所有的属性都可能是null。

值是有效的日期，而不是任何任意的字符串（string）。如果你还不相信，5.3 节和 7.2.5 节会重提 Reservation 类，并提供更多的讲解。

为什么 Reservation 看起来像一个值对象[1]？因为这样做优点很多。你应该让领域模型涉及一系列值对象 [26]，测试也会更容易 [104]。

考虑一下示例代码 4.10 中的断言。它在 db 中寻找 expected。但是，expected 怎么会被载入 db 里呢？其实它不会被载入，那里只有一个看起来像它的对象。断言使用对象自己的等价定义来比较期望值和实际值；而且 Reservation 中重写了 Equals。只有当类是不可变的时候，才能安全地实现这种符合其结构的等价关系；否则，你比较两个可变对象时可能出现这种情况，一开始它们确实等价，之后却出现了差异。

有了这种符合其结构的等价关系，才可能写出优雅的断言 [104]。在测试中，我们只需要创建一个代表预期结果的对象，并将其与实际结果进行比较即可。

4.3.5 假对象

示例代码 4.10 包含的最后一个新类是 FakeDatabase，如示例代码 4.13 所示。类如其名，这是一个 Fake Object（假对象）[66]，一种 Test Double[66][2]。它伪装成数据库。

这只是内存中的一个普通 collection[3]，实现了 IReservationsRepository 的接口。因为它派生自 Collection<Reservation>，所以带有各种 collection 方法，比如 Add。正因为如此，它也能与示例代码 4.10 中的 Assert.Contains 协同工作。

1 值对象（value object）[33]是不可变的对象，由其他值组合起来，使它们看上去是单个对象（其实并非那么简单）。典型的例子是Money类，它由货币和金额共同组成[33]。

2 你可能知道Test Double是*mock*和*stub*。就像单元测试（unit test）这个词一样，对于这些词的实际含义，人们没有共识。因此，我尽量避免使用它们。就其价值而言，优秀的图书*xUnit Test Patterns* [66]提供了这些术语的明确定义，可惜没有人使用它们。

3 有人把collection翻译为“集合”，但这并不是约定俗成的译法。一般提到“集合”，许多人会第一时间想起set，而不是collection。况且.NET平台中的collection并不是单纯的“集合”，而是支持一系列特定操作（查增删、查找等）的数据类型。所以，这里保留原文collection。——译者注

示例代码 4.13 Fake 数据库。这是测试代码的一部分。
（*Restaurant/bc1079a/Restaurant.RestApi.Tests/FakeDatabase.cs*）

```
[SuppressMessage(
    "Naming",
    "CA1710:Identifiers should have correct suffix",
    Justification = "The role of the class is a Test Double.")]
public class FakeDatabase :
    Collection<Reservation>, IReservationsRepository
{
    public Task Create(Reservation reservation)
    {
        Add(reservation);
        return Task.CompletedTask;
    }
}
```

Fake Object[66] 是专用于测试的对象，不过仍具有适当的行为。如果要把它作为真正数据库的替身，那么你可以把它看成一种内存数据库。在基于状态的测试中，它工作得很好 [100]。这就是示例代码 4.10 的那种测试。在断言阶段，必须验证实际状态是否等于预期状态。这个特殊的测试考虑了 `db` 的状态。

4.3.6 Repository 接口

`FakeDatabase` 类实现了示例代码 4.14 中的 `IReservationsRepository` 接口。在代码库刚开始的那个阶段，这个接口只定义了一个方法。

示例代码 4.14 Repository 接口。它是领域模型的一部分。
（*Restaurant/bc1079a/Restaurant.RestApi/IReservationsRepository.cs*）

```
public interface IReservationsRepository
{
    Task Create(Reservation reservation);
}
```

现在，我选择用 Repository 模式 [33] 来命名这个接口，尽管它与原始模式的描述只有一点点共性。我这样做是因为大多数人都熟悉这个名字，并理解它会以某种模式提供数据访问。以后我可能会决定给它改名。

4.3.7 Repository 中的 Create 方法

比较示例代码 4.14 和示例代码 4.10，可以看出单个测试也导致创建了几个新的类型。在代码库刚开始的那个阶段，这是正常的。因为那时候几乎没有现成的代码，即使是一个简单的测试也可能带来大量的新代码。

根据测试，你还必须修改 `ReservationsController` 的构造函数和 `Post` 方法，以支持测试所驱动的交互。构造函数必须接收 `IReservationsRepository` 参数，而 `Post` 方法必须接收 `ReservationDto` 参数。一旦你做完这些修改，测试就可以编译通过，然后你就可以运行它。

当你执行它时，结果是测试失败，这完全是意料中的。

为了让它通过，你必须在 `Post` 方法中将一个 `Reservation` 对象添加到 Repository 中，做法参考示例代码 4.15。

`ReservationsController` 使用构造函数注入（Constructor Injection）[25] 来接收注入的 `repository`，并将其保存为只读属性供以后使用。这意味着在该类的任何实例中，只要完成了正确的初始化，`Post` 方法都可以使用它。在这里，它用硬编码的 `Reservation` 来调用 `Create` 方法。虽然这显然是错误的，但测试通过了。要想让测试通过，这大概是最简单的办法 [22]。[1]

如果你想知道是什么导致了针对 null 的保护语句（Guard Clause）[7] 的存在，答案是静态代码分析规则。同样，请记住，同时驱动你开发的因素可能不止一个：测试驱动开发可以，分析器或语法检查器也可以。有很多工具可以驱动代码的创建。事实上，我使用 Visual Studio 的 *add null check* 工具来增加防护。

示例代码 4.15 通过了示例代码 4.10 中的测试，可惜现在另一个测试通不过了。

1 你可能会争辩说，从`dto`中复制值也同样简单。没错，两种做法的圈复杂度和代码行数都相同，但是根据*The Transformation Priority Premise*[64]（TPP，即代码改动优先级的原则）的精神，我认为常量比变量更简单。TPP的更多细节见5.1.1节。

示例代码 4.15　在注入的 repository 中保存一条预订记录（Reservation）。
（*Restaurant/bc1079a/Restaurant.RestApi/ReservationsController.cs*）

```
[ApiController, Route("[controller]")]
public class ReservationsController
{
    public ReservationsController(IReservationsRepository repository)
    {
        Repository = repository;
    }

    public IReservationsRepository Repository { get; }

    public async Task Post(ReservationDto dto)
    {
        if (dto is null)
            throw new ArgumentNullException(nameof(dto));

        await Repository
            .Create(
                new Reservation(
                    new DateTime(2023, 11, 24, 19, 0, 0),
                    "juliad@example.net",
                    "Julia Domna",
                    5))
            .ConfigureAwait(false);
    }
}
```

4.3.8　配置依赖关系

虽然新的测试成功了，但示例代码 4.7 中的边界测试现在失败了，因为 ReservationsController 已经没有无参数的构造函数。ASP.NET 框架需要帮忙创建该类的实例，特别是因为生产代码中没有任何类实现了所需的 IReservationsRepository 接口。

要让所有测试都通过，最简单的方法是添加 IReservationsRepository 接口的 Null Object[118] 实现。示例代码 4.16 展示了一个嵌套在 Startup 类中的临时类。它是 IReservationsRepository 接口的一个实现，但什么也不做。

示例代码 4.16　Null Object 的实现。这是一个临时的、嵌套的私有类。
（*Restaurant/bc1079a/Restaurant.RestApi/Startup.cs*）

```
private class NullRepository : IReservationsRepository
{
    public Task Create(Reservation reservation)
    {
        return Task.CompletedTask;
    }
}
```

如果你用 ASP.NET 内置的依赖注入容器（Dependency Injection Container）注册它 [25]，就能解决这个问题。示例代码 4.17 展示了做法。由于 `NullRepository` 是无状态的，你可以把它注册为 C# 内置的 Singleton lifetime[1][25]，这意味着在 Web 服务的进程生命周期中，同一个对象将被所有线程共享。

示例代码 4.17　用 ASP.NET 的内置 DI 容器注册 `NullRepository`。
（*Restaurant/bc1079a/Restaurant.RestApi/Startup.cs*）

```
public static void ConfigureServices(IServiceCollection services)
{
    services.AddControllers();

    services.AddSingleton<IReservationsRepository>(
        new NullRepository());
}
```

现在，所有测试都通过了。请把修改提交到 Git，并考虑把它们推送给你的部署流水线。

4.4　完成切片

我们想要的是垂直切片，而从图 4.5 来看，目前还缺少一些东西。你需要有一个 `IReservationsRepository` 的恰当实现来将预订请求持久化保存。一旦有了它，这个切片就完整了。

1　C#内置了多种“生命周期”（lifetime）可供注册，除了Singleton lifetime，还有Scoped、Transient等。注册之后，对象或服务的生命周期会由托管平台自动管理。——译者注

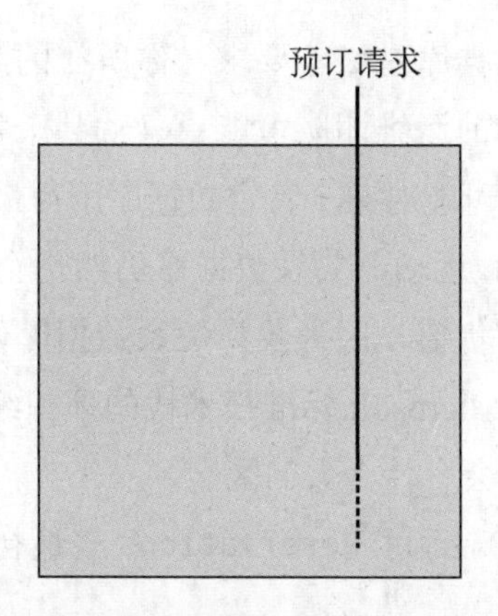

图 4.5 目前的进展。请把它与图 4.4 进行比较。

“等一下”，你会说，“根本不行！它只会保存硬编码的预订请求！可是输入验证、日志记录和信息安全呢？”

那些问题我们会在适当的时候处理。现在，只要外部输入能够产生状态改变并可以持久化保存，我就满意了。哪怕这只是一个硬编码的预订请求，它仍然证明外部事件（HTTP POST）可以修改应用程序的状态。

4.4.1 schema[1]

我们应该如何保存预订记录？用关系数据库，还是图形数据库 [89] ？或者是文档数据库？

如果你要听从 *Growing Object-Oriented Software, Guided by Tests*[36]（GOOS）的建议，就应该选择最好支持测试驱动开发的技术，而且最好能在自动化测试中托管它。那么，文档数据库就是一个不错的选择。

尽管如此，我还是选择关系数据库——具体而言是 SQL Server。我这样做是从教育的角度考虑的。首先，如果你想学习货真价实由外到内的测试驱动开发，GOOS[36] 已经是非常出色的资源了。其次，在现实中，关系数据库是无处不在的。

1 也有人把schema翻译为“表结构”。但是，“表结构”往往被理解为单纯的逻辑概念，而schema是有具体形式的，也就是“用关系数据库管理系统支持的形式语言写出的描述”。所以，可以说“把schema用Git管起来”，而不能说“把表结构用Git管起来”。——译者注通常，使用关系数据库是必备要求。你所在的组织可能已经和某个特定供应商签订了支持合同。你的运维团队可能更喜欢某个特定系统，因为他们知道如何维护和备份。你的同事可能对某个特定数据库用得最顺手。

尽管有 NoSQL 运动，关系数据库仍然是企业软件开发中不可或缺的一部分。我希望这本书更有价值，因为我将关系数据库作为例子的一部分。我会使用 SQL Server，因为它是 Microsoft 标准技术栈的理想组件；不过如果你选择其他数据库，需要用到的技术不会有什么大的区别。

示例代码 4.18 显示了 `Reservations` 表最初的 schema。

示例代码 4.18　`Reservations` 表最初的 schema
（*Restaurant/c82d82c/Restaurant.RestApi/RestaurantDbSchema.sql*）

```
CREATE TABLE [dbo].[Reservations] (
    [Id]         INT                  NOT NULL IDENTITY,
    [At]         DATETIME2            NOT NULL,
    [Name]       NVARCHAR (50)        NOT NULL,
    [Email]      NVARCHAR (50)        NOT NULL,
    [Quantity]   INT                  NOT NULL
    PRIMARY KEY CLUSTERED ([Id] ASC)
)
```

我更喜欢用 SQL 定义数据库 schema，因为它是数据库的原生语言。如果你喜欢使用 ORM 或特定领域的语言，那也没问题。重要的是，数据库 schema 需要和所有其他源代码保存到同一个 Git 仓库中。

请把数据库 schema 提交到 Git 仓库中。

4.4.2　SQL Repository

现在你知道了数据库 schema 的样子，可以针对数据库实现 `IReservations-Repository` 接口了。示例代码 4.19 是我的实现。你应该知道，我不喜欢 ORM（对象关系映射器）。

你可能会说，与 Entity Framework 相比，使用基本的 ADO.NET API 很啰唆，但别忘了，你追求的不应该是写代码的速度。如果追求可读性，你仍然可以说 ORM 的可读性更好，但我认为这个判断有一定的主观因素。

示例代码 4.19 Repository 接口的 SQL Server 实现。
（*Restaurant/c82d82c/Restaurant.RestApi/SqlReservationsRepository.cs*）

```
public class SqlReservationsRepository : IReservationsRepository
{
    public SqlReservationsRepository(string connectionString)
    {
        ConnectionString = connectionString;
    }

    public string ConnectionString { get; }

    public async Task Create(Reservation reservation)
    {
        if (reservation is null)
            throw new ArgumentNullException(nameof(reservation));

        using var conn = new SqlConnection(ConnectionString);
        using var cmd = new SqlCommand(createReservationSql, conn);
        cmd.Parameters.Add(new SqlParameter("@At", reservation.At));
        cmd.Parameters.Add(new SqlParameter("@Name", reservation.Name));
        cmd.Parameters.Add(new SqlParameter("@Email", reservation.Email));
        cmd.Parameters.Add(
            new SqlParameter("@Quantity", reservation.Quantity));

        await conn.OpenAsync().ConfigureAwait(false);
        await cmd.ExecuteNonQueryAsync().ConfigureAwait(false);
    }

    private const string createReservationSql = @"
        INSERT INTO
            [dbo].[Reservations] ([At], [Name], [Email], [Quantity])
        VALUES (@At, @Name, @Email, @Quantity)";
}
```

如果你实在想用 ORM，那就用吧。这并不是什么了不得的事。重要的是，要保持你的领域模型 [33] 不被实现细节所污染[1]。

我喜欢示例代码 4.19 中的实现，因为它状态恒定、简单易懂。这个对象是无状态的，也是线程安全的。你可以创建一个实例，在应用程序的整个生命周期中重复使用它。

1 依赖反转原则（Dependency Inversion Principle）说的就是这回事。抽象不应该依赖于细节，细节反而应该依赖于抽象[60]。在这种情况下的抽象是领域模型，也就是Reservation。

“但是，Mark，”你抗议说，“现在你又在胡说了！你都没有测试过这个对象。你都没有按运行驱动开发来写那个类。”

我确实没有这么做，因为我认为`SqlReservationsRepository`是一个谦卑对象[1][66]。该实现很难进行单元测试，因为它依赖于一个不容易自动化的子系统。作为替代，你只需排除掉一些分支逻辑和其他可能导致缺陷的行为。

`SqlReservationsRepository`中唯一的分支是由静态代码分析驱动并由Visual Studio创建的null guard（null保护）。

在12.2节中，你将看到如何添加与数据库有关的自动化测试。

4.4.3　连接数据库的配置

现在我们有了`IReservationsRepository`的正确实现，必须告诉ASP.NET。示例代码4.20展示了需要对`Startup`类所做的修改。

示例代码4.20　`Startup`文件中的部分配置，用于适配SQL Server。
（*Restaurant/c82d82c/Restaurant.RestApi/Startup.cs*）

```
public IConfiguration Configuration { get; }

public Startup(IConfiguration configuration)
{
    Configuration = configuration;
}

public void ConfigureServices(IServiceCollection services)
{
    services.AddControllers();

    var connStr = Configuration.GetConnectionString("Restaurant");
    services.AddSingleton<IReservationsRepository>(
        new SqlReservationsRepository(connStr));
}
```

现在通过新的`SqlReservationsRepository`类调用`AddSingleton`，而不再使用示例代码4.16中的`NullRepository`类。那个类你现在可以删除了。

1　Humble Object指的是一种设计模式，它把难以测试的对象分解为两部分：一部分容易测试，另一部分难以测试但逻辑简单，后者被称为“谦卑对象”。——译者注如果不提供一个连接字符串，就没法创建 `SqlReservationsRepository` 实例，所以必须从 ASP.NET 的配置中获得这个字符串。如示例代码 4.20 所示，为 `Startup` 添加一个构造函数时，框架会自动提供一个 `IConfiguration` 的实例。

所以，我们必须用一个合适的连接字符串来配置应用程序。提供连接字符串的办法很多，你可以使用配置文件。示例代码 4.21 展示了我在此时提交到 Git 的内容。虽然把配置信息一起提交上去会让你的同事更省力，但请不要在其中包含实际的连接字符串。它们会因环境而异，而且可能包含不应该出现在版本管理系统中的保密信息。

示例代码 4.21 连接字符串的配置结构。这就是要提交到 Git 的内容。切勿提交保密信息。
(*Restaurant/c82d82c/Restaurant.RestApi/appsettings.json*)

```
{
  "ConnectionStrings": {
    "Restaurant": ""
  }
}
```

如果在配置文件中保存一个真正能用的连接字符串，应用程序就应该可以工作了。

4.4.4 冒烟测试

你怎么知道软件能不能使用？毕竟，我们没有添加自动化的系统测试。

虽然你大概会赞成自动化测试，但也不应该忘记手动测试。偶尔，我们应该启动系统，看看它是否能点火。这就是所谓的“冒烟测试”（Smoke Test）。

如果在配置文件中保存一个正确的连接字符串，并在开发机器上启动系统，你可以尝试给它发送 `POST` 请求来完成预订。有大量的工具可用于与 HTTP API 进行交互。.NET 开发者往往更愿意选择基于 GUI 的工具，如 Postman 或 Fiddler，不过我们还是应该学会使用一些更容易自动化的工具。我经常使用 *cURL*。下面是它的例子（为了适应页面，分成了多行）。

```
$ curl -v http://localhost:53568/reservations
  -H "Content-Type: application/json"
  -d "{ \"at\": \"2022-10-21 19:00\",
       \"email\": \"caravan@example.com\",
       \"name\": \"Cara van Palace\",
       \"quantity\": 3 }"
```

它会把JSON格式的预订请求提交到适当的URL。如果你看一下应用程序根据配置使用的数据库，现在应该看到有一行预订信息……预订人叫Julia Domna！

回想一下，系统保存的仍然是硬编码的预订请求，但至少你现在知道了，一旦你发送了一条请求，系统就会有所反应。

4.4.5 使用Fake数据库的边界测试

现在唯一的问题是，示例代码4.7中的边界测试失败了。`Startup`类用连接字符串配置了`SqlReservationsRepository`服务，但在测试环境中没有连接字符串，也没有数据库。

为了让测试自动化，我们可以自动创建和销毁数据库；不过这很麻烦，而且会让测试变慢。也许以后我们会做这些事[1]，但不是现在。

相反，你可以针对示例代码4.13中所示的`FakeDatabase`运行边界测试。为了做到这一点，必须改变测试的`WebApplicationFactory`的行为方式。示例代码4.22展示了如何重写其`ConfigureWebHost`方法。

示例代码4.22 为运行测试，如何用Fake依赖项替换真的。
（*Restaurant/c82d82c/Restaurant.RestApi.Tests/RestaurantApiFactory.cs*）

```
public class RestaurantApiFactory : WebApplicationFactory<Startup>
{
    protected override void ConfigureWebHost(IWebHostBuilder builder)
    {
        if (builder is null)
            throw new ArgumentNullException(nameof(builder));

        builder.ConfigureServices(services =>
        {
            services.RemoveAll<IReservationsRepository>();
            services.AddSingleton<IReservationsRepository>(
```

1 实际上，“以后”指的就是12.2节。

```
            new FakeDatabase());
        });
    }
}
```

在 Startup 类的 ConfigureServices 方法执行后，ConfigureServices 块中的代码运行。它找到所有实现 IReservationsRepository 接口的服务（只有一个）并删除它们，然后添加一个 FakeDatabase 实例作为替代。

你必须在单元测试中使用新的 RestaurantApiFactory 类，但也只要在 PostReservation 辅助方法中修改一行代码而已。请比较示例代码 4.23 和示例代码 4.8。

示例代码 4.23　使用更新后的 web application factory 来测试辅助方法。与示例代码 4.8 相比，只有着重标识的初始化 factory 的那一行有变化。
（*Restaurant/c82d82c/Restaurant.RestApi.Tests/ReservationsTests.cs*）

```
[SuppressMessage(
    "Usage",
    "CA2234:Pass system uri objects instead of strings",
    Justification = "URL isn't passed as variable, but as literal.")]
private async Task<HttpResponseMessage> PostReservation(
    object reservation)
{
    using var factory = new RestaurantApiFactory();
    var client = factory.CreateClient();

    string json = JsonSerializer.Serialize(reservation);
    using var content = new StringContent(json);
    content.Headers.ContentType.MediaType = "application/json";
    return await client.PostAsync("reservations", content);
}
```

现在，所有测试又都通过了。请在 Git 中提交这些修改，并推送到部署流水线。一旦这些变化进入生产环境，请再对生产系统手动做一次冒烟测试。

4.5 结论

薄的垂直切片是证明软件能真正工作的有效方法。把它和持续交付 [49] 相结合，你就能快速将可运行的软件投入生产。

你可能认为第一个垂直切片太“薄”而没有意义。本章的例子展示了如何在数据库中保存一个预订请求，可惜保存的值是硬编码的，并不是真实提供给系统的值。那么，怎么做才更有价值呢？

没错，它几乎没有什么用，但它打造了一个能使用的系统，以及一条部署流水线 [49]。现在你可以以它为基础来继续工作。借助小步改进，持续交付，我们距离真正能使用的系统就越来越近。等系统完全能使用的时候，其他利益相关方更有能力评估系统的好坏。你的任务就是提供条件让他们进行评估。所以你应该尽可能多地部署更新，让其他利益相关方告诉你，什么时候算是完工。

第5章 封装

你有没有买过一些重要的东西，如房子、土地、公司，或者汽车？

如果买过，你大概签过合同[1]。合同规定了双方的一系列权利和义务。卖方承诺交出货品。买方承诺在规定的时间内支付指定的金额。卖方可能会对自己的货品状况做出一些保证。买方可以承诺在交易完成后不再要求卖方承担损失……诸如此类。

合同建立并规范了一种本来不存在的信任关系。你为什么要相信一个陌生人？相信陌生人的风险太大，但合同的签订填补了这个空白。

这也是封装的意义所在。你怎么相信某个对象的行为是合理的？答案是把对象放到契约中来。

5.1 保存数据

上一章结束时，还有一个麻烦的问题没有解决。在示例代码 4.15 中，Post 方

1 contract：可以翻译为“合同”，也可以翻译为“契约”。在日常生活领域常取前一种译法，在技术领域常取后一种译法。——译者注

法保存的预订请求是事先硬编码写“死”的，而不是接收到的真实数据。

这是一个缺陷。要修复它，就得再写一些代码，所以，现在正是讨论封装问题的绝佳时机。既然这么做能一举两得，那么就立刻动手。

5.1.1　代码改动优先级的原则

如果可以的话，别忘了依赖某种*驱动力* [1]。在示例代码 4.15 中之所以使用硬编码，是因为受到了一个测试用例的驱动。这种情况要如何改善呢？

单纯修复代码是很诱人的。毕竟，现在要做的没什么难度。我在指导团队时，必须不断地提醒开发人员放慢速度。编写生产代码应当被视为对测试或分析器等驱动力的响应。保持小步前进，可以减少出错的概率。

编辑代码是指从一个有效状态到另一个有效状态的改动过程。这个过程并不是原子式的。在修改过程中，代码可能无法通过编译。如图 5.1 所示，我们应当尽可能缩短代码无效的时间。这样，你脑海里要保持关注的对象数量就减少了。

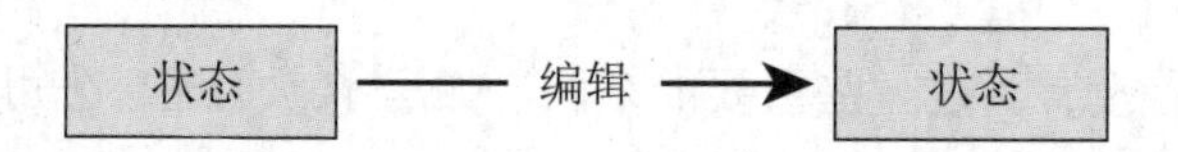

图 5.1　编辑代码是指从一个有效状态到另一个有效状态的改动过程。代码处于过渡期（即无效）的时间应当尽可能短。

2013 年，Robert C. Martin 发布了一张代码改动 [2] 优先级的列表 [64]。虽然他只想将其视为粗浅的建议，但我觉得它可以作为一条很有用的指导原则。它是这样的：

- **({}→nil)** 从完全没有代码到用到 nil 的代码
- **(nil→constant)** 从 nil 到常量
- **(constant→constant+)** 从简单常量到更复杂的常量
- **(constant→scalar)** 从常量到变量或参数

1　driver：可以翻译为“驱动力”，也可以翻译为“动力”，要依具体语境做出选择。——译者注

2　“改动”的原文是transformation，按照Robert C. Martin的说法，transformation是与重构（refactoring）相反的。重构是在不改变行为的基础上修改代码，而transformation改变的恰恰是代码的行为，比如让测试失败的代码通过测试。故而，我将此处的transformation翻译为“改动”。——译者注

- **(statement→statements)** 从单条语句到多条无条件判断的语句
- **(unconditional→if)** 从无条件执行到分条件执行
- **(scalar→array)** 从标量到数组
- **(array→container)** 从数组到容器
- **(statement→recursion)** 从普通语句到递归
- **(if→while)** 从 if 到 while
- **(expression→function)** 从表达式到函数
- **(variable→assignment)** 从变量到赋值

列表的顺序大致是：相对简单的改动在上面，相对复杂的改动在下面。

如果有些词看起来神秘晦涩、难以理解，也不要担心。和本书中的许多其他原则一样，它们是启发人思考的素材，而不是僵化的教条。关键是要小步前进，例如使用硬编码常量而不是 null[1]，或者将单一数值替换为数组。

目前，`Post` 方法保存的是个常量（constant），但它应该保存 `dto` 的数据，也就是一组标量（scalar value）。这就是 *constant* → *scalar* 的改动（这个改动可能要重复多次）。

*改动优先级原则*的要点是记住我们的目的，即使用列表中的小步骤来完成对代码的修改。

现在已经确定，我们要做的都是合理的改动，接着动手吧。

5.1.2 参数化测试

改动优先级原则背后的想法是，一旦确定了要做的修改，就应该写一个测试来驱动它。

新写一个测试方法当然是可以的，不过它无非是重复示例代码 4.10，只是对 `dto` 使用了一些不同的属性值。相反，我们要做的是，把已有的测试改为参数化测试 [66]。

1 在文章[64]中，Robert C. Martin称未定义的值为*nil*；但从上下文看，他似乎指的是*null*。有些语言（例如，Ruby）称null为*nil*。

示例代码 5.1 展示了这种变化。它没有使用 [Fact] 属性，而是使用 [Theory][1] 属性来表示“参数化测试”（Parametrised Test），它还使用了两个 [InlineData] 属性来提供数据。注意，最上面的 [InlineData] 属性提供了与示例代码 4.10 相同的测试值，第 2 个属性包含一组新的测试数据。

你应该担心的另一件事是重复的代码。在现在的测试里，断言中从 dto 生成 Reservation 的那几行，几乎是把真正的业务代码均提前写在了这里，这显然不够理想。一般来说，我们不应该相信，如果不依靠复式簿记[2]，只依靠人脑，还能在不同地方写出保持一致的生产代码。要知道，复式簿记的目的是保持不同视角下的数据一致性，然而这两处的逻辑视角是完全一致的。

示例代码 5.1　提交有效预订请求的参数化测试。与示例代码 4.10 相比，新测试用例被着重标识。

（*Restaurant/4617450/Restaurant.RestApi.Tests/ReservationsTests.cs*）

```
[Theory]
[InlineData(
    "2023-11-24 19:00", "juliad@example.net", "Julia Domna", 5)]
[InlineData("2024-02-13 18:15", "x@example.com", "Xenia Ng", 9)]
public async Task PostValidReservationWhenDatabaseIsEmpty(
    string at,
    string email,
    string name,
    int quantity)
{
    var db = new FakeDatabase();
    var sut = new ReservationsController(db);

    var dto = new ReservationDto
    {
        At = at,
        Email = email,
        Name = name,
        Quantity = quantity
    };
```

1　这就是*xUnit.net*进行参数化测试的API。其他框架中可能有相似的办法使用该功能，当然也可能不相似。有几个单元测试框架则根本不支持这个功能。在我看来，这时候我们就有足够的理由去寻找其他框架。支持编写参数化测试是单元测试框架中最要紧的功能之一。

2　作者提到的“复式簿记”指的是双向核对，也就是测试代码与被测试系统互相作用，互相驱动。如果被测系统还没有准备好实现，测试代码就已经自行提供了实现，那么无法保证未来被测系统会事先与此一致。——译者注

```
    await sut.Post(dto);

    var expected = new Reservation(
        DateTime.Parse(dto.At, CultureInfo.InvariantCulture),
        dto.Email,
        dto.Name,
        dto.Quantity);
    Assert.Contains(expected, db);
}
```

过度追求完美，就无法把好事做成。虽然上面的变化在测试代码中引入了一个问题，但它的作用是证明 `Post` 方法不起作用。现在再运行测试套件，新的测试用例会报告失败。

5.1.3 把 DTO 复制到领域模型中

示例代码 5.2 展示了对 `Post` 方法最简单的改动，这样测试就能通过。

示例代码 5.2 现在，`Post` 方法能保存 `dto` 数据了。
（*Restaurant/4617450/Restaurant.RestApi/ReservationsController.cs*）

```
public async Task Post(ReservationDto dto)
{
    if (dto is null)
        throw new ArgumentNullException(nameof(dto));

    var r = new Reservation(
        DateTime.Parse(dto.At!, CultureInfo.InvariantCulture),
        dto.Email!,
        dto.Name!,
        dto.Quantity);
    await Repository.Create(r).ConfigureAwait(false);
}
```

比起示例代码 4.15，这似乎有进步，但还有问题需要处理。现在请你先克制住立即动手继续改进的冲动。在示例代码 5.1 中，你通过添加测试用例，已经驱动了一次小的改动。虽然代码并不完美，但已经比之前好了。所有测试都通过了。请将更改提交到 Git，并推送到部署流水线上。

你也许对 `dto.At`、`dto.Email` 和 `dto.Name` 后面的感叹号有疑问，而那正是尚存的不完善之处。

这个代码库使用了 C# 的 *nullable reference types*（nullable 引用类型）功能，大部分 dto 属性都被声明为 nullable。如果没有感叹号，编译器会抱怨说，代码读取了一个 nullable 的值，却没有检查它是否为 null。而感叹号操作符 ! 会忽略编译器的抱怨。有了感叹号，代码就可以编译了。

这样取巧很不好。虽然代码可以编译了，但它很容易在运行时引发 NullReferenceException。为了消灭一个编译错误，新增了一个运行时异常，弊大于利。所以，还应该做点什么才对。

示例代码 5.2 还有一个潜在的运行时异常，即不能保证调用 DateTime.Parse 方法一定会成功，这里也应该有对应的处理。

5.2 验证

对于示例代码 5.2，如果客户端发过来的 JSON 数据没有 at 属性[1]，会发生什么呢？

你可能认为 Post 会抛出一个 NullReferenceException，实际上是 DateTime.Parse 抛出一个 ArgumentNullException。起码，这个方法做了输入验证。你也应该这样做。

ArgumentNullException 为什么比 NullReferenceException 好呢？

一个方法抛出哪个异常很重要吗？说一千道一万，只要有异常，就必须得处理，不然程序会崩溃。

如果你能处理这些异常，就应该在乎异常类型。如果你知道自己可以处理某个特定类型的异常，可以用 try/catch 块来对付它。麻烦的是所有那些你不能处理的异常。

通常，NullReferenceException 发生在一个需要的对象不存在（null，即“为空”）的时候。如果该对象确实是需要的，实际上却不存在，你就没什么办法了。

1 property：一般直译为“属性”（考虑到JSON数据对象是没有行为的，或许用“字段”更容易理解）。下文提到的“email属性”也是如此。——译者注无论是对于 NullReferenceException，还是对于 ArgumentNullException，情况都一样；那么，为什么还要费力去检查 null，只为了抛出一个异常呢?

区别在于，NullReferenceException 的异常消息中没有任何有用的信息。你只被告知某个对象为 null，却不知道到底是哪个对象。

相反，ArgumentNullException 则提供了对应参数为空的信息。

如果在日志或错误报告中看到了一条异常消息，你更希望它是哪一个？没有任何信息的 NullReferenceException，还是带有参数名称的 ArgumentNullException？

任何时候我都会选择 ArgumentNullException。

ASP.NET 框架遇到未处理的异常，会提供 500 Internal Server Error 的响应。这不是我们在这种情况下期望的结果。

5.2.1 错误的日期

如果输入无效，HTTP API 应该返回 400 Bad Request[2]。现实情况却并非如此。请添加一个能复现该问题的测试。

示例代码 5.3 展示了，如何测试没有提供预订日期和时间的情况。你可能想知道，为什么我把它写成只有一个测试用例的 [Theory]。为什么不写成 [Fact]？

示例代码 5.3 如果提交的 Reservation（预订）DTO 缺少了 at 值，会发生什么。（*Restaurant/9e49134/Restaurant.RestApi.Tests/ReservationsTests.cs*）

```
[Theory]
[InlineData(null, "j@example.net", "Jay Xerxes", 1)]
public async Task PostInvalidReservation(
    string at,
    string email,
    string name,
    int quantity)
{
    var response =
        await PostReservation(new { at, email, name, quantity });
    Assert.Equal(HttpStatusCode.BadRequest, response.StatusCode);
}
```

我承认，这是我的灵活处理。这再次体现了软件工程的艺术。它来源于“充满不确定性的个人经验”[4]——我知道自己很快就会增加更多的测试用例，所以从 [Theory] 开始更容易。

测试失败，因为响应的状态码是 500 Internal Server Error 。

示例代码 5.4 中的代码可以轻松通过测试。它与示例代码 5.2 的主要区别是增加了“null 保护”[1]。

示例代码 5.4 防范 At 属性为空的情况。

（*Restaurant/9e49134/Restaurant.RestApi/ReservationsController.cs*）

```
public async Task<ActionResult> Post(ReservationDto dto)
{
    if (dto is null)
        throw new ArgumentNullException(nameof(dto));
    if (dto.At is null)
        return new BadRequestResult();

    var r = new Reservation(
        DateTime.Parse(dto.At, CultureInfo.InvariantCulture),
        dto.Email!,
        dto.Name!,
        dto.Quantity);
    await Repository.Create(r).ConfigureAwait(false);

    return new NoContentResult();
}
```

C# 的编译器很聪明，可以检测到“保护语句”（Guard Clause）；也就是说，现在可以删除 dto.At 后面的感叹号了。

你还可以添加一个测试用例，用于测试缺少 email 属性的情况。不过我们更进一步，在示例代码 5.5 中展示了两个新的测试用例。

示例代码 5.5 关于无效预订请求的更多测试用例。

（*Restaurant/3fac4a3/Restaurant.RestApi.Tests/ReservationsTests.cs*）

```
[Theory]
[InlineData(null, "j@example.net", "Jay Xerxes", 1)]
```

1 null guard：这是C# 9.0提供的新特性，用于简化参数的验证方式。我国大陆地区将其翻译为“null保护”，台湾地区将其翻译为“null成立条件”。——译者注

```
[InlineData("not a date", "w@example.edu", "Wk Hd", 8)]
[InlineData("2023-11-30 20:01", null, "Thora", 19)]
public async Task PostInvalidReservation(
    string at,
    string email,
    string name,
    int quantity)
{
    var response =
        await PostReservation(new { at, email, name, quantity });
    Assert.Equal(HttpStatusCode.BadRequest, response.StatusCode);
}
```

底部的 [InlineData] 属性包含一个缺少 email 属性的测试用例，而中间的测试用例提供了一个不符合时间日期规范的 at 值。

示例代码 5.6 可以通过所有测试。请注意，如果给 Name 属性也加上 null 保护，就可以再去掉一个感叹号。

示例代码 5.6　防范各种无效的输入值
（*Restaurant/3fac4a3/Restaurant.RestApi/ReservationsController.cs*）

```
public async Task<ActionResult> Post(ReservationDto dto)
{
    if (dto is null)
        throw new ArgumentNullException(nameof(dto));
    if (dto.At is null)
        return new BadRequestResult();
    if (!DateTime.TryParse(dto.At, out var d))
        return new BadRequestResult();
    if (dto.Email is null)
        return new BadRequestResult();

    var r = new Reservation(d, dto.Email, dto.Name!, dto.Quantity);
    await Repository.Create(r).ConfigureAwait(false);

    return new NoContentResult();
}
```

5.2.2　红绿重构

再来看示例代码 5.6。相比于示例代码 4.15，它更复杂了。你能把它变简单点吗？

这是一个经常需要问自己的重要问题。事实上，每次测试迭代之后，你都应该问这个问题。它是“红绿重构”[9]循环的一部分。

- **红（红灯）**。新写一个失败的测试。大多数测试程序会将失败的测试标记为红色。
- **绿（绿灯）**。做尽可能小的改动，以通过所有测试。测试程序通常将通过的测试标记为绿色。
- **重构**。在不变更行为的情况下改进代码。

一旦你完成了这 3 步，就换到下一个失败的测试，再次开始。整个过程如图 5.2 所示。

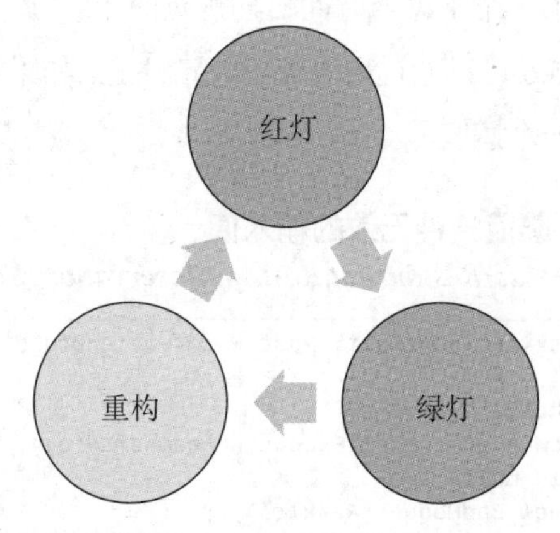

图 5.2 红绿重构（Red Green Refactor）的循环。

到目前为止，在本书的示例中，你看到的都只是红 - 绿、红 - 绿、红 - 绿的变化。现在是时候增加第 3 个步骤了。

测试驱动开发的科学

红绿重构过程是我能想到的，软件工程中最科学的方法论之一。

在科学方法中，你首先提出假设，其形式是预测一个可证实的结果。然后做实验，测量结果。最后，将实际结果与预测结果进行比较。

这听起来很熟悉吗？

这听起来很像“预备 – 执行 – 断言”[9]的模式，不过我们应该注意两者之间的差异。“执行”阶段对应着实验，而“断言”阶段对应着比较预测和实际结果。

红绿重构循环中的红灯和绿灯阶段，本身就是现成的科学小实验。

在红灯阶段，现成的假设是，如果运行刚写的测试，它应该失败。这是一个标准明确的实验，其结果是非常清楚的：要么通过，要么失败。

如果你适应了把“红绿重构”当作正常流程，可能会惊讶地发现，在这个阶段竟然有那么高的概率例行公事般直接写出结果为通过的测试。请记住，大脑是多么容易直接跳到结论 [51]。你不留神就会写出同义断言 [105]。这样就会产生假阴性结果，可是如果你不做实验，就不会发现它们。

同样，绿灯阶段也是一个现成的假设。你预计的是，运行测试时它会成功。同样，做实验就是运行测试，它的结果也是标准明确的。

如果你想提升软件工程的水平，如果你相信科学和工程之间有关系，我想没有什么比测试驱动开发更合适的了。

在重构阶段，请考虑你在绿灯阶段写的代码。它还能改进吗？如果可以，你做的就是重构。

> “重构是改变软件系统的过程，它不修改代码的外部行为，但却能改善其内部结构。”[34]

你怎么知道自己没有改变外部可见的行为？要证明没有改变是很难的，要证明改变了却很容易。只要有一个自动化测试在重构后失败，你就知道自己一定犯了点儿错。所以底线标准就是，如果改变了代码的结构，所有的测试仍然应该通过。

示例代码 4.15 可以在保持所有测试都通过的情况下完成改进吗？是的，事实证明，dto.At 的 null 保护是多余的。示例代码 5.7 展示了简化后的 Post 方法。

示例代码 5.7　不必防止 At 属性为空——DateTime.TryParse 已经做了检查。（*Restaurant/b789ef1/Restaurant.RestApi/ReservationsController.cs*）

```
public async Task<ActionResult> Post(ReservationDto dto)
{
    if (dto is null)
```

```
        throw new ArgumentNullException(nameof(dto));
    if (!DateTime.TryParse(dto.At, out var d))
        return new BadRequestResult();
    if (dto.Email is null)
        return new BadRequestResult();

    var r = new Reservation(d, dto.Email, dto.Name!, dto.Quantity);
    await Repository.Create(r).ConfigureAwait(false);

    return new NoContentResult();
}
```

为什么这样仍然行得通？因为`DateTime.TryParse`已经检查了null，如果输入是null，返回值就是`false`。

你怎么会知道呢？我不确定自己是否能给出一个例子，证明自己的判断。我能想到这个重构，是因为我了解`DateTime.TryParse`的行为。这个例子印证了“充满不确定性的个人经验”[4]——软件工程缺不了艺术的成分。

5.2.3　自然数

封装不仅仅是对null的检查，还是描述对象和调用方之间有效互动的契约。要想规定有效性，一种办法是，说明什么是无效的。这也就意味着，除了无效的那些情况，其他都有效。

如果你禁止null引用，就等于对所有non-null对象开了绿灯，除非添加了更多的约束。示例代码5.7已经对`dto.At`做了这样的规定。不但null是被禁止的，这个字符串还必须对应一个合法的日期和时间。

按契约设计

封装背后的理念是这样的：你应该能够与一个对象进行交互，而不需要深入了解其实现细节。它带来了两个好处：

- 你可以改变实现，也就是重构。
- 你能够以抽象的方式看待对象。

涉及软件工程时，第二点很重要。想想第3章，其中提到的一个基本问题就是人脑的认知限制。你的短期记忆只能容纳7件事。有了封装，你就能用更简练的契约来“替代”对象的大量实现细节。不妨回顾 Robert C. Martin 对抽象的定义。

“抽象就是忽略无关紧要的东西，放大本质的东西。”[60]

对象的本质就是它的契约。它通常比底层实现更简单，所以与你的思维更合拍。

有观点认为，契约应当成为面向对象编程中的明确成分（explicit part），这种观点与 Bertrand Meyer 和 Eiffel 语言渊源不浅。在 Eiffel 中，契约是语言的显式组成部分 [67]。

虽然没有哪种现代语言像 Eiffel 那样将契约明确化，你仍然可以在设计时考虑契约。例如，保护语句（Guard Clause）[7] 就可以拒绝无效输入，以此执行契约的强制规定。

在设计时就应该明确，什么是有效输入，什么是无效输入，以及能对输出提供什么保证。

那么，预订请求中的其他元素呢？示例代码 4.11 中的 `ReservationDto` 类已经使用 C# 的静态类型系统（去掉了问号），声明了 `Quantity` 不能为 null（空）。但是，任何整数都可以成为正确的预订座位数吗？*2* 呢？*0* 呢？*-3* 呢？

2 似乎是合理的数值，但 *-3* 显然不是。那么，*0* 呢？为什么明明没有人来就餐，还要预订座位呢？

所以预订座位数应当是一个自然数，这大概是最合理的。按照我的经验，当领域模型逐渐成型时，这种情况经常发生 [33][26]。模型是描述真实世界 [1] 的一种尝试，而在现实世界中，自然数随处可见。

示例代码 5.8 的测试方法与示例代码 5.5 相同，但有两个新的测试用例，它们包含无效的预订座位数。

---

1 哪怕这个“真实世界”只不过是一条业务流程。

示例代码 5.8 包含无效预订座位数的更多测试用例。与示例代码 5.5 相比，新测试用例被着重标识。
（*Restaurant/a6c4ead/Restaurant.RestApi.Tests/ReservationsTests.cs*）

```
[Theory]
[InlineData(null, "j@example.net", "Jay Xerxes", 1)]
[InlineData("not a date", "w@example.edu", "Wk Hd", 8)]
[InlineData("2023-11-30 20:01", null, "Thora", 19)]
[InlineData("2022-01-02 12:10", "3@example.org", "3 Beard", 0)]
[InlineData("2045-12-31 11:45", "git@example.com", "Gil Tan", -1)]
public async Task PostInvalidReservation(
    string at,
    string email,
    string name,
    int quantity)
{
    var response =
        await PostReservation(new { at, email, name, quantity });
    Assert.Equal(HttpStatusCode.BadRequest, response.StatusCode);
}
```

这些新的测试用例反过来又推动了 Post 方法的进化，参见示例代码 5.9。新的保护语句 [7] 只接受自然数。

示例代码 5.9 Post 现在可以防范无效的预订座位数了。
（*Restaurant/a6c4ead/Restaurant.RestApi/ReservationsController.cs*）

```
public async Task<ActionResult> Post(ReservationDto dto)
{
    if (dto is null)
        throw new ArgumentNullException(nameof(dto));
    if (!DateTime.TryParse(dto.At, out var d))
        return new BadRequestResult();
    if (dto.Email is null)
        return new BadRequestResult();
    if (dto.Quantity < 1)
        return new BadRequestResult();

    var r = new Reservation(d, dto.Email, dto.Name!, dto.Quantity);
    await Repository.Create(r).ConfigureAwait(false);

    return new NoContentResult();
}
```

大多数编程语言都有内置的数据类型。通常整数数据类型有好几种，比如 8

位整数、16位整数，等等。不过，一般的整数是有符号的。它们既代表负数，也代表正数。这往往不是你想要的。

有时你可以使用无符号整数来解决这类问题，但在这里行不通，因为无符号整数仍然可以为0。为了拒绝没人来吃饭的预订请求，你还是离不开保护语句。

示例代码5.9中的代码能够编译，而且所有测试都能通过。请在Git中提交这些修改，并考虑把它们推送到部署流水线。

5.2.4 Postel 定律

让我们稍加回顾。有效的预订请求由什么构成？日期必须是正确的，数量必须是自然数。而且要求`Email`不为null，这就够了吗？

难道我们不应该要求电子邮件地址是有效的吗？名字不是也应该有效吗？

电子邮件地址难以验证是出了名的[41]，即使你拥有SMTP规范的完整实现，又能带来多少好处呢？

用户可以很容易地给你伪造的电子邮件地址，但它符合规范。切实验证电子邮件地址的唯一方法，是向它发一封电子邮件，看看是否会带来响应（比如，用户点击验证链接）。这是个耗时很长的异步过程，即使你想这么做，也不应当把它当成阻塞方法来调用。

所以结论就是，除检查电子邮件地址是否为null（空）之外，验证电子邮件地址没有什么意义。出于这个原因，我不会做更多验证。

那么，名字呢？它主要是为了方便。你来到餐厅时，餐厅的领班会问你的名字，而不是询问你的电子邮件地址或预订的ID。如果你预订时没有提供自己的名字，餐厅或许可以通过电子邮件地址找到你。

你可以接受名字为null的情况，直接把它当成空字符串。这个设计决定遵循了Postel定律，因为你对输入的名字足够宽容。

Postel 定律

根据契约来设计对象的交互，就意味着认真考虑前置条件（precondition）

和后置条件（postcondition）。在与对象进行交互之前，客户必须满足哪些条件？在交互完成之后，对象对这些条件又做出了哪些保证？这些问题密切关系到输入和输出的声明。

你可以使用 Postel 定律来仔细审视前置条件和后置条件。我是这样理解它的：

> 对发送的内容保持审慎，对接收的内容保持宽容。

Jon Postel 最初制定这个定律时，把它作为 TCP 规范的一部分。但我发现，延展到 API 设计这样的领域，它同样是有用的定律。

如果你要发布一份契约，如果它给出的保证越强，对另一方的要求越少，就越有吸引力。

当涉及 API 设计时，我通常这样解释 Postel 定律：只要输入的内容还能让我正常工作，就允许输入，不过这已经是极限情况。其结论之一是，虽然你应该对自己所接收到的内容保持宽容，但仍然会有些输入数据不满足最低要求。只要你发现这种情况，就应当迅速失败、拒绝输入。

你应该找到一种驱动力来完成这种改动，所以需要再添加一个测试用例，那就是示例代码 5.10。与示例代码 5.1 相比，最大的变化是一个新的测试用例，该用例来自第 3 个 [InlineData] 属性。这个测试用例最初是通不过的，因为根据红绿重构的过程，它应该是失败的。

示例代码 5.10　另一个姓名为 null 的测试用例。与示例代码 5.1 相比，新测试用例被着重标识。

（*Restaurant/c31e671/Restaurant.RestApi.Tests/ReservationsTests.cs*）

```
[Theory]
[InlineData(
    "2023-11-24 19:00", "juliad@example.net", "Julia Domna", 5)]
[InlineData("2024-02-13 18:15", "x@example.com", "Xenia Ng", 9)]
[InlineData("2023-08-23 16:55", "kite@example.edu", null, 2)]
public async Task PostValidReservationWhenDatabaseIsEmpty(
    string at,
    string email,
    string name,
    int quantity)
```

```
{
    var db = new FakeDatabase();
    var sut = new ReservationsController(db);

    var dto = new ReservationDto
    {
        At = at,
        Email = email,
        Name = name,
        Quantity = quantity
    };
    await sut.Post(dto);

    var expected = new Reservation(
        DateTime.Parse(dto.At, CultureInfo.InvariantCulture),
        dto.Email,
        dto.Name ?? "",
        dto.Quantity);
    Assert.Contains(expected, db);
}
```

到了绿灯阶段，就应当让测试通过。示例代码 5.11 给出了一种办法。你可以使用标准的三元操作符，但是 C# 的空接合操作符（??）更简练。在某种程度上，它取代了！操作符，但这是值得的，因为它不会忽略编译器的 null-check engine。

示例代码 5.11 Post 方法将为 null 的姓名转换为空字符串。
（*Restaurant/c31e671/Restaurant.RestApi/ReservationsController.cs*）

```
public async Task<ActionResult> Post(ReservationDto dto)
{
    if (dto is null)
        throw new ArgumentNullException(nameof(dto));
    if (!DateTime.TryParse(dto.At, out var d))
        return new BadRequestResult();
    if (dto.Email is null)
        return new BadRequestResult();
    if (dto.Quantity < 1)
        return new BadRequestResult();

    var r =
        new Reservation(d, dto.Email, dto.Name ?? "", dto.Quantity);
    await Repository.Create(r).ConfigureAwait(false);

    return new NoContentResult();
}
```

在这个测试用例的重构阶段，代码能做的所有改进都值得考虑。我相信你能做的很多，但讨论起来需要更多篇幅。我们完全可以在绿灯阶段和重构阶段之间留个记号，没有任何规定禁止这样做。所以现在，应当将最新的改动提交到 Git，并推送到部署流水线。

5.3 保护不变量

你认为示例代码 5.11 有问题吗？你觉得是什么问题？

如果从复杂度来考量，情况还不算太糟糕。Visual Studio 内置了一个简单代码指标计算器，比如圈复杂度（cyclomatic complexity）、继承深度、代码行数等等。我主要关注的指标是圈复杂度。如果圈复杂度超过 7[1]，我认为你应该采取措施去减少它，不过目前圈复杂度只有 6。

另一方面，如果你从整个系统考虑，就会发现更多情况。虽然 `Post` 方法检查了有效预订请求的前置条件，但也只是到此为止了。它调用了 `Repository` 的 `Create` 方法。请回想在示例代码 4.19 中实现该方法的 `SqlReservationsRepository` 类。

如果你是维护系统的程序员，第一眼看到的是示例代码 4.19，你可能会对 `reservation` 参数有疑问。`At` 是不是一个合法的日期？ `Email` 是否保证不是 null？ `Quantity` 是不是自然数？

你可以查看示例代码 4.12 中的 `Reservation` 类，看到 `Email` 确实被保证不会为空（null），因为使用了类型系统将其声明为 non-nullable。日期也可以这么做，但预订座位数呢？你能确定它不为负或零吗？

目前，要回答这个问题，唯一的方法是在代码中做一番搜索。还有哪些代码调用了 `Create` 方法？目前只有一个调用点，但未来情况可能会不一样。如果有多个调用方呢？这就需要你在脑子里记住很多东西。

如果有什么方法可以保证对象是经过验证的，那不是更容易吗？

1 还记得吗，在3.2.1节，我把数字7用作大脑短期记忆的极限。

5.3.1 恒常有效

从本质上讲，封装应该保证一个对象永远不会处于无效状态。这个定义包括两个方面："有效性"（validity）和"状态"（state）。

你已经看过 Postel 定律之类的实用方法，它可以帮助你思考什么是有效的，什么是无效的。那么，状态呢？

所谓对象的状态，指的是构成对象的各种值的组合。这种组合应该始终是有效的。如果一个对象可以改变，那么每个改变其状态的操作都必须保证，该操作不会导致无效状态。

不可变对象拥有众多颇具诱惑力的品质，其中之一是，你只需要在一个点上关心有效性：构造函数。只要初始化成功，该对象应该始终处于有效状态。示例代码 4.12 中的 `Reservation` 类目前还做不到这一点。

这是一个缺陷。你应该保证，预订座位数为负的 `Reservation` 对象是无法创建的。要找到改进的动力，可以使用示例代码 5.12 那样的参数化测试 [66]。

示例代码 5.12　一个参数化测试，验证不能使用无效的预订座位数来创建 `Reservation`。
（*Restaurant/b3ca85e/Restaurant.RestApi.Tests/ReservationTests.cs*）

```
[Theory]
[InlineData( 0)]
[InlineData(-1)]
public void QuantityMustBePositive(int invalidQantity)
{
    Assert.Throws<ArgumentOutOfRangeException>(
        () => new Reservation(
            new DateTime(2024, 8, 19, 11, 30, 0),
            "mail@example.com",
            "Marie Ilsøe",
            invalidQantity));
}
```

我之所以这样选择，是因为我认为 0 与负数有本质区别。也许你认为 0 是一个自然数。也许你不这么认为。就像其他许多事情 [1] 一样，对于这个问题，人们也

1　比如，什么是单元（unit）？什么是模拟（mock）？

没有共识。尽管如此，该测试明确指出，0 是一个无效的预订座位数。它还用 -1 代表了负数的情况。

这个测试断言，在试图用无效的预订座位数初始化 Reservation 对象时，应抛出异常。请注意，它并没有判断异常消息。异常消息的文本并不是对象行为的一部分。这并不是说异常消息不重要，但是，测试和实现细节不能过度绑定。否则，如果以后想修改异常消息，就既要修改被测系统，也要修改测试代码。我们应当避免重复劳动 [50]。

在红绿重构的红灯阶段，这个测试失败了。示例代码 5.13 展示的构造函数能让测试通过，并进入绿灯阶段。

示例代码 5.13　此 Reservation 构造函数可以排除 quantity 为非正数的情况。（*Restaurant/b3ca85e/Restaurant.RestApi/Reservation.cs*）

```
public Reservation(
    DateTime at,
    string email,
    string name,
    int quantity)
{
    if (quantity < 1)
        throw new ArgumentOutOfRangeException(
            nameof(quantity),
            "The value must be a positive (non-zero) number.");

    At = at;
    Email = email;
    Name = name;
    Quantity = quantity;
}
```

由于 Reservation 类是不可变的，这确保了它永远不会处于无效状态 [1]。这意味着处理 Reservation 对象的所有代码都可以避开防御性编码。因为 At、Email、Name 和 Quantity 属性都会被赋值，并且 Quantity 必然是正数。在 7.2.5 节我们会再次谈到 Reservation 类，并用到了这些保证。

1　我假设FormatterServices.GetUninitializedObject不存在。请不要使用那个方法。

5.4 结论

封装是面向对象编程中令人产生误解最深的概念之一。许多程序员认为，封装就是制止直接暴露类字段（class field）——类的字段应该被“封装”在 getter 和 setter 后面。其实这与封装没什么关系。

最重要的概念是，对象应该保证自己永远不会处于无效状态。这个责任不在调用方。对象自身最清楚“有效”意味着什么，以及如何做出这种保证。

对象和调用方之间的交互应该遵守契约。契约表现为一组前置条件和后置条件。

前置条件描述了调用方的责任。前置条件用来约束调用方的义务，而后置条件描述了对象所给出的保证。

前置条件和后置条件共同构成了不变量。你可以遵照 Postel 定律设计一份有用的契约。对调用方的要求越少，调用方与对象的交互就越容易。你能给出的保证越严格，调用方需要编写的防御性代码就越少。

第6章 三角测量

几年前我拜访了一位客户，他希望我帮忙处理遗留代码。趁这个机会，我跟几位开发人员聊了聊。我问最近入职的开发人员，来了多久之后他才确信自己可以独立贡献代码。

“三个月吧。”他回答。

他花了这么长的时间熟悉代码库，才有信心去修改代码。我看了其中的部分代码，这些代码确实很复杂。同时发生的事情超过 7 件。事实上，在一些方法中，这个数字超过 70。

理解这样的代码库需要花很多时间，但也不是做不到。你可能会认为，这反驳了人脑只能跟踪 7 件事的论点。我认为情况并非如此，下面给出解释。

6.1 短期记忆与长期记忆

回顾 3.2.1 节，数字 7 与短期记忆有关。除了工作记忆，大脑还有长期记忆，其容量完全不同 [80]。

通过 3.2.1 节的介绍可知，我们应该谨慎地将人脑和电脑进行类比。不过很明显，我们拥有一种容量巨大且包罗万象的记忆，当然它也是善变的。这个系统不同于短期记忆，尽管两者之间有些联系，如图 6.1 所示。

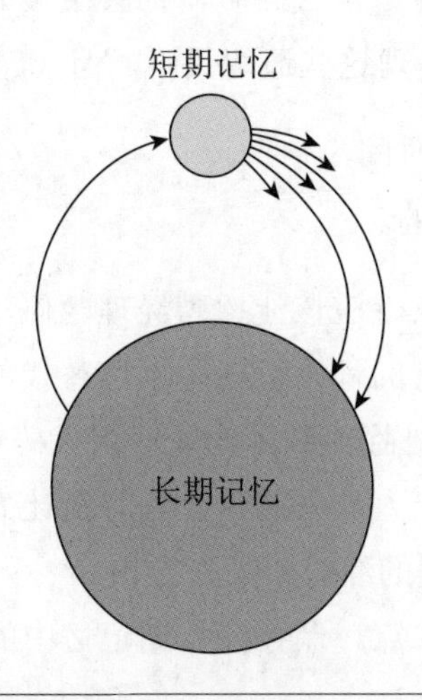

图 6.1　短期记忆的容量远小于长期记忆的容量（本图中未标明二者的比例）。大多数短期记忆的内容在“离开短期记忆”时都会“消失”，但有些内容偶尔会进入长期记忆，在那里可能停留很长时间。长期记忆中的信息也可以被检索并“加载”到短期记忆中。人们很容易就此想到内存和硬盘，但我们应该小心，不要过分依赖这个类比。

你从一个奇怪的梦中醒来时，可以记住它的一部分，但这种记忆很快就会消失。

以前，为了拨一个电话号码，你有时必须在短暂的几秒内记着该号码。现在，要输入一个双因素认证（two-factor authentication，2FA）[1] 的一次性验证码，你可能要在短暂的几秒内记着该验证码。但是 1 分钟之后，你就会忘掉它。

不过，有些信息可能首先出现在短期记忆中，但随后你感觉它足够重要，决定将它转移到长期记忆中。我在 1995 年遇到未来的妻子时，当即决定要记住她的电话号码。

反过来，你也可以从长期记忆中调用信息，并在短期记忆中进行处理。例如，你可能已经记住了各种 API。写代码的时候，你把相关的各个方法调入短期记忆，并把它们组合起来。

1　2FA：也可翻译为“双重身份认证”。——译者注

6.1.1　遗留代码和记忆

我认为，在面对遗留代码时，你会缓慢而费力地将代码库的结构装入长期记忆中。你当然可以处理这些遗留代码，但（起码）有两个问题：

- 学习代码库需要时间。
- 修改代码是困难的。

仅仅因为第一点就应该让招聘经理暂停。如果新员工需要在三个月之后才能贡献效益，那么已有的程序员就是不可替代的。从员工的角度来看，如果你一门心思地关心自己的利益，那么处理遗留代码显然能在一定程度上保障你的工作。即便如此，它也会让人失去热情，也可能让人提升找到下一份工作的难度。换个场合，你对遗留代码的经验就大打折扣。

更糟糕的是第二点。保存在长期记忆中的信息更难改变。如果你试图改进这段代码，会发生什么？

在《修改代码的艺术》[27] 中包含了很多改进复杂代码的技术。要改进遗留代码，离不开改变它的结构。

修改代码的结构时会发生什么？参见图 6.2。已经存在于长期记忆中的信息会因此过期失效。在代码库中继续工作会更难，因为你辛苦获得的知识不再适用。

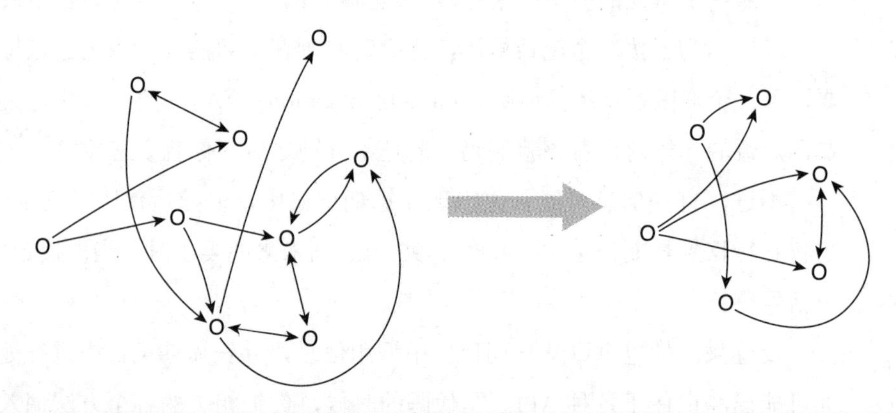

图 6.2　重构遗留代码会带来一系列问题。把左边的图想象成一个复杂系统，你也许可以把它重构为不太复杂的系统。如果右边的系统虽然已经化简，但仍然太复杂，超过了你的理解能力，那时候会发生什么？你可能已经熟悉了左边的系统，可右边的系统是新的。你辛辛苦苦获得的知识现在不再适用了，一些未知的东西取代了它的位置。最好从一开始就避免编写遗留代码。

遗留代码难以修改，也难以摆脱。

6.2 能力

软件工程应该为其所属的组织提供支持。确保代码跟你的思维合拍，能作为开发可持续代码库的基础。你的工作记忆的容量是 7，所以能同时做的事情只有几件而已。

除了写着玩的项目，任何软件中同时发生的事件数都比 7 要多。所以，你需要将代码结构分解和分割成小块，以便跟你的思维合拍。

Kent Beck 说过：

> “软件设计的目标是创建跟人类思维合拍的小区块或小切片。软件一直在增长，但人类的思维会有极限，所以如果我们想持续修改，就必须持续分块、切片。”[10]

如何做到这一点，是软件工程中最重要的问题。幸运的是，有一套实用方法可以指导你。

在我看来，最好的办法就是从例子中学习。到目前为止，书中的示例还很简单，我们能轻松理解。要讲解分解的内容，我们需要一个更复杂的代码库。

6.2.1 超订

对目前的餐厅预订系统来说，任何预订请求，只要能通过最基础的输入验证，就会被接受。无论时间是在过去还是在未来，任何预订座位数为正数的预订都会被接受。不过，它所支持的餐厅是有物理容量限制的。此外，它可能在某个特定的日期已经被订完了。所以，系统应该根据已有的预订记录和餐厅容量来检查预订请求。

贯穿本书的诀窍之一是把测试当作新功能的驱动力。那么，你应该写什么测试？

示例代码 5.11 展示了 `Post` 方法的最新版本。如果你遵循代码改动优先级的原则 [64]，那么要做的转换就是 *unconditional→if*。现在需要分开不同的执行路径：如果一切顺利，则返回 `204 No Content`；如果预订请求超出了餐厅的承载能力，则返回一些错误状态码。你应该写一个测试来驱动这个行为。示例代码 6.1 展示了这样的测试。

该测试首先提交一个预订请求，然后尝试提交另一个预订请求。请注意，代码的结构遵循了预备 - 执行 - 断言的模式。空行清楚地区分了 3 个阶段。

第一次预订 6 个座位的请求属于预备阶段，而第二次预订请求则属于执行阶段。

最后，断言验证了响应是`500 Internal Server Error`[1]。

你大概想知道，为什么期望的结果是一个错误。从测试的角度来看，理由还不清楚。你应该先把问题记下来，过段时间再回头来看这个测试，改进它。这是 Kent Beck 在《测试驱动开发》[9] 中描述的做法。在写测试的时候，你会想到应该改进的其他事项。不过现在不要分心，先把想法记下来，然后继续。

示例代码 6.1 的潜在问题是，两个预订请求都在同一天。第一个预订请求要求 6 个座位，虽然没有明确的断言，但测试假设这个预订请求会成功。换句话说，餐厅最少有 6 个座位。

之后要求 5 个座位的预订请求失败了。测试的名字已经暗示，这个测试用例对应的是一次超订。餐厅坐不下 11 人。这等于说，测试告诉我们，餐厅的座位数在 6 到 10 之间。

示例代码 6.1　用测试证明超订不可能发生。请注意，这个测试中餐厅的座位数是不明确的，应该考虑让它更明确。
（*Restaurant/b3694bd/Restaurant.RestApi.Tests/ReservationsTests.cs*）

```
[Fact]
public async Task OverbookAttempt()
{
    using var service = new RestaurantApiFactory();
    await service.PostReservation(new
    {
        at = "2022-03-18 17:30",
```

1　这个设计是有争议的。每次返回这个状态码的时候，都会有人发表不同意见，`500 Internal Server Error`是为真正意外的错误情况保留的。虽然我理解这种观点，但问题是：该用什么HTTP状态码来替代它呢？我发现HTTP 1.1规范和*RESTful Web Services Cookbook*[2]在这方面没有提供任何帮助。说一千道一万，这个状态码并没有什么特别的含义。如果你更喜欢其他状态码，直接用你喜欢的那个状态码取代`500 Internal Server Error`就好。

```
        email = "mars@example.edu",
        name = "Marina Seminova",
        quantity = 6
    });

    var response = await service.PostReservation(new
    {
        at = "2022-03-18 17:30",
        email = "shli@example.org",
        name = "Shanghai Li",
        quantity = 5
    });

    Assert.Equal(
        HttpStatusCode.InternalServerError,
        response.StatusCode);
}
```

我们的代码应该更明确。Python 之禅（Zen of Python）是这样说的：

> “显式就是比隐式好。”[79]。

这条规则既适用于测试代码，也适用于生产代码。示例代码 6.1 应该让餐厅的容量更明确。我本可以在展示代码之前就做到这一点，但我希望让你看到，如何用小步快跑的方式来写代码。所以，应当留出改进的空间。遇到任何不完美的地方，就把它记下来，但不要让它拖累你。执着于完美，就没法把事做成。让我们继续。

我曾经在布鲁克林的一家时髦餐厅就餐。整个餐厅的所有座位都在吧台边，在这些座位就餐，可以直接看到厨房，如图 6.3 所示。该餐厅可以容纳 12 个人，除非你预订了所有的 12 个座位，否则你的派对会跟其他人的相邻。上菜时间是 18：30（不管你有没有到场）。世界上的确有这样的餐厅。我指出这一点，是因为它们代表了你能想到的最简单的预订规则。有一张大家共用的桌子，每天只做一顿饭。这就是我们期望的安排——起码暂时如此。

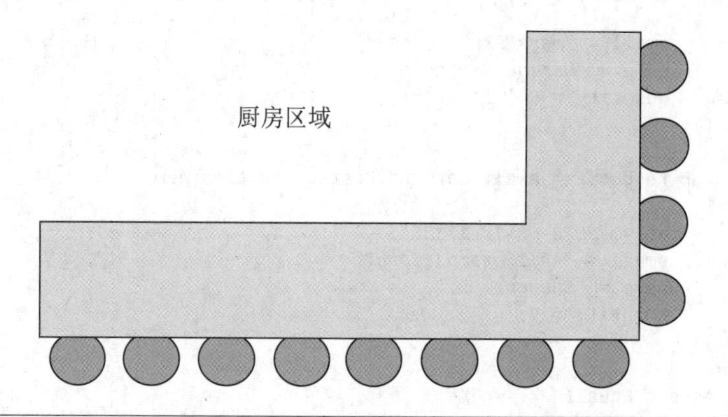

图 6.3 桌子布局样本。这家餐厅只有吧台边的座位，在此可以看到厨房。

要让系统能运行，最简单的办法是什么 [22]？示例代码 6.2 给出了一个简单的解决方案。

示例代码 6.2 尽管进行了测试覆盖，但在这个版本的 `Post` 方法中实际的执行路径并没有实现所需的业务规则。

（*Restaurant/b3694bd/Restaurant.RestApi/ReservationsController.cs*）

```
public async Task<ActionResult> Post(ReservationDto dto)
{
    if (dto is null)
        throw new ArgumentNullException(nameof(dto));
    if (!DateTime.TryParse(dto.At, out var d))
        return new BadRequestResult();
    if (dto.Email is null)
        return new BadRequestResult();
    if (dto.Quantity < 1)
        return new BadRequestResult();

    if (dto.Email == "shli@example.org")
        return new StatusCodeResult(
            StatusCodes.Status500InternalServerError);

    var r =
        new Reservation(d, dto.Email, dto.Name ?? "", dto.Quantity);
    await Repository.Create(r).ConfigureAwait(false);

    return new NoContentResult();
}
```

虽然这个实现显然是错误的，但它通过了新的测试，所以，请把这个变更提交到 Git。

6.2.2 恶魔的辩词

你已经遇到过看上去像是故意搞破坏的例子：示例代码 4.15 对需要保存在数据库中的数据做了硬编码。我把这种故意捣乱的技巧称为“恶魔的辩词”（Devil's Advocate）[98]。你不必时刻使用它，但有时候它确实有用。

我经常教导别人做测试驱动开发，我观察到，初学者往往很难写出好的测试用例。你怎么知道自己写的测试用例已经够用了？

“恶魔的辩词”技巧可以帮助你回答这个问题。这种技巧的想法很简单，就是故意钻空子，用明显不完整的实现来蒙混过所有的测试。示例代码 6.2 就是例子。

它很有用，因为它可以被当作对测试代码的批评。如果你写的实现简单但明显还不完整，却能通过所有测试，那么“恶魔的辩词”就会告诉你，需要更多测试用例才能催生出期望的行为。你可以把这个过程看作是一种三角测量法 [9]，或者想想 Robert C. Martin 说的：

> “随着测试变得更加具体，代码也会更具有普适性。”[64]

你起码还需要多一个测试用例，才能催生出正确的实现。幸运的是，新增一个测试用例往往只需要在参数化测试中新增一行测试数据 [66]，如示例代码 6.3 所示。

你所期望的测试方法可能并非如此。没准儿你认为，新的测试用例应该添加到我们“当前”正在使用的 `OverbookAttempt` 方法中（参见示例代码 6.1）。可是，你看到的却是“老”测试代码（`PostValidReservationWhenDatabaseIsEmpty`）的第 4 个测试用例。怎么会这样呢？

回想一下代码改动优先级的原则 [64]。示例代码 6.2 有什么问题？它的分支语句依赖的是一个常量（即字符串 `"shli@example.org"`）。如果要改进它，你应该选择哪种改动？*constant→scalar*（从常量到变量或参数）的转换看起来最合适。常量不应该作为分支条件，变量才合适。

示例代码 6.2 暗示电子邮件地址 `shli@example.org` 是会导致预订失败的。这不太对。那么，该添加什么样的测试用例来排除隐患呢？答案是能成功通过包含

shli@example.org 的预订请求。示例代码 6.3 就是这么做的。它的预订请求中的数据完全相同，但场景不同。在 PostValidReservationWhenDatabaseIsEmpty 测试方法中，之前并不存在历史预订记录。

示例代码 6.3　预订成功的测试。与示例代码 5.10 相比，唯一的变化是增加了被着重标识的第 4 个测试用例。

（*Restaurant/5b82c77/Restaurant.RestApi.Tests/ReservationsTests.cs*）

```
[Theory]
[InlineData(
    "2023-11-24 19:00", "juliad@example.net", "Julia Domna", 5)]
[InlineData("2024-02-13 18:15", "x@example.com", "Xenia Ng", 9)]
[InlineData("2023-08-23 16:55", "kite@example.edu", null, 2)]
[InlineData("2022-03-18 17:30", "shli@example.org", "Shanghai Li", 5)]
public async Task PostValidReservationWhenDatabaseIsEmpty(
    string at,
    string email,
    string name,
    int quantity)
{
    var db = new FakeDatabase();
    var sut = new ReservationsController(db);

    var dto = new ReservationDto
    {
        At = at,
        Email = email,
        Name = name,
        Quantity = quantity
    };
    await sut.Post(dto);

    var expected = new Reservation(
        DateTime.Parse(dto.At, CultureInfo.InvariantCulture),
        dto.Email,
        dto.Name ?? "",
        dto.Quantity);
    Assert.Contains(expected, db);
}
```

不幸的是，“恶魔”仍然可以用示例代码 6.4 来顽抗。

示例代码 6.3 中的新测试用例的确阻止了“恶魔”仅仅基于某个具体 dto 来拒绝预订请求。现在，这个方法必须考虑应用程序的更多情况，才能通过所有测试。

示例代码 6.4 这个测试迫使 Post 方法根据已有的预订记录来决定是否拒绝预订请求。可惜，这个实现仍然不正确。
（*Restaurant/5b82c77/Restaurant.RestApi/ReservationsController.cs*）

```
public async Task<ActionResult> Post(ReservationDto dto)
{
    if (dto is null)
        throw new ArgumentNullException(nameof(dto));
    if (!DateTime.TryParse(dto.At, out var d))
        return new BadRequestResult();
    if (dto.Email is null)
        return new BadRequestResult();
    if (dto.Quantity < 1)
        return new BadRequestResult();

    var reservations =
        await Repository.ReadReservations(d).ConfigureAwait(false);
    if (reservations.Any())
        return new StatusCodeResult(
            StatusCodes.Status500InternalServerError);

    var r =
        new Reservation(d, dto.Email, dto.Name ?? "", dto.Quantity);
    await Repository.Create(r).ConfigureAwait(false);

    return new NoContentResult();
}
```

以上代码通过在注入的 Repository 上调用 ReadReservations 做到了这一点，可惜，只要当天已经有任何预订记录，新的预订请求都会被拒绝，而这是不对的。这段代码仍然有缺陷，不过距离最终目标更进了一步。

6.2.3 已有的预订记录

ReadReservations 方法是示例代码 6.5 所示的 IReservationsRepository 接口的新成员。实现应该返回所指定日期的所有预订记录。

示例代码 6.5 与示例代码 4.14 相比，新的 ReadReservations 被着重标识。
（*Restaurant/5b82c77/Restaurant.RestApi/IReservationsRepository.cs*）

```
public interface IReservationsRepository
{
    Task Create(Reservation reservation);
```

```
    Task<IReadOnlyCollection<Reservation>> ReadReservations(
        DateTime dateTime);
}
```

如果为接口添加新成员，会影响到已有的实现。在这个代码库中受影响的有两个成员：SqlReservationsRepository 和测试专用的 FakeDatabase。Fake[66] 的实现很简单，如示例代码 6.6 所示。它使用 LINQ 查询语法，搜索自身的 collection 中，时间在当日零点和第二天零点前一个 tick[1] 之间的预订记录。

示例代码 6.6 FakeDatabase 对 ReadReservations 方法的实现。想想示例代码 4.13，FakeDatabase 继承自一个 collection 基类。所以，它当然可以使用 LINQ 来过滤。
（*Restaurant/5b82c77/Restaurant.RestApi.Tests/FakeDatabase.cs*）

```
public Task<IReadOnlyCollection<Reservation>> ReadReservations(
    DateTime dateTime)
{
    var min = dateTime.Date;
    var max = min.AddDays(1).AddTicks(-1);

    return Task.FromResult<IReadOnlyCollection<Reservation>>(
        this.Where(r => min <= r.At && r.At <= max).ToList());
}
```

按数轴的方向编写数字表达式

请注意，示例代码 6.6 中的过滤器表达式是按数轴的方向写的。变量是按照从左到右的升序排列的。min 是最小的值，所以应该将其放在最左边，和数轴保持一致。

```
min <= r.At <= max
```

反过来，max 是最大的值，所以应该将其放在最右边。过滤器表达式所关

1 在.NET中，一个*tick*是100纳秒。它代表了内置日期和时间API的最小单位。

注的变量是 r.At，所以应该将其放在两端之间。

像这样来进行比较，可让读者有直观的认知 [65]。它把这些值按照数轴的方向进行排列。

在实践中，这意味着你只能使用“小于”和“小于或等于”的运算符，而不是“大于”和“大于或等于”的运算符。

IReservationsRepository 接口的另一个实现类是 SqlReservationsRepository。它也必须有合适的实现代码。跟以前一样，你也可以把这个类当作谦卑对象 [66]，所以可以省略自动化测试。这就是一个简单的 SQL SELECT 查询，所以我不打算在这里为它浪费笔墨。如果你对细节有兴趣，欢迎查阅本书对应的源代码库。

6.2.4 恶魔的辩词 vs 红绿重构

示例代码 6.4 中的代码仍然是不完美的。虽然它确实在数据库中查询了已有的预订记录，但只要当天已经有任何预订记录，它就会拒绝新的预订请求。不过，它通过了所有的测试。

我们必须继续借助 Robert C. Martin[64] 提出的三角测量，添加更多测试用例，直到打败“恶魔”为止。那么接下来，应该添加什么测试用例？

只要还有足够多的空座位，哪怕当天已经有一条或多条预订记录，系统也应该接受预订请求。所以，我们需要示例代码 6.7 这样的测试。

示例代码 6.7 即使当天已经有预订记录，仍有可能预订成功。
（*Restaurant/bf48e45/Restaurant.RestApi.Tests/ReservationsTests.cs*）

```
[Fact]
public async Task BookTableWhenFreeSeatingIsAvailable()
{
    using var service = new RestaurantApiFactory();
    await service.PostReservation(new
    {
        at = "2023-01-02 18:15",
        email = "net@example.net",
        name = "Ned Tucker",
        quantity = 2
    });
```

```
    var response = await service.PostReservation(new
    {
        at = "2023-01-02 18:30",
        email = "kant@example.edu",
        name = "Katrine Nøhr Troelsen",
        quantity = 4
    });

    Assert.True(
        response.IsSuccessStatusCode,
        $"Actual status code: {response.StatusCode}.");
}
```

像示例代码 6.1 一样，它在预备阶段提交了一个预订请求，在执行阶段又提交了另一个预订请求；但与 `OverbookAttempt` 测试不同，这个测试期望的是成功的结果。这是因为两个预订请求的座位数之和为 6，而我们知道这家餐厅至少可以容纳 6 名客人。

“恶魔的辩词”能骗过这个测试吗？换句话说，有没有可能修改 `Post` 方法，让它通过所有的测试，但仍然没有完全实现正确的业务规则？

是的，有这种可能，但越来越难了。示例代码 6.8 展示了 `Post` 方法的相关片段（也就是说，这里出现的不是整个 `Post` 方法）。它使用 LINQ，首先将 `reservations` 转换为预订座位数的 collection，然后选取其中的第一个元素。

示例代码 6.8　`Post` 方法中决定是否拒绝预订请求的部分。“恶魔的辩词”试图再次规避测试套件的要求。餐厅的座位数被硬编码为 `10`。
（*Restaurant/bf48e45/Restaurant.RestApi/ReservationsController.cs*）。

```
var reservations =
    await Repository.ReadReservations(d).ConfigureAwait(false);
int reservedSeats =
    reservations.Select(r => r.Quantity).SingleOrDefault();
if (10 < reservedSeats + dto.Quantity)
    return new StatusCodeResult(
        StatusCodes.Status500InternalServerError);
```

对 `SingleOrDefault` 方法来说，如果 collection 只有单个元素，则该方法返回这个值；如果 collection 为空，则该方法返回一个默认值。默认的 `int` 值是 `0`，所以只要没有预订记录，或者只有一条预订记录，这么做就没问题。

如果 collection 中包含多个元素，`SingleOrDefault` 方法将抛出一个异常，但由于没有对应这种情况的测试用例，所有测试都通过了。

看起来，“恶魔的辩词”又一次挫败了我们正确实现的计划。那么，我们应该再写一个测试用例吗？

可以这样做，不过另一方面，不要忘了红绿重构。示例代码 6.7 对应红灯阶段，而示例代码 6.8 对应绿灯阶段。现在是重构的时候了。你能改进示例代码 6.8 吗？

它已经使用了 LINQ，那么调用 `Sum` 而不是 `SingleOrDefault` 怎么样？示例代码 6.9 展示了重构后的整个 `Post` 方法。把这种决策逻辑和示例代码 6.8 对比，你会发现它实际上更简单！

示例代码 6.9 仍然能通过所有的测试，但也更有通用性。这是一个进步，所以请把改动提交到 Git。

示例代码 6.9　`Post` 方法现在可以准确地根据已有预订记录的座位数来决定是否要接受预订。餐厅的座位数被硬编码为 `10`。这是我们应该解决的另一个不完善之处。

（*Restaurant/9963056/Restaurant.RestApi/ReservationsController.cs*）

```
public async Task<ActionResult> Post(ReservationDto dto)
{
    if (dto is null)
        throw new ArgumentNullException(nameof(dto));
    if (!DateTime.TryParse(dto.At, out var d))
        return new BadRequestResult();
    if (dto.Email is null)
        return new BadRequestResult();
    if (dto.Quantity < 1)
        return new BadRequestResult();

    var reservations =
        await Repository.ReadReservations(d).ConfigureAwait(false);
    int reservedSeats = reservations.Sum(r => r.Quantity);
    if (10 < reservedSeats + dto.Quantity)
        return new StatusCodeResult(
            StatusCodes.Status500InternalServerError);

    var r =
        new Reservation(d, dto.Email, dto.Name ?? "", dto.Quantity);
    await Repository.Create(r).ConfigureAwait(false);

    return new NoContentResult();
}
```

你是怎么找到这个重构机会的呢？你怎么知道有一个 Sum 方法？这样的知识仍然来自经验。我从未断言，软件工程的艺术充满了确定性。这没什么不好，如果真是那样的话，我们的饭碗就要被机器抢去了。

6.2.5　多少测试才算够

之前的重构是否仍然留下了一个空当？如果后来有人把代码改回到 SingleOrDefault 怎么办？所有的测试仍然会通过，但实现是不正确的。

这个问题很重要，但我不知道有什么确定的答案。我通常会问自己：这种开倒车的可能性有多大？

我通常假设其他程序员都是没有恶意的[1]。这些测试是为了防止我们犯大脑容易犯的那种错误。那么，比如说，程序员把对 Sum 的调用改为对 SingleOrDefault 的调用的可能性有多大？

我认为这不太可能，但如果它发生了，会有什么影响？我们会在生产环境中遭遇未处理的异常。希望到时候我们能迅速发现问题，并解决它。在这种情况下，必须写一个自动化测试来重现这个缺陷。能进入生产环境中的任何缺陷，都必然证明某个特定错误可能发生。如果它能发生一次，就能发生第二次。所以，应当用测试来防止质量的退化。

一般来说，判断测试是否足够的依据是风险评估。我们需要权衡错误结果的出现概率与它的影响。我不知道有什么方法可以量化概率和影响，所以弄清楚这个问题主要还是一门艺术。

6.3　结论

在几何学（和地理勘测）中，三角测量（triangulation）是用来确定某个点的位置的办法。在用于测试驱动开发时，它是一个粗略的比喻。

1　这取决于背景。想象一下，某个开源项目用于一些极重要的用途，如安全领域或硬件控制。如果某个贡献者能偷偷地加入恶意代码，这可能会有真正的影响。在这种情况下选择更加偏执的立场，没准儿是明智的。

在几何学中，被测点已经存在，只是你不知道它的确切位置。这就是图 6.4 中左边的情况。

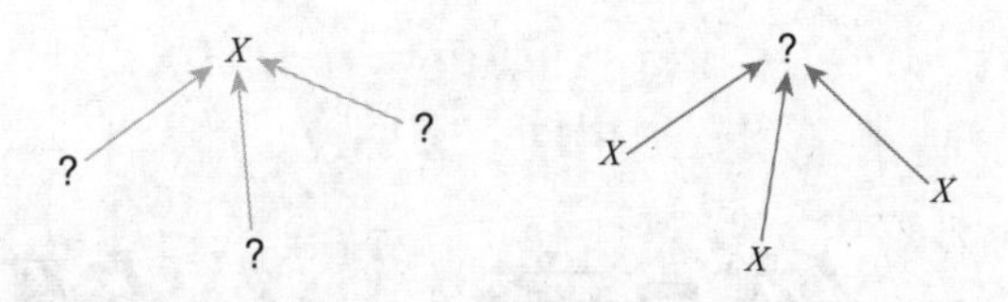

图 6.4 测试驱动开发就像三角测量，只是角色要反过来。在地理勘测中，被测点已经存在，你必须从做三角测量的三个点出发，才能确定被测点的位置。而在测试驱动开发中，被测系统最初并不存在，但测量手段是（以测试形式）存在的。

在测试驱动开发中，测试程序实际上就是测量手段。不同的是，在新增一个测试时，它的测量对象还不存在。这就是图 6.4 中右边的情况。

你增加的测试越多，对被测系统的描述就越完整，这就好像在地理勘测中，测量做得越多，目标位置就越精确。不过，要做到这一点，必须在每次测量之间大幅度变换角度。

你可以综合使用改动优先级原则、“恶魔的辩词”和红绿重构过程，达到对所需行为的 360° 全方位描述，而不需要一大堆啰唆的测试用例。

第7章 分解

遗留代码不是有人故意留下的。代码库的腐化（deteriorate）是逐渐发生的。

为什么呢？每个人似乎都明白，一个文件几千行是一个坏现象；长达几百行的方法是很难进行处理的。当程序员被迫面对这样的代码库时，他们会很痛苦。

如果每个人都明白这一点，为什么他们还会容忍情况变得如此糟糕呢？

7.1 代码腐化

代码变复杂是逐渐发生的，因为每次更改看起来都很小，而且没有人注意到整体质量。代码腐化不是一夜之间发生的，但终有一天你会意识到自己已经搞出来一份遗留代码库，那时候就太晚了。

某个方法一开始非常简单，但是随着不断地修复缺陷和增加功能，其复杂度会增加，如图 7.1 所示。比如，如果你不注意，圈复杂度就会在不知不觉中超过 7。然后圈复杂度超过 10，你仍然没有注意到它。在不知不觉中，圈复杂度超过了 15 和 20。

有一天，你发现代码中有一个问题——不是因为你最终决定去看那个指标，而是因为这时候代码已经太复杂，每个人都看得到。唉，现在无论做什么都已经太晚了。

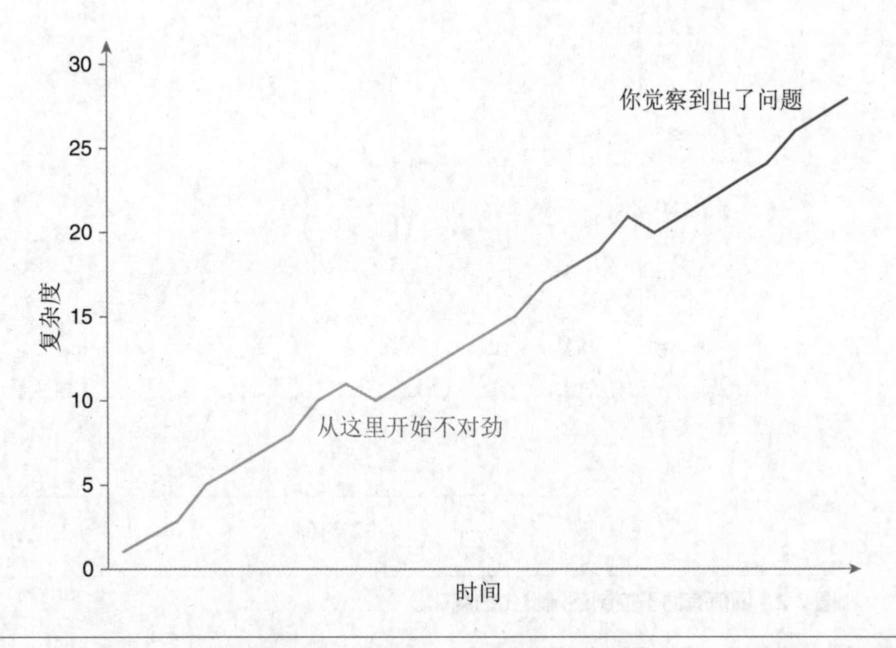

图 7.1　一个代码库逐渐腐化的过程。在早期，当某个复杂度指标超过一个阈值时，问题就开始出现。然而没有人注意到这个指标，所以你很晚才会发现有问题。此时这个指标已经变得非常大，可能无可救药了。

代码腐化是逐渐发生的，就像温水煮青蛙一样。

7.1.1　阈值

确定一个阈值有助于防范代码腐化。所以，你需要制定规则，需要监控指标。例如，你认同圈复杂度得密切关注。如果它超过了 7，你就拒绝接受最新的改动。

这样的规则是有用的，因为它们可以抵制逐渐发生的腐化。代码质量能提高，不是因为那个具体数字 7，而是因为基于阈值的规则会被自动激活。如果你认为阈值应该是 10，也会有同样的效果。不过我觉得 7 是个好数字，即使它比单纯的严格限制更具有象征意义。在 3.2.1 节说过，本书把 7 设定为人类大脑短期记忆的极限。

请注意，图 7.2 表明，有时候超过阈值也是可行的。如果你必须严格遵守规则，那规则就会碍事。在某些情况下，最好的应对之法是打破规则。然而，一旦某条规则被打破了，就要务必想办法让违规的代码重新合规。因为，在阈值被超过时，你不会再得到任何警告，而且特定部分的代码会逐渐腐化。

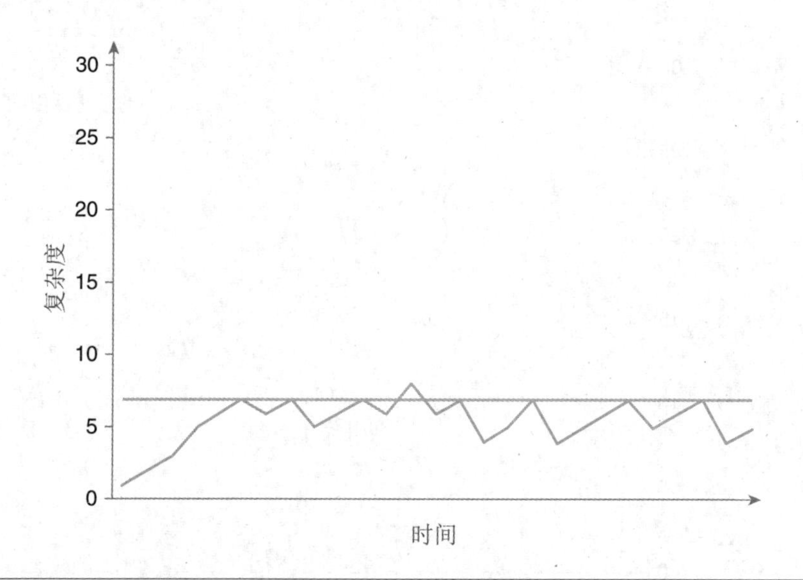

图 7.2　阈值有助于控制逐渐发生的腐化。

你可以把这个过程自动化。设想，圈复杂度分析被作为持续集成构建的一个步骤，超过阈值的变更会被打回。在一定程度上，这是为了故意取得某种管控成果，因为你衡量什么，你就会得到什么。如果强调像圈复杂度这样的指标，你和你的同事就会注意它。

不过，也要注意意外后果法则[1]。在制定硬性规则时要小心。

引入阈值规则的做法是有用的，因为阈值会绷紧人的神经，这是我的现身说法。借助阈值规则，技术领导者可以将关注点转移到他希望提升质量的方面。一旦团队的认识改变了，规则本身就变得多余了。

7.1.2　圈复杂度

你已经在书中的不少地方看到过“圈复杂度”（cyclomatic complexity）这个术语。这是我在实践中找到的少有的几项代码指标之一。

在一般人的想象中，一本关于软件工程的书应该会有很多指标。但现在你已

1　关于对意外后果和不正当激励的世界的娱乐性介绍，请参见《魔鬼经济学》[57]和《超爆魔鬼经济学》[58]。虽然这些标题听起来很傻，但作为受过经济学科班教育的人，我可以替它们背书。

经意识到，情况并非如此。你可以制定数不胜数的代码度量指标[1]，但大多数没什么实际价值。初步研究表明，最简单的指标——代码行数，就是最实用的复杂度测量指标 [43]。我认为它值得多说几句，不过我想先跟各位读者强调这一点。

代码的行数越多，代码库的质量就越差。只有考核删除的代码行数时，代码行数才是生产力指标。新增的代码行数越多，其他人需要阅读和理解的代码就越多。

代码行数当然可以被视为衡量复杂度的实用参考，但是圈复杂度也有自己的价值。它之所以有用，是因为它不仅能让你了解复杂度，还能在单元测试时提供指导。

圈复杂度可以被视为一个度量指标，反映的是通过某段代码的路径数量。

即使是最简单的代码也有一条路径，所以最小的圈复杂度是 *1*。你可以很容易地“计算”出一个方法或函数的圈复杂度。从 1 开始，看看 `if` 和 `for` 出现了多少次。这几个关键字每出现一次，这个数字就递增 1（从 1 开始）。

具体细节与语言有关。我们要做的是数一数分支指令和循环指令。例如在 C# 中，必须包括 `foreach`、`while`、`do`、`switch` 块中的每个 `case`。在其他语言中，要计算的关键字会有所不同。

那么，餐厅预订系统中的 `Post` 方法的圈复杂度是多少？请尝试计算示例代码 6.9 中所有分支指令的数量，从数字 *1* 开始。

你的答案是多少？

示例代码 6.9 的圈复杂度是 7。你的答案是 6 吗？还是 5 ？

下面是答案 7 的求解过程：记住要从 *1* 开始。每遇到一条分支指令，就递增 1。一共有 5 个 `if` 语句。5 加上初始值 *1*，得到 6。最后一条指令较难发现。它是 null-coalescing 操作符 `??`，表示两个备选分支：其一是 `dto.Name` 为 null，其二则是 `dto.Name` 不为 null。这是另一个分支指令[2]。所以，在 `Post` 方法中共有 7 条途径。

记得在 3.2.1 节中，我把数字 7 当作一个符号，象征了大脑短期记忆的极限。如果你把 7 当成阈值，示例代码 6.9 中的 `Post` 方法就处于极限状态。你可以让它

1 可以参考*Object-Oriented Metrics in Practice*[56]。

2 如果你不习惯把C#的null运算符视为分支指令，上文可能没法说服你，但下面的证据也许会让你信服。启动Visual Studio的内置代码度量计算器，它显示的圈复杂度同样是7。

原样保留，这也没有问题。但后果是，如果将来需要增加第 8 个分支，就必须先重构。也许到时候你就没有时间做重构了，所以如果现在有时间，最好防患于未然。

让我们暂时离开，到 7.2.2 节中再重构 Post 方法。在这之前，我认为我们应该讨论一些其他的指导原则。

7.1.3　80/24 规则

把代码行数当成更简单的复杂度衡量指标，也可以吧？

我们不应该忘记这一点。不要写长的方法。代码应当写成小块的。

多小才好呢？

这个问题没有通用答案。要考虑的因素有很多，比如具体的编程语言。有些语言比其他语言要精练。我所使用过的最精练的语言是 APL。

然而，大多数主流语言似乎都不够精练，其精练程度大约处于同一个数量级。在写 C# 代码时，如果方法大小接近 20 行代码，我就会感到很不舒服。不过 C# 是一种相当啰唆的语言，所以有时我得被迫容忍一个方法变大。对我来说，容忍的极限大概是 30 行左右。

我选这个数字没什么特别的理由，但如果必须给出一个数字，那就是这个数字了。既然如此，现在我们就把它定为 24，原因后面解释。

也就是说，一个方法的最大行数应该是 24。

再说一次，这个数字取决于编程语言。我认为，一个 24 行的 Haskell 或 F# 函数就太大了。如果收到这样的 pull request，我一看到这个行数就会拒绝。

大多数语言允许灵活布局。例如，基于 C 的语言使用分号作为分隔符。所以，你可以把多条语句放在同一行。

```
var foo = 32; var bar = foo + 10; Console.WriteLine(bar);
```

要摆脱方法不超过 24 行的限制，你可以在一行里写很多代码。不过，这就有些舍本逐末了。

写小方法的目的是督促你写出可读的代码，与思维合拍的代码。方法越小，就越好。

为完整起见，我们也制定了一个最大行宽。如果存在关于最大行宽的公认的行业标准，那就是 80 个字符。这条规则不错，我已经用了很多年。

80 个字符的限制由来已久，但 24 行的限制呢？虽然两者从根本上讲都没什么特别理由，但都符合流行的 VT100 终端的尺寸，该终端的屏幕显示为 80×24 个字符。

因此，显示 80×24 个字符的方框就是老式终端设备的再现。这是否意味着我建议你应该在终端设备上编写程序？完全不是，大家总是误解这一点。这应该是一个方法的最大尺寸[1]。在更大的屏幕上，你将能够同时看到多个小方法。例如，借助分屏，你可以同时查看单元测试和它的测试对象。

具体尺寸不存在硬性约束，但我认为，这种延续传统的做法在本质上是正确的。

你可以在代码编辑器的帮助下保持行宽。大多数开发环境都有一个选项，可以在编辑窗口中画出一条垂线。例如，你可以在 80 个字符的位置画出一条线。

如果你一直好奇为何本书中的代码格式是这样的，原因之一就是它保持在 80 个字符的行宽限制之内。

示例代码 6.9 中的代码不仅圈复杂度为 7，而且行数正好是 24。这是重构它的另一个原因。它差一点儿就要越过红线了，不过我觉得不能就此止步。

7.2　与思维合拍的代码

你的大脑只能同时跟踪 7 件事。在设计代码库的架构时记住这一点，是一个不错的主意。

7.2.1　六角花

阅读代码的时候，你的大脑里会运行一台模拟器。它负责解释，这段代码执行的时候会做什么。如果要追踪的东西太多，代码就不再是你能迅速看懂的了。它超越了短期记忆的容量。结果，你必须费力把代码的结构存入长期记忆。如此

1　我认为有必要强调一点，这个限制是没有特殊理由的。关键在于要有这么一个阈值[97]。如果你的团队对“120×40”的方框更满意，那也没问题。不过，为了证明我的观点，我把“80×24”的方框作为约束条件，写完了本书对应的整个示例代码库。这样是行得通的，不过我也承认，这是适配C#的选择。

一来，遗留代码就在手头出现了。

鉴于此，我提出了以下规则：

> **一段代码中发生的事情不应超过 7 件。**

衡量它有很多种办法，选择之一是使用圈复杂度。你可以像图 7.3 那样描绘自己的短期记忆容量。

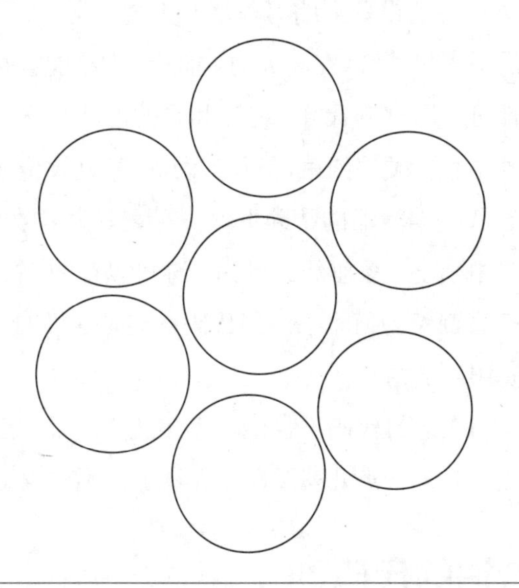

图 7.3　人类短期记忆的容量以 7 个“寄存器”来表示。

每一个泡泡都可以被当作一个“存储插槽”或“寄存器”，都可以容纳一块独立的信息 [80]。

如果把这些泡泡挤在一起，并想象四周还有其他泡泡，那么最紧密的形式就是图 7.4 这样的。

从概念上讲，你应该能够用图 7.4 中的 7 个六边形做标注，描述一段代码中发生的事情。示例代码 6.9 中代码的内容是什么？

它看起来大概像图 7.5 那样。

在每个六边形中，我都填了与代码中分支有关的内容。从圈复杂度指标来看，你知道示例代码 6.9 中有 7 条路径。它们对应这些六边形中的文字。

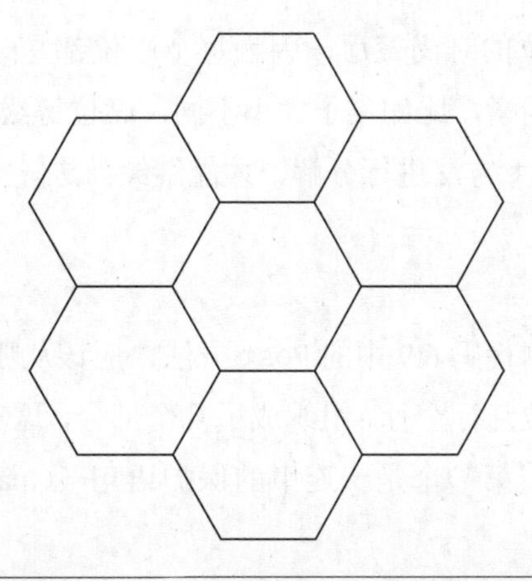

图 7.4 紧密排列的 7 个“寄存器”。虽然照这样排列，可以连接起无穷多个六边形，但本图中这个形状看上去像一朵简笔画的花。所以，我称它为“六角花”(hex flower)。

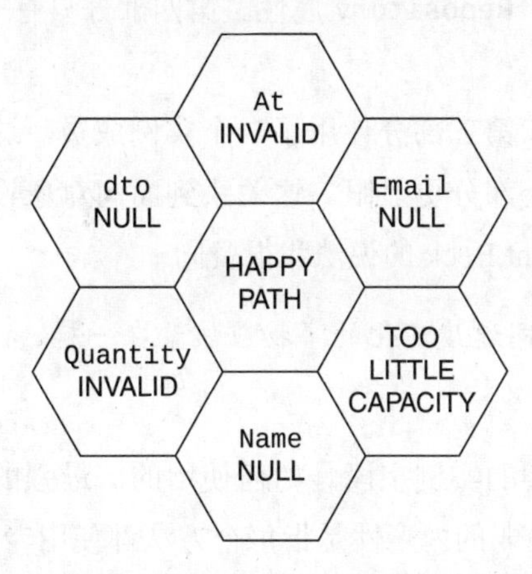

图 7.5 这朵六角花包含了示例代码 6.9 的 `Post` 方法中的各个分支。

现在所有的“插槽”都被填满了。如果你把 7 这个数字当作一个硬性限制[1]，`Post` 方法的复杂度就不能再上升了。问题是，未来你肯定会添加更复杂的行为。例如，你可能想撤销已经接受的所有预订。另外，这条业务规则只适用于有公共

1 7这个数字并不是一个真正的硬性限制指标值。上文呈现的推理过程完全不依赖这个准确的数字，不过另一方面，可视化的展现形式以它为前提。

餐桌和单人座位的时尚餐厅，因为每个座位都是一样的。更复杂的预订系统应该能够处理更多因素，比如桌子大小不同，席位等级不同。

必须将 `Post` 方法进行分解，才能继续前进。

7.2.2 内聚

要分解示例代码 6.9 中的 `Post` 方法，应该从哪里下手？应该怎么做？

代码已经被几行空行[1]组织成了几个部分，这对我们有帮助。看上去它可以被分为四个部分；第一个是一连串的保护语句（Guard Clauses）[7]。这一部分是重构的最佳选择。

你凭什么这么说呢？

第一部分没有用到 `ReservationsController` 类的实例成员。第二部分和第三部分都使用了 `Repository` 属性。第四部分只有一个返回表达式，所以没有什么改进空间。

第二部分和第三部分使用了一个实例成员，这并不妨碍我们把它们提取为辅助方法，但第一部分更显眼。这关系到面向对象设计中的一个核心概念：内聚性（cohesion）。Kent Beck 的说法我很赞同：

> “以相同速度变化的事物应该聚在一起。以不同速度变化的事物应该分开。”[8]

想想一个类的实例字段是如何使用的。最强的内聚性是指所有方法都使用全部类字段，而最弱的内聚性是指每个方法都使用专属于自己的类字段。

这样看来，完全不使用任何类字段的代码块就非常可疑。正因为如此，我发现最好的重构选择就是代码的第一部分。

第一次尝试可能类似于示例代码 7.1 这样。它只有 6 行代码，圈复杂度为 3。考核到目前为止我们讨论的指标，它看起来很不错。

1 本书并不会细致探讨源代码格式各个细节的做法和原因，包括应该如何使用空行。《代码大全》[65]已经介绍了这方面的知识。我认为自己对空行的使用与它是一致的。

示例代码 7.1　确定 Reservation DTO 是否有效的辅助方法。
（*Restaurant/f8d1210/Restaurant.RestApi/ReservationsController.cs*）

```
private static bool IsValid(ReservationDto dto)
{
    return DateTime.TryParse(dto.At, out _)
        && !(dto.Email is null)
        && 0 < dto.Quantity;
}
```

不过请注意，它是静态的。这么做是必要的，因为代码分析器的规则[1]已经检测到它没有使用任何实例成员。这么做可能会散发出坏味道，我们稍后再回来讨论。

`IsValid` 辅助方法的引入是否改进了 `Post` 方法？结果见示例代码 7.2。

示例代码 7.2　使用新 `IsValid` 辅助方法的 `Post` 方法。
（*Restaurant/f8d1210/Restaurant.RestApi/ReservationsController.cs*）

```
public async Task<ActionResult> Post(ReservationDto dto)
{
    if (dto is null)
        throw new ArgumentNullException(nameof(dto));
    if (!IsValid(dto))
        return new BadRequestResult();

    var d = DateTime.Parse(dto.At!, CultureInfo.InvariantCulture);

    var reservations =
        await Repository.ReadReservations(d).ConfigureAwait(false);
    int reservedSeats = reservations.Sum(r => r.Quantity);
    if (10 < reservedSeats + dto.Quantity)
        return new StatusCodeResult(
            StatusCodes.Status500InternalServerError);

    var r =
        new Reservation(d, dto.Email!, dto.Name ?? "", dto.Quantity);
    await Repository.Create(r).ConfigureAwait(false);

    return new NoContentResult();
}
```

这乍看起来是一种改进。行数减少到 22，圈复杂度降到了 5。

1　CA1822：将成员标记为static。

圈复杂度的降低让你惊讶了吗？

毕竟，把考虑 `Post` 方法和它的 `IsValid` 辅助方法组合在一起时，行为并没有改变。难道我们不应该把 `IsValid` 的复杂度计入 `Post` 方法的复杂度吗？

这是一个好问题，但数字不是这么算的。这样看待方法调用，既有危险也有好处。如果你需要跟踪的是 `IsValid` 的行为细节，那当然没什么收获。相反，如果你视它为单一操作，那么相应的六角花（见图 7.6）看起来更漂亮。

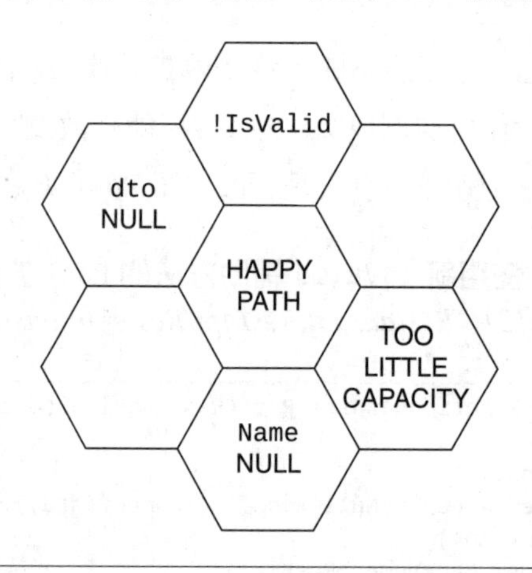

图 7.6　示例代码 7.2 对应的复杂度六角花图。两个空的“寄存器”代表着短期记忆的可用容量。换句话说，这段代码跟你的思维是合拍的。

用一个大块取代了 3 个小块。

> “短期记忆是以大块为单位的 [……]，因为每一块都可以是一个标签，并指向长期记忆中更复杂的信息结构。”[80]

这种替换的关键是，用一个事物替换多个事物。如果你能抽象出事物的本质，就能做到这一点。听上去耳熟吗？

这就是 Robert C. Martin 对抽象的定义：

> “抽象就是忽略无关紧要的东西，放大本质的东西。”[60]

`IsValid` 方法更进一步，它完成了对 DTO 的验证，同时忽略了具体的实现细节。我们可以为它画出另一朵对应短期记忆的六角花（见图 7.7）。

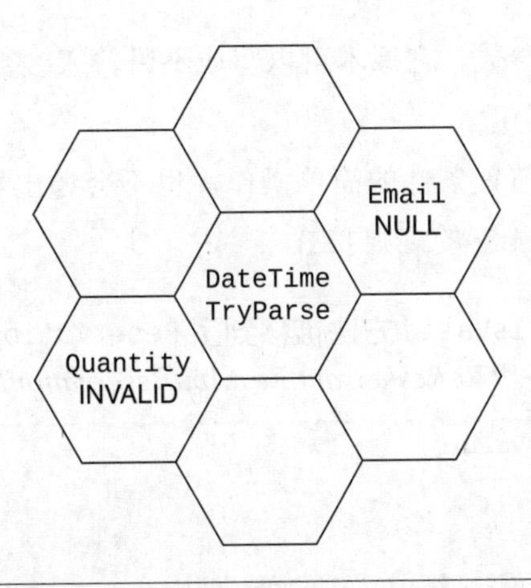

图 7.7　示例代码 7.1 对应的复杂度六角花图。

在查看 `IsValid` 的代码时，完全不需要考虑背景信息。除向 `IsValid` 方法传进去一个参数之外，调用代码对它没有任何影响。`IsValid` 和 `Post` 都是与思维合拍的。

7.2.3　依恋情结

虽然上述重构降低了复杂度，但也带来了其他问题。

最明显的问题来自代码的坏味道，即 `IsValid` 方法是静态的[1]。它接收一个 `ReservationDto`，但没有使用 `ReservationsController` 类的实例成员。这就是名为“依恋情结”（Feature Envy）[34] 的坏味道。《重构》[34] 这本书中建议，应当尝试把这个方法移到看上去它所“依恋”的对象上。

在示例代码 7.3 里，这个方法已经被移到 `ReservationDto` 中。目前我决定保留 `internal` 关键字，但以后我也许会改变主意。

我还选择把这个成员作为属性（property）[2]，而不是方法（method）。之前的方法“依恋” `ReservationDto` 提供功能，但现在它已经成为那个类的一部分，所以

1　静态（`static`）方法并不一定有问题，但在面向对象的设计中，它可能有问题。所以，使用`static`时要多加注意。

2　属性只是C#为“getter”（和/或“setter”）方法提供的语法糖。

不需要更多的参数。它原本可以写成不带输入参数的方法，但在当前情况下，作为属性似乎更合适。

它是没有前置条件的简单操作，也不会抛出异常。这符合 .NET 框架指南中关于 property getter 的规则 [23]。

示例代码 7.3　`IsValid` 方法被移到了 `ReservationDto` 类中。
（*Restaurant/0551970/Restaurant.RestApi/ReservationDto.cs*）

```
internal bool IsValid
{
    get
    {
        return DateTime.TryParse(At, out _)
            && !(Email is null)
            && 0 < Quantity;
    }
}
```

示例代码 7.4 展示了 `Post` 方法的一部分，它检查 `dto` 是否有效。

示例代码 7.4　`Post` 方法的片段。此处调用了示例代码 7.3 中的 `IsValid` 方法。
（*Restaurant/0551970/Restaurant.RestApi/ReservationsController.cs*）

```
if (!dto.IsValid)
    return new BadRequestResult();
```

现在所有测试都通过了。不要忘了将改动提交到 Git，并把它们推送到部署流水线 [49]。

7.2.4　类型转换的代价 [1]

哪怕只是一小块代码，也可能暴露出各种问题。修复一个问题并不能保证没有其他类似问题。`Post` 方法现在的情况就是如此。

现在，C# 编译器看不到 `At` 和 `Email` 已经有了 non-null 保证。为了让代码能

1　这里的原文是“Lost In Translation”，这是一个双关语，因为有部著名电影也叫*Lost In Translation*，中文翻译为《迷失东京》。此处的Translation并没有“翻译”的意思，而是指的两个不同类型对象的转换过程。——译者注

够编译，我们必须使用允许为 null（null-forgiving）的！操作符，明确告知编译器不要对这两个变量做静态流程分析。从本质上说，这是在忽略 nullable 引用类型（nullable reference types）的编译器功能，而这样做并不是正确的方向。

示例代码 7.2 的另一个问题是，它实际上对 At 属性做了两次解析——一次解析在 IsValid 方法中，另一次解析在 Post 方法中。

从 ReservationDto 到 Reservation，这个转换的代价似乎有点儿高。事实证明，IsValid 毕竟不是一个好的抽象，因为它忽略的东西太多，放大的东西太少。

这是数据对象验证中的典型问题。像 IsValid 这样的方法会得到一个布尔值，而不是下游代码可能需要的所有信息——例如，解析之后的日期。这就迫使其他代码重复验证，结果就是重复的代码。

更好的选择是拿到之前验证过的数据。那么，你该怎么表示验证过的数据呢？

想想第 5 章中关于封装的讨论。对象应该保护其不变量。这包括前置条件和后置条件。一个正确初始化的对象被保证处于有效的状态——如果并非如此，就破坏了封装，因为构造函数漏掉了一个前置条件。

这就是创建领域模型（Domain Model）的理由。为领域建模的类应当把握住其中稳定不变的部分。数据传输模型要解决的问题是与外部世界的数据交互，这种交互是混乱而粗糙的。

在餐厅预订系统中，有效预订的领域模型已经存在。它就是 Reservation 类，我们最后一次遇到它是在示例代码 5.13 中。所以，这里应当返回 Reservation 类的实例。

7.2.5 解析，而不是验证

如果前置条件成立，也可以把数据传输对象 [33] 转换为领域对象，而不是返回布尔值的 IsValid 成员方法。示例代码 7.5 展示了一个例子。

示例代码 7.5 Validate 方法返回一个封装好的对象。
（*Restaurant/a0c39e2/Restaurant.RestApi/ReservationDto.cs*）

```
internal Reservation? Validate()
{
    if (!DateTime.TryParse(At, out var d))
```

```
        return null;
    if (Email is null)
        return null;
    if (Quantity < 1)
        return null;

    return new Reservation(d, Email, Name ?? "", Quantity);
}
```

Validate 方法使用保护语句（Guard Clauses）[7] 来检查 Reservation 类的前置条件。这包括将 At 字符串解析为有效的 DateTime 值。只有所有前置条件都满足，它才会返回 Reservation 对象；否则，它将返回 null。

Maybe

请注意 Validate 方法的方法签名。

```
internal Reservation? Validate()
```

在阅读自己不熟悉的代码时，我们首先看到的是方法的名称和参数类型。如果你看到签名就能理解方法的本质，这个抽象就很不错。

Validate 方法的返回类型带有重要的信息。回顾一下，问号表示对象可能为 null。在编写调用此方法的代码时，该信息很重要。不仅如此，如果打开了 C# 的 nullable reference types（nullable 引用类型）选项，而出现了你忘记处理 null 的情况，编译器就会发出警告。

在面向对象的编程语言中，这是一个相对较新的选项。在以前版本的 C# 中，各个对象都可以为 null。在 Java 等其他面向对象的语言中也是如此。

但是，有些语言（比如，Haskell）没有 null reference（null 引用），或者竭力假装 null reference 不存在（比如 F#）。

在这些语言中，你仍然可以根据其值是否存在来创建对应的对象。显式使用类型 Maybe（Haskell）或 Option（F#）就可以。这个概念也可以很容易地被移植到 C# 或其他面向对象语言的早期版本中，所需要的只是多态性和（最好是）泛型 [94]。

如果你这样做了，就可以把 Validate 方法的模型改为这样：

```
internal Maybe<Reservation> Validate()
```

按照 Maybe API 的工作方式，调用者必须处理两种情况：没有预订记录，或者正好有一条预订记录。在 C# 8 的 nullable 引用类型出现之前，我已经教过一些组织使用 Maybe 对象而不是 null。开发人员很快就会明白，这能大大提高代码的安全性。

如果你不能使用 C# 的 nullable 引用类型功能，那么请声明 null 引用为非法返回值；如果你想表明某个返回值可能不存在，就应当使用 Maybe。

这样，调用代码就必须检查返回值是否为null，并采取相应的行动。示例代码 7.6 展示了 Post 方法对 null 值的处理。

示例代码 7.6　Post 方法在 dto 上调用 Validate 方法，并根据返回值是否为 null 分情况处理。

（*Restaurant/a0c39e2/Restaurant.RestApi/ReservationsController.cs*）

```
public async Task<ActionResult> Post(ReservationDto dto)
{
    if (dto is null)
        throw new ArgumentNullException(nameof(dto));

    Reservation? r = dto.Validate();
    if (r is null)
        return new BadRequestResult();

    var reservations = await Repository
        .ReadReservations(r.At)
        .ConfigureAwait(false);
    int reservedSeats = reservations.Sum(r => r.Quantity);
    if (10 < reservedSeats + r.Quantity)
        return new StatusCodeResult(
            StatusCodes.Status500InternalServerError);

    await Repository.Create(r).ConfigureAwait(false);

    return new NoContentResult();
}
```

请注意，这样就解决了示例代码 7.1 中的静态 `IsValid` 方法所带来的所有问题。`Post` 方法不需要禁用编译器的静态分析器，也不需要重复解析日期。

`Post` 方法的圈复杂度现在降到 4 了。如图 7.8 所示，这是跟思维合拍的。

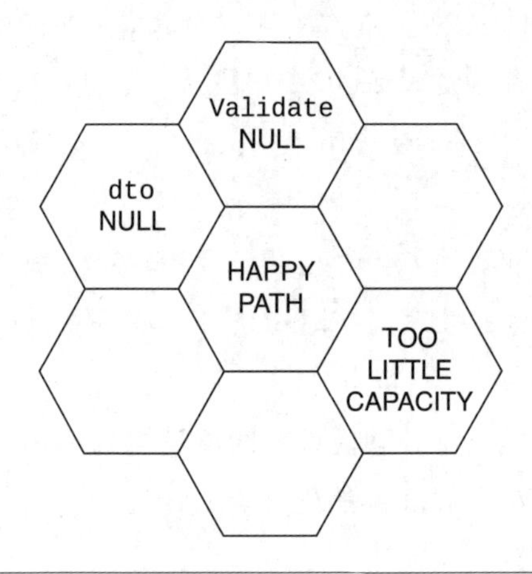

图 7.8　示例代码 7.6 中 `Post` 方法的六角花图。

`Validate` 方法的抽象更好，因为它放大了本质：`dto` 是否能代表有效的预订请求？它做到了，虽然输入的数据没有变，但是被*加工*（project）为更严谨的呈现形式。

Alexis King 称这种技术为“*解析，而不是验证*”（parse, don't validate）。

> “想一想：什么是解析器？实际上，解析器不过是这样一个函数，它接收的是结构化程度较低的输入，产生的是结构化程度较高的输出。从本质上说，解析器不算完整的函数——定义域中有些值其实对应不到值域——故而所有的解析器都必须有解析失败的表示法。通常，解析器的输入是文本，但这绝不是硬性规定。”[54]

`Validate` 方法实际上也是解析器：它接受不那么严谨的 `ReservationDto` 作为输入，并产生严谨的 `Reservation` 作为输出。也许 `Validate` 方法应该被命名为 `Parse`，不过我担心，它可能会让从狭义上理解“解析”的读者感到困惑。

7.2.6 分形架构

图 7.8 描述了 Post 方法，7 个插槽中只有 4 个已经被填充。

不过你知道，代表 Validate 方法的填充块放大了问题的本质，同时消除了一些复杂性。虽然我们不必考虑这个填充块背后的复杂性，但复杂性仍然存在，如图 7.9 所示。

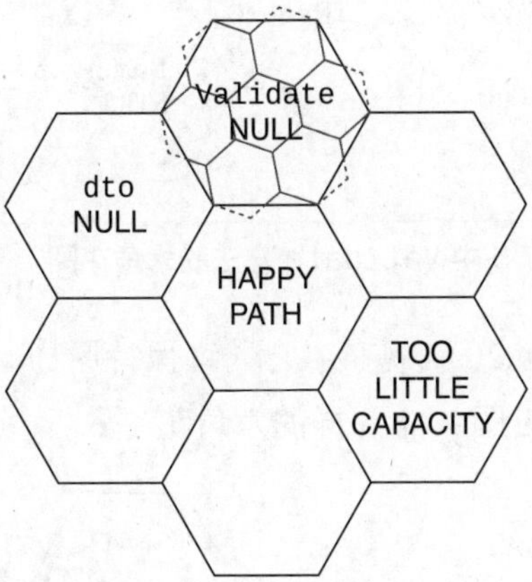

图 7.9　六角花提示我们，每个填充块都可能隐藏了其他复杂性。

你可以拉近看[1] Validate 的填充块。如图 7.10 所示，它仍然是一朵六角花。

Validate 方法的圈复杂度是 5，如果你认为它和代码的复杂度严格对应，就应当把 7 个槽中的 5 个填满。

现在你已经注意到，如果拉近看某个细节，它的形状与调用者相同。那么如果拉远镜头，会怎样呢？

Post 方法没有任何直接调用者。ASP.NET 框架会根据 Startup 类中的配置来调用控制器方法。那么，我们要怎样看这个类呢？

1　zoom in，摄像技术用语，意思是调整镜头焦距，把景物推进放大。严格说起来，它并不同于中文的“放大”（amplify）。译文依据具体语境的不同，有时翻译为“拉近看”，有时翻译为“拉近放大”，等等。zoom out也做类似的处理。——译者注

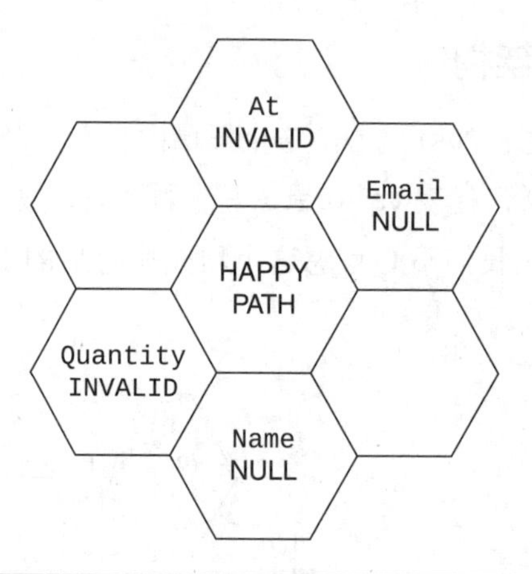

图 7.10 示例代码 7.5 中 `Validate` 方法的六角花图。

从示例代码 4.20 到现在，它一直保持原样。整个类的圈复杂度仅仅为 5。你可以很容易地画出图 7.11 那样的六角花。

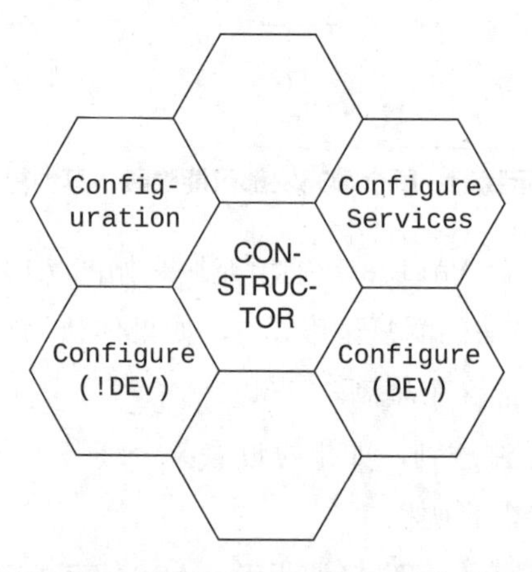

图 7.11 `Startup` 类的全部复杂度元素。大多数类成员的圈复杂度是 1，所以它们只需要一个六边形。Configure 方法的圈复杂度为 2，所以它需要两个六边形：一个对应 `IsDevelopment` 为 `true`，另一个对应 `IsDevelopment` 为 `false`。

推而广之，整个应用程序的复杂度定义也是可以跟思维合拍的。它就应该是这种样子的。

假设你是团队的新成员，这是你初次接触代码库。你如果想了解应用程序是如何工作的，一个好的切入点就是程序的入口。这就是 Program 类，它仍然保持着示例代码 2.4 中的样子。如果了解 ASP.NET，你很快就会意识到，这里没有什么意料之外的事情发生。为理解这个应用程序，你应该看看 Startup 类。

打开 Startup 类，你会惊喜地发现它是跟思维合拍的。从 Configure 方法中，你可以很快了解到该系统使用了 ASP.NET 的标准 Model View Controller[33] 系统及其常规路由引擎（regular routing engine）。

你可以从 ConfigureServices 方法中发现，应用程序从配置系统中读取一个连接字符串，通过它向框架的依赖注入容器注册一个 SqlReservationsRepository 对象 [25]。这时候你就应该想到，代码使用了依赖注入和关系数据库。

系统的高层视图（全局图景）就是如此。你还没有接触任何细节，但你知道，如果对细节感兴趣，可以去哪里找。如果你想了解数据库的实现，可以跳转到 SqlReservationsRepository。如果你想看看某个特定的 HTTP 请求是如何处理的，也可以找到相关的控制器类。

在浏览代码库的这些部分时，你也会了解到，在对应的抽象层次上，每个类或每个方法都是跟思维合拍的。你可以像之前多次看到的那样，用“六角花”来描绘代码块。

无论镜头怎样拉近拉远，图案怎么放大缩小，“分析复杂度的结构图”看起来都没有变化。这种特质让人想到数学上的分形，故而我把这种风格的架构称为分形架构（fractal architecture）。在各个抽象层次上，代码都应该与思维合拍。

与数学分形不同的是，代码库不可能无限放大。你总有一天会把细节放到最大，这就是不调用其他代码的方法。例如，SqlReservationsRepository 类中的方法（见示例代码 4.19）就不调用任何其他用户代码。

这种架构风格的另一种表现形式是树，叶子节点代表最高的分辨率。

一般来说，你可以用分形树来展现与思维合拍的架构，如图 7.12 所示。在树干上，大脑最多可以处理 7 个块，由 7 个分支代表。在各个分支处，大脑又可以处理 7 个分支，以此类推。一棵数学分形树在概念上可以无穷无尽，不过真正把它画出来的时候，你总会在某个分支处停下来。

图 7.12 七路分形树。

采用分形架构是组织代码的一种办法，以便代码无论从什么角度看，都能跟思维合拍。在某个缩放级别上，简单细节应该被表示为单个抽象块，复杂细节要么是无关紧要的，要么以方法参数或依赖注入的形式明确可见。请记住，*你看到的，就是一切你认为存在的* [51]。

分形架构不会自动生长出来。你必须仔细考虑自己写的每块代码的复杂度。你可以计算圈复杂度，关注代码行数，或者清点一个方法中涉及的变量数。确切地说，比起评估复杂度，更重要的是把复杂度保持在低水平。

第 16 章展示了完工之后的整个示例代码库。那个系统比你目前看到的要复杂，但它仍然符合分形架构的要求。

7.2.7 清点变量

之前说过，要评估复杂度，也可以清点方法中变量的数目。我有时会这样做，不过仅仅是为了换个角度看问题。

如果你决定这样做，请确保自己清点了所有涉及的对象，包括局部变量、方法参数和类字段。

例如，示例代码 7.6 中的 `Post` 方法涉及 5 个变量：`dto`、`r`、`reservations`、`Repository`、`reservedSeats`。其中 3 个是局部变量，`dto` 是参数，`Repository` 是属性（来源于自动生成的隐式类字段）。这就是你需要保持关注的 5 个元素。你的大脑能做到这一点，所以它很好。

我主要是在斟酌是否可以给方法新增参数的时候清点变量。4 个参数是不是太多了？听起来，4 个参数完全在 7 个参数的限度之内，但是如果这 4 个参数、5 个局部变量、3 个类字段相互作用，就可能会发生太多的事情。解决办法之一就是引入参数对象 [34]。

很明显，这种复杂度分析对接口或抽象方法不起作用，因为它们不包括实现。

7.3 结论

代码库并非生来就是遗留代码。它们会随着时间的推移而腐化。垃圾代码是一点一滴累积起来的，所以很难被人注意到。

高质量的代码就像一种不稳定的平衡，Brian Foote 和 Joseph Yoder 指出：

> “具有讽刺意味的是，易于理解的特质可能并不利于劳动成果的保存，因为它比难以理解的劳动成果更容易变化 [……] 如果一个对象具有清晰的界面和难以理解的内部结构，反而可能保持得相对完整。” [28]

你必须主动防止代码腐化。要关注代码质量，你可以测量各种指标，比如代码行数、圈复杂度，或者仅仅是清点变量的数目。

我对这些指标的通用性不抱幻想。它们可以成为有用的参考，但说到底，你必须依赖自己的判断。不过我发现，有了这样的监测指标，确实可以提高人们对代码腐化的认知水平。

当你把指标和高标准的阈值结合起来时，就创建了一种积极关注代码质量的文化。然后你就会知道，什么时候应该把某个代码块分解为更小的组件。

复杂度指标并不能告诉你应该分解哪几部分。这是一个很大的主题，已经有许多其他图书论述 [60][27][34]，但要注意的几点是内聚、依恋情结、验证。

你应该以代码库的架构为目标，这样无论从哪里看，代码都与思维合拍。在高层次上，同时在做的事情不要超过 7 件。在底层代码中，最多只有 7 件事需要你去跟踪。在中间层上，仍然如此。

在每个缩放级别上，代码复杂度都应当保持在人类能理解的范围内。这种贯穿各个分辨率的相似性看起来非常像分形，所以我称之为分形架构。

分形架构不会自动生长出来，不过如果你能实现它，代码理解起来就会比遗留代码简单几个数量级，因为它主要涉及的是你的短期记忆。

在第 16 章中，你可以参观“完工”的代码库，这样就会知道分形架构的概念是如何落地到真实环境中的。

第8章 API设计

如果一块代码变得过于复杂，就应该将其像图 8.1 那样拆分开来。第 7 章讨论了从哪里拆分，在本章中，你将学习如何设计新的部分。

图 8.1 如果一块代码变得过于复杂，就应当将其拆成小块。新的代码块是什么样的？你会在本章中学到 API 设计的若干原则。

拆分代码的办法有很多。正确的办法不止一种，不过糟糕的办法更多。坚持保持良好的 API 设计并不容易，还需要技巧和品位。好在这种技巧是可以学习的。本章的内容与整本书的主题一致，仍然展示若干能应用于 API 设计的实用方法。

8.1 API设计原则

API 代表应用编程接口（Application Programming Interface），也就是说，你可

以针对这些接口编写客户端代码。使用这些词语的时候要小心，因为它们有好几重含义。

8.1.1 预设用法

该怎么理解接口呢？在示例代码 6.5 中，可以把它看作编程语言内置的关键字。在涉及 API 的语境下，我们谈论的是广义的“接口”。接口是一种预设用法[1]。它表现为一组方法、值、函数和对象，你可以利用它们与其他代码交互。在良好封装的基础之上，接口是一组操作，这组操作能保留相关对象的稳定性。换句话说，这些操作保证了对象状态的正确性。

有了 API，你就能与封装好的代码包交互，就像你能依靠门把手去开门和关门一样。Donald A. Norman 用预设用法（affordance）来描述这种关系：

> “所谓‘预设用法’，指的是物理实体和人（或互动的任何参与方，无论是动物还是人，甚至是机器和机器人）之间的关系。预设用法表征事物属性和使用者能力之间的关系，它决定了该事物能被使用的方式。椅子提供（‘用来 /is for’）支撑力，因此，它提供了坐的功能。大多数椅子可以由一个人搬动（这些椅子也提供被搬动的功能），不过有些椅子必须由力气大的人或好几个人才能搬动。如果未成年人或力气小的人搬不动椅子，那么对这些人来说，椅子就没有这种预设用法，它不具备被搬动的功能。” [71]

我发现这个概念可以被完美地借鉴到 API 设计中。像示例代码 6.5 中的 `IReservationsRepository` 这样的 API，既可以读取与某个日期有关的预订记录，也可以添加新的预订记录。只有提供了所需的输入参数，才能调用对应的方法。客户端代码和 API 之间的关系，类似于调用者和正确封装的对象之间的关系。要获得对象提供的某种能力，客户端代码必须满足所需的前置条件。如果 `Reservation` 不存在，则不能调用 `Create` 方法。

---

1 affordance（预设用法），也有人翻译为“供用性”，详细解释见下文。——译者注

Norman 写道：

“我们每天都会见到成千上万的事物，其中许多事物是我们以前没见过的。不少新事物与我们已知的事物相似，但也有许多事物是不同的，可是我们仍然能妥善应对。我们是怎么做到的？为什么我们见到许多不寻常的自然事物时，仍然知道如何使用？为什么我们见到许多人造事物时也是如此？答案来自若干基本原则。其中一些最重要的原则来自对预设用法的理解。”[71]

你第一次见到某把椅子时，看形状就知道它能如何使用。办公椅有更多的功能，比如可以调节高度。对于某些型号的椅子，我们很容易就能找到对应的调节杆；而对于其他型号的椅子，就比较难了。这些调节杆看起来千篇一律，然而对有些椅子来说，你以为某个杆子是用来调节高度的，结果它是用来调节靠背角度的。

一个 API 如何向外公布其预设用法？如果你使用编译的静态类型语言，就可以借助类型信息。在你敲代码的时候，集成开发环境可以根据类型信息列出特定对象的可用操作，如图 8.2 所示。

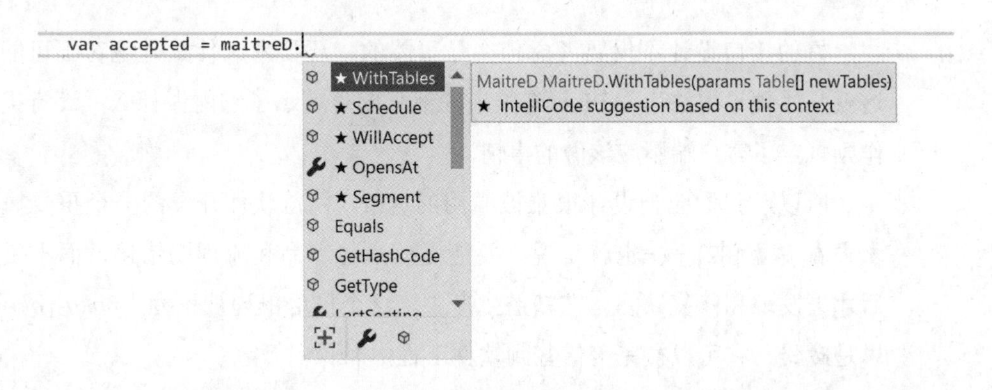

图 8.2　IDE 可以在输入时显示该对象上的可用方法。在 Visual Studio 中，它叫作 *IntelliSense*。

这样就提供了一定的可发现性。这被称为“点号驱动开发”(dot-driven development)[1]，因为只要你在某个对象后面敲了点号（句号），你就能看到可供调用的方法。

1　我最早听到这个词是在2012年哥本哈根GOTO会议上Phil Trelford的演讲中。我找不到更早的定义。

8.1.2 防错设计

常见的错误是设计出瑞士军刀那样的东西。我遇到过很多开发者，他们认为好的 API 应该能提供尽可能多的功能。就像瑞士军刀一样，这样的 API 可能在单点上集合许多功能，但具体到某个专门的用途，却无一比专用工具更趁手（见图 8.3）。这条路走到尽头，就是上帝类（God Class）[1]。

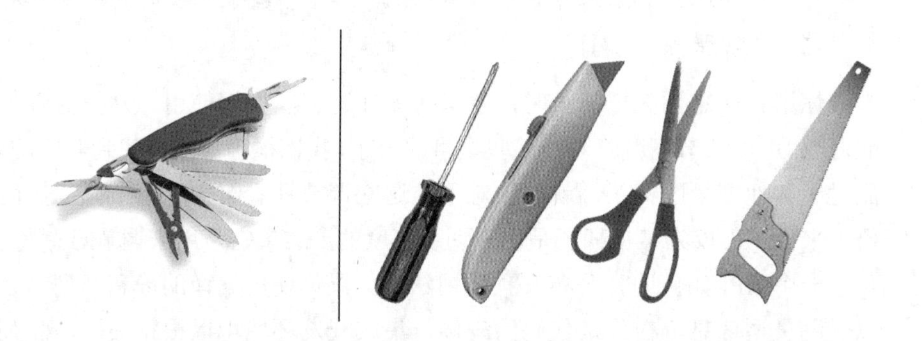

图 8.3 瑞士军刀在困境中很有用，但不能替代专用工具。请忽略图片的比例。

好的接口设计不仅要考虑什么是可能的，还要考虑什么是绝对不可能的——这就是“预设用法”。API 暴露出来的部分向外宣示了它能做什么，没有提供的操作则规定了客户端不应该做的事情。

所以，我们应当设计很难被滥用的 API。精益软件开发的一个重要概念是*追求内在质量* [82]——也就是说，要能提前预防产品和流程的错误，而不要等到最后才去发现和修复缺陷。在精益生产中，这个日语单词被称为“*poka-yoke*”[2]，意思是*防错*，它可以被完美借鉴到软件工程中 [1]。

poka-yoke 有两种风格：主动防错，被动防错。主动防错包括在新产品出现时就对其检查。测试驱动开发就是最好的例子 [1]。自动化的测试应该保持一直运行。

1 上帝类[15]是一种反模式。所谓“上帝类”，指的是单个文件中用几千行代码实现几十个不同功能的类。

2 poka-yoke，日语原文是ポカヨケ，中文一般翻译为“防错/防呆”或“愚巧法”。——译者注

不过，我特别感兴趣的是被动防错的概念。在物理世界中你可以找到很多这样的例子。像 USB 和 HDMI 这样的接头反过来是插不进去的。图 8.4 那样的限高装置提示司机，他们的车辆超过了规定的高度。这种系统不需要主动检查就能发挥作用。

图 8.4 限高装置。它们是挂在链子上的软条幅。超高的卡车会首先撞上这些条幅，发出很大的噪声，但不会有实质损伤。

同样的道理，在设计 API 时，应当确保它无法表征非正常状态 [69]。如果一个状态是无效的，最好把 API 设计成没有对应的代码表示它。在 API 设计中，不存在的功能同样值得关注。这样一来，不该出现的情况根本无法通过编译 [1]。比起运行时异常，编译器错误能给人更快的反馈 [99]。

8.1.3 写给读者看的代码

回忆学生时代，你可能还记得写作文。老师坚持认为你应该考虑语境、发件人、收件人等等。还记得吗，发件人是表面上“写”文章的人，而收件人是读文章的人。老师要求你明确考虑发件人和收件人之间的关系。

1 在具有联合类型（sum type）的编程语言中这是很容易做到的。这些语言包括Haskell和F#。在面向对象的设计中，它就等价于更烦琐的Visitor设计模式[107]。

有些软件开发人员回忆起写作文就充满了厌恶之情，这样的人我见过不止一位；他们很高兴自己如今是程序员，再也不用费心分析文本了。

现在，我有个坏消息要告诉你。

老师讲过的那些条条框框仍然会关系到你的职业生涯。学校里要传授这些技能，是有原因的。如果写电子邮件，发件人和收件人都很重要。如果写文档，写的人和读的人同样重要。如果写代码，这两者依然重要。

因为代码被阅读的次数比被编写的次数多。

在写代码时要考虑未来的读者，而它可能就是你自己。

8.1.4　比起注释，花更多精力在代码的命名上

你可能听说过，应该写整洁的代码而不是注释 [61]。注释可能会随着代码变化而过时。随着时间的推移，曾经正确的注释会成为一种误导。最终，你唯一能信任的就只有代码。真正运行着的软件，依靠的并不是代码中的注释，而是实际的指令和表达式。示例代码 8.1 是一个典型例子。

示例代码 8.1　代码的意图由示例代码的注释说明。但是请不要这样做，请使用名字清晰易懂的方法代替它，如示例代码 8.2 所示。
（*Restaurant/81b3348/Restaurant.RestApi/MaitreD.cs*）

```
// Reject reservation if it's outside of opening hours
if (candidate.At.TimeOfDay < OpensAt ||
    LastSeating < candidate.At.TimeOfDay)
    return false;
```

如果可能，用名字含义清晰的方法来替换这个注释 [61]，如示例代码 8.2 所示。

示例代码 8.2　相比于示例代码 8.1，这里以方法调用取代了注释。
（*Restaurant/f3cd960/Restaurant.RestApi/MaitreD.cs*）

```
if (IsOutsideOfOpeningHours(candidate))
    return false;
```

并非所有的注释都糟糕 [61]，但比起注释，命名良好的方法更值得推崇。

8.1.5 蒙住名字

不过，不要满足于已有的成果。注释会随着时间的推移而变得陈旧，变得让人迷惑，方法名也会如此。比起注释，希望你更关注方法名；不过，仍然会有人修改了某个方法的实现代码，却忘记了更新其名称。

幸运的是，在静态类型语言中，类型信息可以用来避免遗忘。在设计 API 时，要让它们用类型信息来公布其契约。下面看看示例代码 8.3 中新版本的 `IReservationsRepository`。它的第 3 个方法名为 `ReadReservation` 。这个名字描述了其行为，但它是否解释得够清楚呢？

在探索不熟悉的 API 时，我经常问自己的一个问题是：*我是否应该检查返回值为 null 的情况？这个决定在交互中如何能始终保持一致？*

示例代码 8.3　与示例代码 6.5 相比，`IReservationsRepository` 多了一个 `ReadReservation` 方法。
（*Restaurant/ee3c786/Restaurant.RestApi/IReservationsRepository.cs*）

```
public interface IReservationsRepository
{
    Task Create(Reservation reservation);

    Task<IReadOnlyCollection<Reservation>> ReadReservations(
        DateTime dateTime);

    Task<Reservation?> ReadReservation(Guid id);
}
```

你可以尝试在交互中使用解释性的名称。比如，把这个方法命名为 `GetReservationOrNull`。这是可行的，但容易受行为变化的影响。你可能后来决定要更改 API 的设计，null 不再被当作有效的返回值，却不记得修改方法名。

不过请注意，由于 C# 提供了 nullable 引用类型，因此这样的信息已经包含在方法的类型签名[1]中。它的返回类型是 `Task<Reservation?>`。还记得吧，问号表

1　如果编程语言没有明确区分nullable和non-nullable的引用类型，你可以使用7.2.5节介绍的 Maybe 概念。在这种情况下，`ReadReservation`方法的签名将是`Task<Maybe<Reservation>> ReadReservation(Guid id)`。

示 Reservation 对象可能为null。

下面来做个 API 设计的练习，试着*蒙住方法名*，看看你是否还能弄清楚它们的功能。

```
public interface IReservationsRepository
{
    Task Xxx(Reservation reservation);
    Task<IReadOnlyCollection<Reservation>> Xxx(DateTime dateTime);
    Task<Reservation?> Xxx(Guid id);
}
```

Task Xxx(Reservation reservation) 看上去是做什么的？它的输入是一个 Reservation 对象，但没有任何返回[1]。既然没有返回值，就一定有某种副作用[2]。它会是什么呢？

这个方法可能保存预订的信息。不难想象，它也可能把这些信息组织成电子邮件发送出去。它还可能把这些信息写到日志里。具体做什么，取决于对这个对象的定义。如果你知道这个方法所属的对象是 IReservationsRepository，就知道它暗示着持久化。所以你确信，它既没有发电子邮件，也没有写日志。

不过我们仍然不清楚，这个方法是在数据库中新增一行，还是更新一行，甚至可能两者都做。从技术上讲，它也有可能删除一条记录，尽管对删除操作来说，更好的方法签名是 Task Xxx(Guid id)。

那么，Task <IReadOnlyCollection<Reservation>> Xxx(DateTime dateTime) 呢？这个方法接收一个日期，返回一组预订记录。不需要太多想象力就可以猜到，它是基于日期的查询。

最后，Task<Reservation?> Xxx(Guid id) 的输入是一个 ID。其可能会返回某条预订记录，也可能不会返回。显然，这是基于 ID 的查询。

如果对象只提供了少量的交互，就可以使用这种办法。本例中只有 3 个方法，

---

1 严格来说，它返回一个Task，可是此对象不包含任何额外数据。我们可以把Task看成异步的void。

2 “副作用”的原文是side effect。中文语境中的“副作用”往往与药品相联系，表示“与药品相关的不良反应”，官方定义为“合格药品在正常用法用量下出现的与用药目的无关的有害反应”。而技术领域中的“副作用”并没有好坏之分，译者认为翻译为“连带作用”更合适。不过“副作用”已经是约定俗成的译法，本书遵循此惯例。——译者注

且它们签名的类型各不相同。把方法签名和类或接口的名称结合起来，一般就可以猜出方法的用途。

不过请注意，如果 Create 方法没有名字，推导出它的用途就需要更多猜测。因为它其实并没有返回类型，所以只能根据输入类型来推理。而对于查询类操作，可以通过输入类型和输出类型来提示方法的意图。

“蒙住名字”的办法很有用，它可以帮助你理解代码的未来读者。你可能认为，自己刚刚写下的方法名提供了足够的说明，也有助于人们理解，但是对不同背景的人来说可能并非如此。

名称仍然是有用的，不过你无须重复已经通过类型说明的东西。所以，你可以通过名称告诉读者一些其没法从类型中得出的信息。

工具应当趁手，这一点很重要。之所以选择专门的 API，而不是瑞士军刀那样的通用 API，这是另一个原因。如果一个对象只暴露了 3 到 4 个方法，往往每个方法都有自己独特的类型，足以与同样上下文中的其他方法区分开来。但是，如果同一个对象提供了几十个方法，这条路就走不通。

如果方法的类型本身就能将各个方法彼此区分开，类型信息就极有帮助。但是如果所有的方法都返回字符串或 int，类型就不太可能提供帮助。这也是要避免使用字符串类型 [3] API 的另一个理由。

8.1.6 命令与查询分离

如果你能忽略名称，静态类型所能发挥的作用就会成为焦点。想想 void Xxx() 之类的方法签名。它几乎没告诉你这个方法是做什么的。你只能猜测它一定有某种副作用，因为它不返回任何东西，那么它存在的理由是什么呢？

显然，如果这个方法有个名字，它的作用就更容易被人猜到。方法的名字可能是 void MoveToNextHoliday() 或 void Repaint()，各种可能性都存在。

对于 void Xxx() 之类的方法，与使用者保持良好交流的唯一办法就是选个好名字。如果提供了类型信息，设计的选择当然也会更多。想一想，像 void Xxx(Email x) 这样的签名，我们仍然不清楚它到底对 Email 参数做了什么，不过它一定有某种副作用。这种副作用可能是什么呢？

以电子邮件为输入参数，明显的副作用就是把邮件发送出去。不过我们没法肯定，因为这个方法也可能会删除电子邮件。

什么是副作用？所谓“副作用”，指的是事物状态的变化。其影响可能是局部的，比如改变一个对象的状态；也可能是全局的，比如改变整个应用程序的状态。这可能包括从数据库中删除某行，编辑磁盘上的某个文件，重新绘制某个图形用户界面，或发送一封电子邮件。

好的 API 设计的目标是解构代码，跟我们的思维合拍。还记得吗，封装的目的是隐藏实现细节。所以，方法的实现代码完全可以改变本地状态，而不应该被看作副作用。下面看看示例代码 8.4 中的辅助方法。

这个方法创建了局部变量 `availableTables`，在返回之前对该变量做了修改。你可能认为，这应该算作副作用，因为 `availableTables` 的状态发生了变化。但是，定义 `Allocate` 的对象的状态并没有变化，`Allocate` 只是把 `availableTables` 作为一个只读的 collection 返回[1]。

如果你要编写调用 `Allocate` 方法的代码，那么你只需要知道，传入一个预订请求的 collection，会收到餐桌的 collection。对你来说，不存在任何看得见的其他副作用。

示例代码 8.4　这个方法里出现了局部状态变化，但没有看得到的副作用。
（*Restaurant/9c134dc/Restaurant.RestApi/MaitreD.cs*）

```
private IEnumerable<Table> Allocate(
    IEnumerable<Reservation> reservations)
{
    List<Table> availableTables = Tables.ToList();
    foreach (var r in reservations)
    {
        var table = availableTables.Find(t => t.Fits(r.Quantity));
        if (table is { })
        {
            availableTables.Remove(table);
            if (table.IsCommunal)
                availableTables.Add(table.Reserve(r.Quantity));
        }
```

1　`IEnumerable<T>`是Iterator[39]设计模式的标准.NET实现。

```
    }

    return availableTables;
}
```

有副作用的方法，就不应该返回数据。换句话说，它的返回类型应该是 void。如此一来，这类方法识别起来就非常简单。如果你看到一个不返回数据的方法，就知道它一定会产生副作用。这类方法被称为“命令”（Command）[67]。

为了区分有副作用和无副作用的程序，返回数据的方法就不该有副作用。所以，看到像 IEnumerable<Table> Allocate(IEnumerable<Reservation> reservations) 这样的方法签名，你就应该明白它没有副作用，因为它有返回类型。这样的方法被称为查询（Query）[67][1]。

把命令和查询分开之后，API 分析推导起来就容易多了。有副作用的方法不会返回数据，返回数据的方法也不应该有副作用。如果遵循这条规则，那么不需要阅读其实现代码，就可以区分这两种类型的方法。

这就是所谓的命令与查询分离（Command Query Separation, CQS[2]）。和本书中的大多数其他技巧一样，这一切并不会自动发生。编译器不需要也不会强制执行它[3]，所以你得自己动手。如果需要，你可以把这条规则纳入 checklist。

在 8.1.5 节中我们已经看到，相对于命令来说，查询分析理解起来更容易，所以我们应当尽量使用查询而不是命令。

请注意，如果单纯从技术方面考虑，很容易就可以写出既有副作用又能返回数据的方法。它既不是命令，也不是查询，编译器也不会关心。但是如果你希望遵循命令与查询分离原则，这种组合就是不合规的。你可以始终恪守这条原则，但可能需要练练手，才知道如何处理各种棘手的情况[4]。

1 请注意。查询不一定都是数据库查询，尽管它可以是数据库查询。命令和查询之间的区别是由Bertrand Meyer在1988年或更早定义的[67]。当时关系数据库并不像如今这样普遍，所以“查询”这个词与数据库操作的关系并不像今天这样紧密。

2 注意不要将CQS与CQRS（Command Query Responsibility Segregation，命令与查询责任分离）相混淆。CQRS是一种架构风格，它得名自CQS（因此与CQS有相似的缩写），但它在概念上比CQS更进了一步。

3 除非编译器是Haskell或PureScript。

4 人们通常遇到的最棘手的问题是如何向数据库添加一行，并返回最新生成的ID。这也可以通过遵守CQS来解决[95]。

8.1.7 交流的层次

就像注释会腐化一样，名字也会腐化。所以这条规则似乎是普遍适用的：

能用方法名说明的，就不要用注释。能用类型说明的，就不要用方法名。

下面列出了向使用者提供讲解的方法，最上面的最重要，最下面的最不重要。

1. 提供以类型信息区分的 API 来讲解。
2. 给方法起有用的名字来讲解。
3. 以好的注释来讲解。
4. 提供自动化测试的说明性例子来讲解。
5. 在 Git 中写出有用的提交说明来讲解。
6. 编写良好的文档来讲解。

类型是编译过程的一部分。如果在 API 的类型上犯了错误，代码很可能就无法编译了。其他与使用者交流的方法都没有这种便利。

清晰的方法名同样是代码库的一部分。你每天都会看到这些。它们也是向使用者传达意图的好办法。

有些事情没法简单用清晰的命名来解释。其中可能包括你为什么要以某种特定方式编写实现代码。所以，提供注释是合理的选择 [61]。

同样，还有一些考虑因素与你对代码所做的特定修改有关。它们应该以提交说明来保存。

最后，有些高层次问题最好用文档来说明。这些问题包括如何设置开发环境，以及代码库的整体目的是什么。你可以在自述文件或其他类型文档中记录这些信息。

请注意，我无意贬低那些传统的正经文档的价值；但我认为，与其他开发者交流时，它是效率最低的方式。代码永远不会偏离实现。根据定义，这是唯一始终保持最新状态的劳动成果。其他的东西（名字、注释、文档）都很容易脱离实际。

8.2 API设计实例

这样的 API 设计原则该如何应用到代码中？如果用来解决正经的问题，它是什么样的？在本节中，你会看到一个例子。

到目前为止，ReservationsController 中的逻辑是很简单的。请看示例代码7.6。这家餐厅有10个座位，这是硬编码写“死”的。决策规则忽略了客人分桌就餐的情况，它假设所有客人都坐在同一张桌子周围。时尚餐厅的典型布局是采用酒吧式座席，在每个座位处都可以看到厨房。

示例代码7.6中的逻辑没有考虑预订的时间。也就是说，每个座位每天只能预订一次。

当然，我曾在这样的餐厅吃过饭，但这种情况很罕见。大多数餐厅都不只有一张桌子，而且会有翻台的情况。也就是说，客人应当在规定的时间内吃完离席。如果你预订了18:30的座位，你的座位可能只会保留到21:00，能吃饭的时间有两个半小时。

预订系统也应考虑餐厅的营业时间。如果餐厅在18:00开放，17:30的预订应该被拒绝。同样道理，系统应该拒绝“针对过去某时刻”的预订。

所有这些（桌子布局、翻台、开放时间）都应该是可配置的。这些要求显然足够复杂，所以你应当把代码的复杂度指数保持在本书建议的约束范围内：圈复杂度不应该大于7，方法不应该太大，也不应该涉及太多的变量。

这个业务决策应当委托给单独的对象。

8.2.1 领班

在示例代码7.6中，处理业务逻辑的代码只有两行。为了清楚起见，我们放到示例代码8.5中再看一次。

示例代码8.5 示例代码7.6中处理业务逻辑的代码仅有两行。
（*Restaurant/a0c39e2/Restaurant.RestApi/ReservationsController.cs*）

```
int reservedSeats = reservations.Sum(r => r.Quantity);
if (10 < reservedSeats + r.Quantity)
```

如果来了新需求，决策当然会更复杂，所以值得定义领域模型[33]。你应该怎么称呼这个类呢？如果你想采纳领域专家使用的通用语言（Ubiquitous Language）[26]，可以叫它 *maître d'*。在正式餐厅中，*maître d'hôtel* 指的是主管就餐区域的领班［管理厨房的人则是“主厨”（*chef de cuisine*）］。

接受预订和分配餐桌是领班的职责。如此听起来，新增 MaitreD[1] 类像是领域驱动设计 [26] 的正常做法。

与前几章不同，这里不展示迭代开发的过程，直接跳到结果。如果你有兴趣看看单元测试和各个小步骤，可以查阅本书对应的 Git 仓库中的提交记录。在示例代码 8.6 和示例代码 8.7 中可以看到我的 MaitreD API。花一点儿时间想一想。现在，你有什么结论？

示例代码 8.6　MaitreD 的构造函数。另外还有一个接受 params 数组的重载实现。
（*Restaurant/62f3a56/Restaurant.RestApi/MaitreD.cs*）

```
public MaitreD(
    TimeOfDay opensAt,
    TimeOfDay lastSeating,
    TimeSpan seatingDuration,
    IEnumerable<Table> tables)
```

示例代码 8.7　MaitreD 上的实例方法 WillAccept 的签名。
（*Restaurant/62f3a56/Restaurant.RestApi/MaitreD.cs*）

```
public bool WillAccept(
    DateTime now,
    IEnumerable<Reservation> existingReservations,
    Reservation candidate)
```

示例代码 8.6 和示例代码 8.7 只列出了公开可见的 API。我隐藏了实现代码，这就是封装的意义。你应该能够在不知道细节的情况下与 MaitreD 对象交互。你能做到吗？

如何创建新的 MaitreD 对象呢？如图 8.5 所示，如果你开始键入 new MaitreD(，只要你输入左括号，IDE 就会显示下一步需要什么。现在需要提供 opensAt、lastSeating、seatingDuration 和 tables 等参数。它们全都是必须提供的，都不能为 null。

1　虽然领域模型的名称是法语原文maître d’，但在写代码时最好只使用ASCII字符，所以对应的类叫作MaitreD。这种情况在各种语言的开发中都存在。——译者注

```
var maitreD = new MaitreD()
▲ 1 of 2 ▼ MaitreD(TimeOfDay openAt, TimeOfDay lastSeating, TimeSpan seatingDuration, params Table[] tables)
```

图 8.5　根据静态类型信息，IDE 提示了构造函数需要的参数。

你能想到这里要做什么吗？你应该给 `openAt` 提供什么？需要的是 `TimeOfDay` 值。它是专门为此创建的自定义类型，我希望自己取的这个名字还不错。如果你想知道如何创建 `TimeOfDay` 实例，可以看看它的公开 API。`lastSeating` 参数也可以照此处理。

你能猜出 `seatingDuration` 参数的意义吗？我希望这个名字也能让人望文生义。

那么，`tables` 这个参数呢？以前从没见过 `Table` 这个类，所以你也应该去阅读该类的 public API。在这个问题上我不继续展开。关键在于，你应当找到分析推理 API 的感觉，而不是依赖我的详细讲解。

你也可以按照同样的办法来分析示例代码 8.7 中的 `WillAccept` 方法。如果你掌握了上面的办法，就应当清楚如何调用这个方法。如果传入了需要的参数，它就会告知你，`candidate` 这个预订请求是否被接受了。

这个办法有什么副作用吗？它有返回值，所以看上去应该是查询操作。根据命令与查询分离的原则，它就不应该有副作用。事实也的确如此。换句话说，你调用这个方法的时候，不必担心其他影响。唯一会发生的事情就是，它消耗了若干 CPU 时钟周期，返回了一个布尔值。

8.2.2　与封装对象交互

面对设计良好的 API，你不必知道实现细节也可以调用它。对 `MaitreD` 对象你能做到吗？

查阅示例代码 8.7 中的方法签名可以知道，`WillAccept` 方法需要 3 个参数。首先你需要一个有效的 `MaitreD` 类实例，然后是一个代表 `now` 的 `DateTime`、一个 `existingReservations` 的 collection，以及一个代表预订记录的 `candidate`。

假设 `ReservationsController` 已经提供了有效的 `MaitreD` 对象，在此就可以像示例代码 8.8 那样直接调用 `WillAccept`，不再需要示例代码 8.5 中的两行业务逻辑代码。尽管整个系统的复杂度增加了，但 Post 方法的规模仍然不大，复杂度仍然很低。所有的新行为都集中在 MaitreD 类中。

示例代码 8.8 直接调用 WillAccept，代替了示例代码 8.5 中的两行业务逻辑代码。
（*Restaurant/62f3a56/Restaurant.RestApi/ReservationsController.cs*）

```
if (!MaitreD.WillAccept(DateTime.Now, reservations, r))
```

ReservationsController 类的 Post 方法使用 DateTime.Now 来提供 now 参数。从注入的 Repository 中，它已经拿到了已有的全部预订记录，以及通过验证的候选预订记录 r（见示例代码 7.6）。条件表达式使用了布尔非（!）操作，所以当 WillAccept 返回 false 时，Post 方法会拒绝这个预订请求。

示例代码 8.8 中的 MaitreD 对象是如何定义的呢？如示例代码 8.9 所示，它是一个只读属性，通过 ReservationsController 的构造函数初始化。

看起来这是构造函数注入 [25]，只不过 MaitreD 做不到多态依赖[1]。为什么我决定这样做呢？对 MaitreD 选择一般的依赖关系是一个好主意吗？这仅仅是一个实现细节，对吗？

示例代码 8.9 ReservationsController 的构造函数。
（*Restaurant/62f3a56/Restaurant.RestApi/ReservationsController.cs*）

```
public ReservationsController(
    IReservationsRepository repository,
    MaitreD maitreD)
{
    Repository = repository;
    MaitreD = maitreD;
}

public IReservationsRepository Repository { get; }
public MaitreD MaitreD { get; }
```

下面来看另一种方法：通过 ReservationsController 的构造函数逐个传递各个配置值，如示例代码 8.10 所示。

1 如果使用常见的setter注入，则会有更高的灵活性。——译者注

示例代码 8.10 ReservationsController 的另一个构造函数，带有 MaitreD 所需的一大堆参数。相比于示例代码 8.9，这似乎不是更好的选择。
（*Restaurant/0bb8068/Restaurant.RestApi/ReservationsController.cs*）

```
public ReservationsController(
    IReservationsRepository repository,
    TimeOfDay opensAt,
    TimeOfDay lastSeating,
    TimeSpan seatingDuration,
    IEnumerable<Table> tables)
{
    Repository = repository;
    MaitreD =
        new MaitreD(opensAt, lastSeating, seatingDuration, tables);
}
```

这个设计有点儿奇怪。诚然，ReservationsController 和 MaitreD 之间不存在简单直接的依赖，不过依赖关系仍然存在。如果你更改 MaitreD 的构造函数，就必须更改 ReservationsController 的构造函数。而示例代码 8.9 中的设计具有较低的维护成本，因为如果你更改了 MaitreD 的构造函数，只需在创建要注入的 MaitreD 对象的地方更改即可。

此更改发生在 Startup 类的 ConfigureServices 方法中，如示例代码 8.11 所示。MaitreD 是不可变的类，一旦创建就不能更改。这个类就是这样设计的。这种无状态服务有众多好处，其中之一是线程安全性，所以它能够以 Singleton lifetime 来注册 [25]。

示例代码 8.11 从应用程序配置中获取餐厅的各种配置，并注册包含这些配置项的 MaitreD 对象。ToMaitreD 方法见示例代码 8.12。
（*Restaurant/62f3a56/Restaurant.RestApi/Startup.cs*）

```
var settings = new Settings.RestaurantSettings();
Configuration.Bind("Restaurant", settings);
services.AddSingleton(settings.ToMaitreD());
```

你可以在示例代码 8.12 中看到 ToMaitreD 方法。OpensAt、LastSeating、SeatingDuration 和 Tables 属性来自一个封装不良的 RestaurantSettings 对象。根据 ASP.NET 配置系统的运行原理，你应该这样来定义配置对象，让它们能由从文件中读到的值填充。从某种意义上说，这类对象类似于数据传输对象 [33]（DTO）。

示例代码 8.12 `ToMaitreD` 方法用从应用程序配置中读取的值创建 `MaitreD` 对象。
（*Restaurant/62f3a56/Restaurant.RestApi/Settings/RestaurantSettings.cs*）

```
internal MaitreD ToMaitreD()
{
    return new MaitreD(
        OpensAt,
        LastSeating,
        SeatingDuration,
        Tables.Select(ts => ts.ToTable()));
}
```

不同于服务运行时以 JSON 文档形式传输的 DTO，如果配置值解析失败，你几乎无计可施。遇到这种情况，应用程序就无法启动。所以，`ToMaitreD` 方法并不检查它传递给 `MaitreD` 构造函数的值。如果这些值无效，构造函数将抛出异常，应用程序会崩溃，服务器上会留下日志记录。

8.2.3 实现细节

不知道所有的实现细节，也可以操作像 `MaitreD` 这样的类，但知道这一点是件好事。不过，有时候你的任务涉及更改某个对象的行为。如果领到了这样的任务，就需要在分形架构中再进一步，你得去阅读源代码。

示例代码 8.13 展示了 `WillAccept` 的实现。它遵循了人性化代码的原则。它的圈复杂度是 5，代码行数是 20，宽度保持在 80 个字符以内，同时激活的对象只有 7 个。

示例代码 8.13 `WillAccept` 方法。
（*Restaurant/62f3a56/Restaurant.RestApi/MaitreD.cs*）

```
public bool WillAccept(
    DateTime now,
    IEnumerable<Reservation> existingReservations,
    Reservation candidate)
{
    if (existingReservations is null)
        throw new ArgumentNullException(nameof(existingReservations));
    if (candidate is null)
```

```
        throw new ArgumentNullException(nameof(candidate));
    if (candidate.At < now)
        return false;
    if (IsOutsideOfOpeningHours(candidate))
        return false;

    var seating = new Seating(SeatingDuration, candidate);
    var relevantReservations =
        existingReservations.Where(seating.Overlaps);
    var availableTables = Allocate(relevantReservations);
    return availableTables.Any(t => t.Fits(candidate.Quantity));
}
```

这不是全部的实现。要想在阅读代码时确保思维不超载，就应该尽量忽略无关紧要的那部分实现细节。请花一点儿时间阅读这段代码，看看你是否理解了它的目的。

你以前从没见过 Seating 类，也不知道 Fits 方法是做什么的。不过，根据阅读代码的具体目的，你应该能判断出下一步该看哪里。如果你需要改变分配餐桌座位的方法，该去哪里查找？如果在座位重叠检测程序中存在一个 bug，接下来又该去哪里查找呢？

你可以去看看之前在示例代码 8.4 中出现过的 Allocate 方法。看到这段代码时，你完全可以忘记 WillAccept 方法。阅读 Allocate 是分形架构中的又一次拉近放大操作。记住，*你看到的，就是一切你认为存在的* [51]。你需要知道的东西，应该就在这段代码中。

Allocate 方法在这方面做得很好。它同时激活的对象有 6 个。除 Tables 这个对象属性之外，所有的对象都在方法中声明和使用。这意味着，你的脑海里不必保留任何会影响该方法的其他背景信息。这个方法跟思维是合拍的。

当然，它仍然把一些实现委托给了其他对象。它对 table 调用了 Reserve，而且这里又出现了 Fits 方法。如果你对 Fits 方法有兴趣，也可以去看看它，见示例代码 8.14。

示例代码 8.14 `Fits` 方法。`Seats` 是只读的 `int` 属性。
（*Restaurant/62f3a56/Restaurant.RestApi/Table.cs*）

```
internal bool Fits(int quantity)
{
    return quantity <= Seats;
}
```

这还远没有达到我们思维能力的极限，但它仍然将两个块（`Seats` 和 `quantity`）合并了。这代表了分形架构中的又一次拉近放大操作。在阅读 `Fits` 的源代码时，你只需要记住 `Seats` 和 `quantity`，而不必关心 `Fits` 方法是如何调用的，就能明白它的工作原理。这也是跟思维合拍的。

我没有展示 `Reserve` 方法，也没展示 `Seating` 类，但它们遵循相同的设计原则。所有的实现都没有超出我们的认知范围，所有的操作都只是查询。如果你对这些实现细节感兴趣，可以查阅本书对应的 Git 仓库。

8.3 结论

我们应当为读代码的人写代码。Martin Fowler 说过：

> "再愚蠢的人都可以写出计算机能理解的代码。但是，人类能理解的代码，只有优秀的程序员才能写出来。" [34]

很明显，代码必须制造出能使用的软件，可是这个要求太低了。这就是 Fowler 说的"计算机能理解的代码"。但是，这个标准还不够高。为了使代码具有可持续性，你必须把它写得能让人类理解。

封装是这种努力的重要部分。封装，意味着设计 API，让实现细节变得无关紧要。回想 Robert C. Martin 对抽象的定义：

> "抽象就是忽略无关紧要的东西，放大本质的东西。" [60]

除非真的需要修改，否则实现细节应该是你不必关心的。因此，在设计 API 时，你应当努力保证能够从外部对其进行分析、推导。本章讲解了几条基本的设计原则，这些原则有助于推动 API 的设计朝着这个方向发展。

第9章 团队合作

我小时候不喜欢团队合作。学校的作业，我自己单独做比跟其他人一起做要快。我会觉得小组里的其他人抢了我的风头，也讨厌在我“明知”自己对的时候还要跟人争论自己的做事方式。

但我认为，我不会喜欢小时候的自己。

回想起来，我可能是自己做主选了现在的这个职业，对社交兴趣一般的人来说，做软件开发看起来前途不错。我猜，在这点上很多程序员都和我一样。

坏消息是，作为软件开发人员，你很少单干。

在软件开发团队中，你需要与其他程序员、产品所有者、管理人员、运营人员、设计人员等一起工作。1.3.4 节中讨论的“真正的”工程师做的跟这差不多，他们也要和团队配合。

作为工程师，你的主要工作之一就是遵循各种流程。在本章中，你将学习对软件工程有益的若干流程。如果这些流程得到应用，你和同事理解起代码来就会更容易。

当然也要警惕：不要混淆流程和结果。流程和 checklist 一样，遵循流程可以提高成功率。然而，对各种流程，最重要的是了解它的根本目的。如果你清楚地知道某个特定流程为什么是有益的，你就知道什么时候应该遵循它，什么时候可以违反它。归根结底，结果才是最重要的。

不过请记住，结果可以是正面的，也可以是负面的。3.1.2 节讨论过，测量某种行为的直接结果是不现实的；因为它们当下可能有明显的正面影响，但 6 个月后只剩负面影响。例如，技术债就会随时间的推移而不断累积。

流程可以被视作追求实际结果的手段（proxy）。它不能保证万事大吉，但确实有帮助。

9.1 Git

如今大多数软件开发组织都使用 Git，而不用 CVS 或 Subversion 之类的其他版本管理系统。虽然 Git 是分布式的，但大家通常还是会以集中式的方法来使用，比如使用 GitHub、Azure DevOps Services、Stash、GitLab 等。

这些服务都有附加功能，如工作项目管理、统计或自动备份。管理者通常认为，这些服务是必需的，却没怎么思考过，真正的源代码控制功能是什么。

同样，我见过的大多数软件开发者都认为，Git 是一种工具，可以将自己的代码与团队其他人的代码融合起来。他们很少考虑的是，自己如何与 Git 互动。

如果以这种方式使用，Git 无非是一种事后记录。可惜机会就这样被浪费了，我们用起 Git 来应当得法。

9.1.1 提交说明

在提交代码时，你应该写一条提交说明（commit message）。对于大多数程序员来说，这是一件麻烦事，应当尽可能省力地应付它。你应该写一点儿东西；尽管 Git 不接受空的提交说明，但糊弄它也很容易。

大家通常会写下提交中的内容，仅此而已。例如，“*FirstName Added*”、“*No empty saga*” 或 “*Handle CustomerUpdated Added*” [1]。可惜，它本来可以有大得多的价值。

1 这些是真实的例子，我只是去掉了作者信息。

想想 8.1.7 节介绍的交流模型。你写下的、留下的任何信息，都是留给未来的自己和同事的。另一方面，我们还应当注重交流，而不是单方面的书面表达。你没必要花太多篇幅描述提交中的变化。这些变化已经直观呈现于提交差异（commit diff）中。

注重交流而不是书面表达。

信不信由你，Git 提交说明有一个标准。它被称为“50/72 规则”，这并不是一份官方标准，而是基于 Git 的使用经验而得出的事实规范 [81]。

- 提交说明应当使用祈使句型[1]，且不超过 50 个字符。
- 如果要写更多内容，请把第 2 行留空。
- 你可以随心所欲地写，但格式化后行宽不要超过 72 个字符。

之所以会有这些规则，是因为 Git 有各种不同功能。假设你想看整个提交列表，可以使用 `git log --oneline` 命令：

```
$ git log --oneline
8fa3e47 (HEAD) Make /reservations URL segment lowercase
fbf74ae Return IDs from database in range query
033388a Return 404 Not Found for non-guid id
0f97b34 Return 404 Not Found for absent reservation
ee3c786 Read existing reservation
62f3a56 Introduce TimeOfDay struct
```

这样就能列出每次提交的摘要，但略过了提交说明的其他内容。即使你不在命令行中使用 Git，别人也可能会。此外，一些让 Git 更容易使用的图形界面，其实仍然是与 Git 的命令行 API 打交道。如果你遵循 50/72 规则，就避免了许多麻烦。

摘要可以用来描述全局的大变更，也可以用来描述分步的小变更。有了它，你就能一览代码库的历史。所以，“提交说明不描述具体做了什么”（不描述提交中的变化）的原则，在这里可以适当放宽。

摘要应当使用祈使句型。这背后并没有什么硬性规定，但它是约定俗成的。多年来，我一直按照 50/72 规则来格式化提交说明，同时我的提交说明的时态都是过去时的，这没有带来任何问题。之所以这样做，是因为我发现用过去时的语句来描述刚完成的工作更自然，而且没有人告诉我应当使用祈使句。不过，一旦

1　即不要主语，以动词开头。——译者注

我知道了应当用祈使句，就忍痛改了过来，不再墨守成规。

通常情况下，祈使句比过去时语句的字符要少。例如，“return”就比“returned”少了两个字母。这样，至少有助于把摘要限制在50个字符以内。

有摘要就足够了，通常情况下，提交应该是细粒度的、能自我说明的。我恰恰就是这样做的。

把文字写对

如果你写的是电子邮件、代码注释、对bug报告的回复、异常消息或提交说明，就不再需要按照编译器或解释器的风格那么生硬地来写。相反我认为，你应该以自然语言来写。

太多的程序员似乎认为，既然它不是代码，那就无所谓；所以在涉及文字时，怎么写都没问题。这里有几个例子。

- “*if we needed it back its on source control. but I doubt its coming back it is a legal issue.*” 这里对标点符号的漠视令人发指。
- “*Thanks Paulo for your incite*！” Paulo提供的不是有益的洞见（insight），而是非法的煽动（incite）？
- “*To menus open at the same time*” to代表two，那么tree或者for是什么？

有些人有阅读障碍，还有些人的母语并不是英语，出现这种情况可以被原谅。但如果你能把文字写对，就请把文字写对。

你是否遇到过这样的情况？试图在电子邮件、问题跟踪系统，甚至在提交的信息中按文本搜索，却找不到“本应该在那里”的东西？在浪费了很多时间之后，你才发现之所以找不到，是因为搜索词拼错了。

除了浪费时间，杂乱的文字也显得不专业，拖慢了读者的阅读速度。它还会给读者一种错觉，认为你的思维和能力有问题。所以不要搞成这样，请好好写这些内容。

在什么情况下，提交说明是能够自我说明的呢？答案是，代码怎样做到自我说明，提交说明也就怎样做到自我说明。所以，提交说明其实不需要巨细靡遗。如果有疑问，可以补充更多的背景信息。

提交差异已经包含了代码的具体变化，而软件的行为完全由代码控制着。所以，没有理由在提交说明中详细复述这些变化。

虽然在其他地方也能找到改了什么和为什么改的答案，但提交说明往往最适合解释为什么要做某项修改，或者为什么要这样修改。下面有一个简单例子：

```
引入 TimeOfDay 结构

这样就能更清楚地看出，MaitreD 源自构造函数的参数。
TimeOfDay 的大部分代码都是 Visual Studio 自动生成的。
```

这条提交说明回答了两个问题：

- 为什么会引入 TimeOfDay 类型？
- 为什么看起来大部分代码没有遵循测试驱动开发的模式？

在本书所对应的代码库中，还可以找到许多其他解答“为什么”的提交说明。

代码背后的逻辑令人无法理解，这可能是软件开发中最常见的问题 [24]，所以必须把它说清楚。

9.1.2 持续集成

持续集成已经在大多数软件开发组织中建立起来了（那些还没有做到的组织除外）。

虽然每个人似乎都“明白”，持续集成是很优秀的软件工程实践，但大多数人把它与拥有持续集成服务器混为一谈。有持续集成服务器当然很好，但拥有它并不等于做到了持续集成。

持续集成是一种实践，是一种工作方式。你要做的正是它字面的意思：你应当持续将自己的代码与同事正在贡献的代码集成起来。

“集成”意味着“合并到一起”，但“持续”不应该照字面的意思来理解。这里的重点是，要经常与其他人共享你的代码。多频繁才好呢？根据经验法则，至少每 4 小时一次。[1]

不少开发者告诉我，Git 之所以伟大，是因为它解决了“合并地狱”（merge hell）的问题。具有讽刺意味的是，它其实根本没有解决这个问题。不过，它确实促成了一种新的工作方式，摆脱了之前集中式版本管理系统的低效协作方式。

合并地狱之所以会出现，根本原因在于，它是在共享资源上完成各种并发处理引起的混乱。数据库事务的问题也是如此。两个以上的客户希望修改同一份共享资源。在版本管理系统中，资源是代码而不是数据库记录，但问题是相同的。

现在有几种方法可以解决这个问题。看看历史就知道，数据库提供了事务作为解决方案。这涉及在资源上加锁的问题。Visual SourceSafe 也是这样工作的。只要你在一个文件中做了任何修改，SourceSafe 就会把这个文件标记为“已签出”（checked out），在它再次被签入（check in）之前，没有人可以编辑它。

有时，大家下班回家而忘了把文件签入。结果，在其他时间段工作的人就没办法对该文件进行任何操作。悲观锁是不能规模化应用的。

如果冲突的可能性不大，那么乐观锁大概是更适合规模化协作的策略 [55]。在开始修改某种资源之前，你需要生成快照[2]，再编辑。当你保存修改时，会把当前状态与快照进行比较，如图 9.1 所示。如果你能判断出该资源在你开始修改之后没有变化，就可以安全地保存自己的改动。

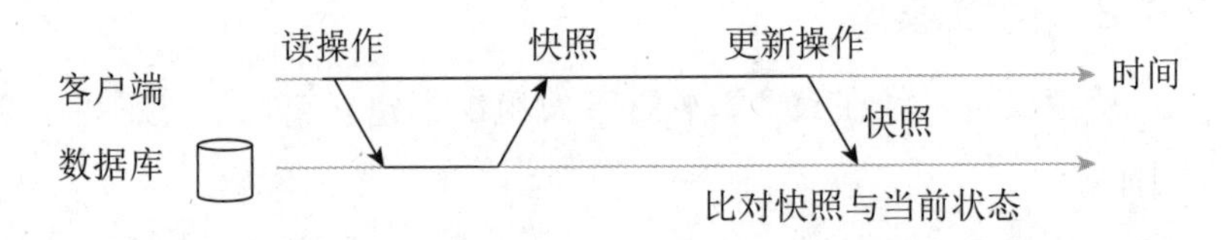

图 9.1　乐观锁。某客户端首先从数据库中读取某个资源的当前版本。在修改这个资源时，它会先保留一份快照副本。如果想更新资源，它也会把快照副本与更新内容一起发回去。数据库会比对快照与资源的当前状态。只有快照与当前状态匹配，才会完成更新。

1　更频繁的集成会有更好的效果。在极限情况下，你可以在每次做完改动并且所有测试都通过的时候执行集成操作。

2　快照也可以是一个hash，或数据库生成的行版本。

即使资源变化了，仍然可以合并这两个变化。如果数据库的某一行变了，其他的列也变了，你仍然可以确认这些改变。如果你正在编辑一份源代码，而你的同事也修改了这份文件的其他部分，你们的修改仍然可能被合并[1]。

但是，如果两个人同时编辑同一行代码，就会发生合并冲突。这种情况怎样避免呢？就像乐观锁一样，你不能保证它永远不会出现，但可以大幅降低它的概率。你编辑代码的时间越短，其他人在同一时间段修改相同部分的可能性就越小。

你可能听说过一种说法，持续集成就是“在主干上干活儿”（running on trunk）。有些人似乎只从字面上理解这句话，所以他们不在 Git 中创建分支，而是在 *master* 上完成所有工作。

如果你这样做了，唯一能证明的就是你根本没理解问题的本质。问题是并发性——而不是你正在工作的 Git 分支的名字。除非你是和所有同事一起做团伙编程[2]，否则总会有这样的风险，即某个同事与你同时编辑同一行代码。

所以，我们应当降低这种风险。改动应该尽可能小，合并应该尽可能多，我建议你至少每 4 小时合并一次。这个数值定得有点儿随意。我选择它是因为，它对应着大约半天的工作时间。在把代码分享给团队的其他成员之前，你不该在某个项目上单干超过半天。否则，你的本地 Git 仓库就会出现冲突，合并地狱就会出现。

如果不能在 4 小时内完成某个功能，就把它藏在功能标识[3]后面，然后大胆地集成代码 [49]。

9.1.3 小步提交

软件开发中有很多因素是变化不定的。有时候你可以在 4 小时内写很多代码，但也有些时候，你半天也写不出一行能跑的代码。试图复现或理解一个 bug 可能得花好几个小时。

学习使用一个不熟悉的 API，可能需要研究好几天。还有些时候，你会发现自己不得不放弃花了几个小时写的代码。所有这些情况，都是正常的。

---

1 不过，不能保证合并后的结果是对的。

2 关于团伙编程的细节，见9.2.2节。

3 更多细节见10.1节。

Git的一个主要好处是它的机动性（manoeuvrability）[1]，依靠它，你可以随便试验，如图9.2所示。试试那些代码，如果行得通，就提交。如果行不通，就回退到之前的版本。最好的情况是，你做了很多小步提交。如果最后一次提交只是很小的一步，则意味着撤销这次提交，只会抛弃你真正想抛弃的那点代码。

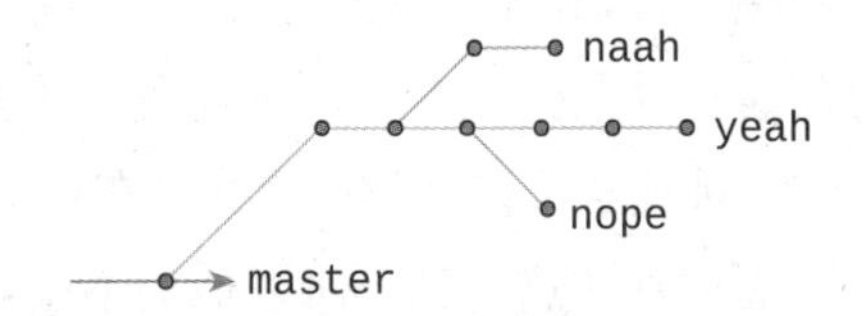

图9.2 如果做了很多小步提交，犯错的成本就很低。你甚至可以提交这些错误，然后把它们打发到旁路分支，以防万一还会用到。看起来yeah分支的前景不错。一旦你在这个分支上到达了某个理想的里程节点，就可以把它合并到master分支。

机动性

环境越不稳定，对突发事件的反应能力就越重要。Git为你提供了战术机动性。

机动性这个概念来自军用航空领域，它反映了飞行器交换动能和势能的速度，能多快获得和放弃动量[74]，以及瞬间转向能力有多强。

问题的关键不是速度，而是转向和加速的能力，在软件开发中这也很有用。

在战术层面上，Git赋予你很强的机动性。也许你正在做某件事，但你意识到自己实际上需要做的是其他事，那么你很容易就可以把已有的进展放在一边，另起炉灶。如果你怀疑某项重构是否能改善代码，就不妨试一试。如果你认为某个变化能带来改进，就提交它；如果没有，就抛弃（reset）它。

1 如果不考虑字词的对应，此处最合适的翻译是“灵活性”而不是“机动性”，因为使用Git不需要“机动”。但是下文提到了飞行器，在提到飞行器时，manoeuvrability被约定俗成地翻译为“机动性”，所以我将此处翻译为“机动性”。——译者注

> 这不仅仅是版本管理系统，也是战术上的优势[a]。
>
> a 也许更好的做法是创建一个新分支。你不需要与任何人分享这个分支，它只是留在你的本地计算机上。今天看起来没用的东西，也许将来会很有用呢。不出意外的话，如果将来有人提出和你相同的重构建议，你就可以随时拿给他们看："我试过了，结果是这样的。"

Git 是一个分布式版本管理系统。在你与其他人或系统分享自己的变更之前，提交的内容只存在于本地计算机上。也就是说，在推送到服务器之前，你可以随意编辑本地的提交历史。

在推送前编辑本地 Git 分支的能力让我感觉很顺手。这并不是说，我认为必须掩饰自己的错误，或者显示自己能未卜先知，而是因为，这样我就可以自由试验，同时还能留下连贯的提交记录。

如果你采用粗粒度提交，就不可能轻易操纵代码的历史。你可能会后悔自己的某些变更，然而，如果这些变更与其他不相关的变更都收录在同一个规模巨大的提交中，你就不能轻松地准确撤回自己想撤回的变更了，如图 9.3 所示。

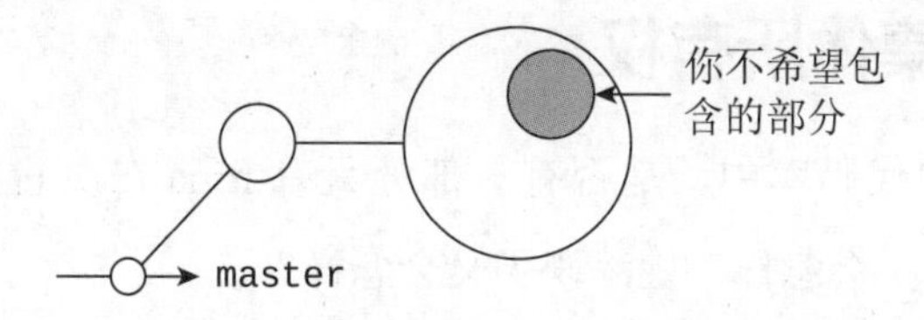

图 9.3　在粗粒度提交之后，很难只撤销其中的某个部分。你想撤销的代码确实在那个提交当中，但它只是整个"死星提交"[1] 中的一部分，这个提交中还包含着其他你希望保留的代码。

你的提交历史应该是一系列能运行的软件的快照，不应当提交不能运行的代码。同时，每次代码构建成功之后，就应当提交。所以，请务必坚持小步提交 [78]。

- 重命名一个符号；做提交
- 提取一个方法；做提交

1　死星提交（Death Star commit）的名字从《星球大战》中的"死星"引申而来。在《星球大战》中，死星是银河帝国花费大量资源制造的终极武器，体积巨大、浑然一体、战斗力极强。这里用它来比喻某个苦心孤诣、希望"毕其功于一役"的提交。——译者注

- 把一个方法改成内联；做提交
- 添加一个测试并使其通过；做提交
- 添加一个保护语句；做提交
- 修正代码的格式化方式；做提交
- 添加注释；做提交
- 删除多余的代码；做提交
- 修正一个错别字；做提交

在实践中，你不可能做到所有的提交都很小。本书所对应的 Git 仓库示例中有很多小步提交的例子，但你也能发现偶尔会有较大规模的提交。

小步提交越多，改变主意就越容易。

工作几小时后，有很多东西你可能已经尝试了，然后放弃了。最后剩下的可能是只有少数几个小的、没问题的提交。这时候应当清理本地分支，将它与 *master* 分支合并。

9.2 代码的集体所有权

在你的代码库中，是否有一部分只有 Irina 在负责？如果她去度假会发生什么？她生病了会怎样？她辞职了又会怎样？

代码所有权有很多种形式，但如果代码库的一部分只被某个人"把持"（own），你就很容易受团队人员变化的影响。每个把持的人都会成为一个关键资源，也就是一个单点故障，重构也会更加困难。如果某个方法被一名开发者把持，调用该方法的代码被另一名程序员把持，那么重命名这个方法就很麻烦 [30]。

团队通过代码协作之后，巴士系数[1]变大了。理想情况下，代码库中不应该存在只有一个人敢动手的地方。

1 bus factor（巴士系数）：也有人将其翻译为"巴士因子"，字面的意思是"被巴士撞到的人数"，用来指代团队因为没有共享信息或者职能而面临的风险。——译者注

巴士系数

需要有多少团队成员被巴士撞到，开发才会停止？

你当然希望这个数字越大越好。如果是1，就意味着只要有一个成员无法工作，整个开发就会陷入困境。

有些人不喜欢这个术语的灰暗色彩，他们更喜欢问：如果 Vera 中了彩票并离职，这个团队还能继续工作吗？这个概念也因此被命名为彩票系数（lottery factor），但其本质是一样的。

不管你选择哪种说法，重点都是要提高对环境变化的感知。团队成员当然会不断变化。除了中奖，或被巴士撞到，人们还会被重新分配工作，或是因为各种原因辞职。

问题的关键不是要去测量任何系数，而是要组织工作，消除不可或缺的角色。

如果团队拥有不止一个程序员，大家就会选择各自的专业化方向。一些开发人员喜欢开发用户界面，而另一些人则在后端开发中大显身手。代码的集体所有权并不禁止专业化，但它更偏爱存在部分责任重叠的组织方式，如图 9.4 所示。

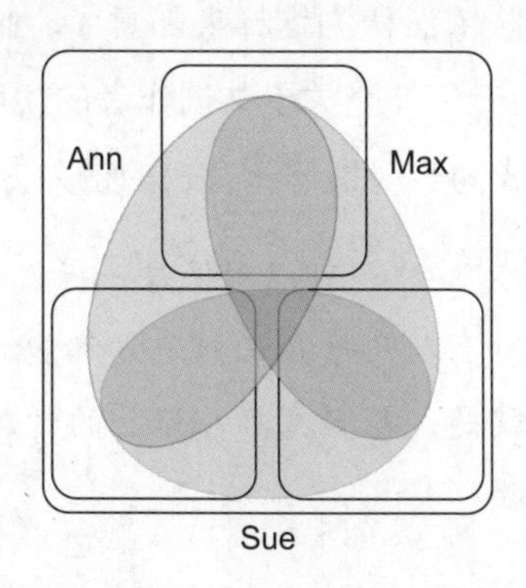

图 9.4 三名开发人员（Ann、Max 和 Sue）在同一个代码库上工作。Ann 更偏爱开发左侧和上方的模块（例如，HTTP API 和领域模型）。Max 喜欢顶部和右侧的模块，而 Sue 最喜欢底部的两个模块。在整个代码库中，所有人都有与其他人共享的部分。

如果可能，我会尽量避免开发用户界面；但如果团队中负责用户界面的程序员只有一个人，那么我也应该对代码库的这一部分负起责来。如果处理用户界面的不止一个人，我就认为一切正常，因此我就能够专注于更符合自己兴趣的部分。

第 3 章已经论证过，说一千道一万，真正要紧的还是代码。所以，代码的集体所有权意味着你必须不断对下面的问题给出肯定的答案：

对任何一部分代码，团队中是否有一个以上的人能够自如处理？

换句话说，对代码库中新出现的改动，至少有两名在职的维护者能审批。

要做到这一点，正式或非正式的办法都行，比如结对编程和 code review（代码审查）。关键是，修改任何代码都不能只有一个人说了算。

9.2.1 结对编程

所谓结对编程 [5]，是指两名软件开发人员在同一问题上实时协作的工作方式。结对编程有几种形式 [12]，但它们有一个共同点，即这是一种实时的协作方式。

结对编程包括持续的、随时的 code review[12]。结对工作产生的代码，代表着双方对实现细节的意见一致。由此产生的提交已经包含了至少让两人满意的代码。只要变更需要对方审批确认，整个开发过程的严谨就有保障。

我见过一些团队依然认为这样太随意了。他们写提交说明时，或者将变更合并到 `master` 时，会专门补充关于共同作者的说明（这完全取决于他们自己）。

结对编程可以成为实现集体所有权的得力方法。

> “持续的结对编程，可以确保每一行代码至少被两个人接触过或看到过。团队中的所有人几乎在任何地方都能放心修改代码的机会也因此得以提升。结果就是，与只有单人维护的情况相比，这样得来的代码库具有更强的一致性。
>
> “单纯的结对编程并不能保证带来代码的集体所有权。所以，应当保持轮换，结对人员要轮换，编写的代码也要轮换，以此防止出现知识孤岛。” [12]

如果选择结对编程，似乎随之而来的就是实时的 code review 和非正式的审批流程。这种审查方式的延迟很低。因为已经有两名团队成员在处理代码，变更就不必等待其他人事后再批准了。

即便如此，也不是每个人都喜欢结对编程。作为典型的内向性格 [16]，我个人觉得它很折磨人，也没有留下什么深入思考的空间，况且还需要在日程表上做同步。

我并不主张所有团队都要选择结对编程，但以上好处很难被反驳[1]。不过，时时刻刻都进行结对编程是不现实的，也是不可取的 [12]。你可以将结对编程与本章的其他办法组合起来，在你所在的组织中因地制宜。

9.2.2 团伙编程

如果两名程序员一起解决同一个问题是好办法，那么三名开发人员一起工作必然是更好的。那么四个人呢？五个人呢？

如果你能抢占一间会议室或其他空间，让一群人协作写代码，就可以搞团伙编程（mob programming）[2]。

要说服管理层（甚至是你的同事）相信结对编程有用，已经很困难了。大家的第一反应是，两个人共同面对同一个问题，那么生产力只有他们分别面对两个独立问题时的一半。所以，如果要让持反对意见的人相信，3 个人或更多的人在同一个问题上工作并不会降低生产力，就更难了。

我希望，既然整本书你都已经看到了这里，当然会相信生产力与敲键盘的速度没有关系。

就人数来说，可能超过某个规模，收益就会递减。假设组织 50 个人进行团伙编程，那么大多数人都没有什么贡献；或者换句话说，如果你需要达成团体共识，那么大家什么也做不了。

不过，对于小团体来说，人数与生产力的比例似乎存在一个极值。

我不会默认采用团伙编程，但我发现它在某些情况下很有用。

作为编程教练，我已经靠它取得了巨大成功。在一次活动中，我每周花 2 ～ 3

1 也有些证据表明这是一种高效的工作方式[116]。

2 我不喜欢“团伙编程”这个词，因为对我来说，团伙不过是没有思想的群体。集体编程（ensemble programming）[84]可能是一个更好的术语。

天时间和其他几名程序员一起，帮助他们在自己的生产代码中实践测试驱动开发的做法。几个月后我去度假了，此时那些程序员仍在进行测试驱动开发。团伙编程非常有益于知识传递。

因为它涉及多个人在多处代码更改上的协作，所以，就像结对编程一样，你可以收获团伙编程所带来的在审查与核准方面的全部好处。

如果有可能，试试团伙编程。如果你喜欢它，就坚持下去。

9.2.3 code review 的延迟

Laurent Bossavit 证明了，软件开发中的大多数“常识”都是神话而不是现实 [13]。只有少数实践有看得见摸得着的成效，code review 就是这样一种做法 [20]。

code review 是暴露代码缺陷的最有效的方法之一 [65]，但大多数组织并不使用它们。常见的原因是，大家觉得它拖慢了开发速度。

的确，code review 会拖慢开发过程。但是也不能因此认定，如果大多数 bug 要拖到很晚才被发现，开发的效率反而更高。

在我帮助过的大多数组织中，单项工作（其通常被称为“功能”）都由单一开发人员负责。对应的程序员宣布工作完成后，就不会有进一步的审核。

不同的组织对“完成”有不同的定义。有些人采用“完全完成”（done done），它表明只有当功能开发完成，并能在生产系统中正常使用时，工作才算完成。

在 3.1.2 节中我们已经了解到，如果只盯着眼前要交付的“价值”，可能会忽略某种风险，即将某个危险、不稳定、错误的功能推向生产系统。

图 9.5 说明了这样一种情况：你宣布某功能已经完成。之后出现了一个缺陷，而当时你正在做其他事情。修复这个 bug 并不在计划内。你的团队可能会决定去补救，但由于这是计划外的工作，你的资源会变得紧张。要么加班加点，要么其他功能受影响而不能按时交付。

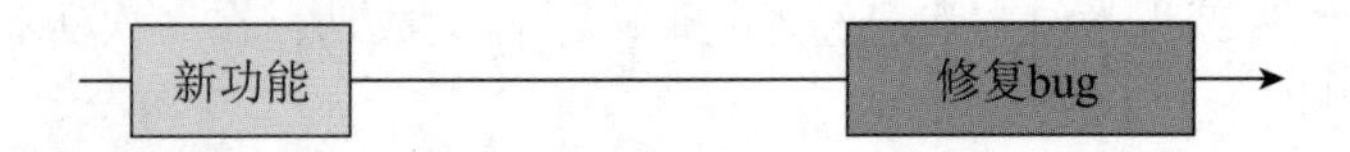

图 9.5　许多组织都不做 code review（代码审查）。开发人员宣布一个功能完成后，可能过了很久才发现一个 bug。结果就是，修复这个 bug 成了计划外的工作。

错过了最后期限，就会催生紧绷模式：长时间地工作和周末加班，以及四处救火地奔波。永远没有时间把事情做“对”，因为永远有新的意外问题需要处理。这是恶性循环。

有了 code review，你就可以在宣布工作完成之前有效地发现问题。预防缺陷已经成为工作流程的一部分，而不是问题的一部分。

图 9.6 展示了常见开发方法的问题。开发者提交了一份工作成果供 review（审查），但是 review 要很久以后才会真正开始。

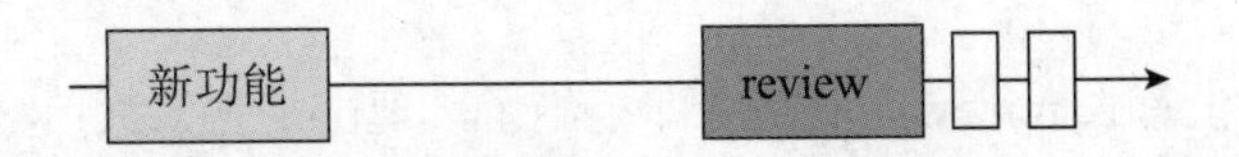

图 9.6　如何搞砸 code review：在功能完成之后，隔了很久才做 review。（review 右侧的小方框表示基于初始 review 的改进，以及对改进的后续 review）。

图 9.7 展示了显而易见的解决办法。缩短等待时间，让 code review 成为组织日常工作的一部分。

图 9.7　缩短功能完成和 code review 之间的等待时间。review 通常会激发若干改进，这些改进也对应着更简单的 review。这些活动由 review 右侧的小方框表示。

大多数人都有自己的工作惯例，应该让 code review 成为惯例的一部分。你可以把它作为个人安排，也可以按某个固定日程组织团队。许多团队都有每日立会。定期发生的事件就像锚点，每天的工作都以它为轴心。此外，午餐时段往往是工作中一个自然的休息点。

所以，要做 code review，不妨考虑每天早上留出半小时，以及午餐后再留出半小时[1]。

请记住，你应该只做小规模的变更，它代表不到半天的工作量。如果你这样做了，而且所有的团队成员每天两次 review 这些小规模变更，那么 review 的最长

1　也可以使用午餐前的半小时，以及下班前的半小时，但这样的安排很可能被忽略，因为那时候你多半正在忙其他事情。

等待时间大约是 4 小时。

9.2.4　拒绝某个变更集

我曾经帮助某个开发组织转型，从开发人员各自为战，几乎没有合作，转型到建立代码的集体所有权。我教给他们的一个办法是，步子要小。

不久，我收到了一个远程开发者的 pull request，在那之前已经有几个星期没有他的消息了。那个 pull request 很大。超过 50 个文件，几千行代码，都需要 review。

我没有去 review，而是立即拒绝了，理由是它太大[1]。然后我和整个团队共同工作，告诉大家如何做小规模变更。从那之后，我再也没有收到过那么大的 pull request 了。

每次做 code review 的时候，“通不过”也是一种正式的答复。如果做 code review 只是走过场，它就毫无价值。

我经常看到有人提交一个大变更集并要求进行 review，这种大变更集代表了几天（或几周）的工作。review 一个大变更集需要很长时间 [78]。这样的 review 往往要好些天，因为提交代码的人会在数不清的细节上跟你纠缠。

或者你也可以服软，接受这个变更集，因为你还有其他工作要做。

请不要这样做，请对大变更集说“不”。

如果一个变更集对应着好几天的工作成果，做 review 的人通常不好意思拒绝。这种现象很常见，它叫作沉没成本谬论（sunk cost fallacy）[51]。没错，你的同事已经花了很多时间来更新代码，但是如果你认为自己必须浪费更多的时间来维护这个蹩脚的设计，该如何选择就显而易见了。你应该减少自己的损失，同事浪费的时间已经沉没了，没必要继续在结构糟糕的代码上浪费时间。

几天或几周的工作成果被拒绝是很难受的。几小时的工作成果被拒则更容易被接受。所以，变更集应当足够小，只代表半天的工作。

另外，如果 code review 超过 1 小时，那么它的效率一定有问题 [20]。

1　我这样做得到了管理层的支持。有时，顾问有特权做普通员工不能做的事情。这确实不公平，但事实就是如此。

9.2.5 code review

关于 code review，要回答的最基础的问题是：

> 我能维护这个东西吗？

真正的问题就是这个[1]。我想，你可以假设，代码的作者很乐意维护他自己的代码。如果你也准备维护它，那么你们就有两个人了，你们在做的是创造代码的集体所有权。

你应该在 code review 中寻找什么？

最重要的标准是代码是否可读。它是否跟你的思维合拍？

请记住，文档（如果存在的话）通常是过时的，注释可能是有误导性的，这类问题总会出现。归根结底，你唯一可以信任的劳动成果就是代码。等你要去维护它的时候，可能已经联系不到作者了。

有些人坐在一起做 code review，写代码的人引导做 review 的人看各项修改，这样不好，原因在于：

- 做 review 的人无法判断代码本身是否可读。
- 代码的作者可能讲得太快，做 review 的人忽略了有问题的做法。

在做 code review 时，应该由做 review 的人按照他自己的速度来阅读代码。原作者只是写了代码而已，他没有资格去评价代码是否可读，所以他不应该积极参与阅读代码。

虽然拒绝某个变更集也是一种正式答复，但作为一个做 review 的人，你的工作不是去贬低原作者，也不是证明自己高人一等，而是要就如何继续前进达成共识。

挑剔细节通常没什么用，所以你不必太纠结代码格式或变量名[2]。你应当考虑的是，代码是否跟你的思维合拍。方法是否太长，或太复杂？

---

1 为了公平起见，你不应该忘记一个更重要也更基本的问题：这个变更是否真的解决了一个问题？有时，你误解了任务，我就做过这种事。我们都会犯这样的错。在做code review的时候，应当把这个问题记在心里。它可以成为拒绝变更集的一个原因，但我不认为它是做code review时的主要关注点。

2 将来总有时间格式化代码，或者修正变量名称中的错误。只要修正起来并不影响正常使用，就不要让它拖累review。另一方面，应该解决掉对外公布的API中的拼写错误，因为修复它们会影响正常使用。

Cory House 提出了一些需要注意的地方 [47]。

- 代码是否按预期工作？
- 意图是否清晰？
- 是否有不必要的重复？
- 已有的代码可以解决这个问题吗？
- 还能再简单一点儿吗？
- 测试是否全面而清晰？

以上列出的并非全部要关注的点，但它让你知道，在做 review 的时候要看什么。

code review 的结果通常不是只有“接受”或“拒绝”的简单决定。相反，code review 会产生一系列建议，原作者和做 review 的人可以基于此展开对话。虽然作者不应该参与阅读代码，但如果大家合作愉快，那么后面的步骤就会加快。

双方通常会就某些改进达成一致。原作者回去完成这些改进，并将提交新的修改供再次 review，如图 9.7 所示。这是一个重复迭代的过程。之后的 review 往往会更快。很快大家就达成了共识，合并了这些修改。

团队的所有成员都应该是作者，也都应该 review 其他成员的代码。能做 review 既不是特权，也不是少数人的负担。

这不仅能巩固代码的集体所有权，还能鼓励大家以文明得体的方式进行 review。

9.2.6 pull request

GitHub、Azure DevOps Services 等在线 Git 服务支持 *GitHub flow*[1]，这是一个轻量级的团队协作流程，你在本地机器上创建分支，但使用集中的服务来处理合并。

如果你想把一个分支合并到 `master` 上，可以创建一个 *pull request*。它的意思是，你请求将自己的修改与 `master` 合并。

在许多团队里，通常你自己就有足够的权限来完成合并。不过还是应该制定一条团队规范，即这些修改必须由其他人来做 review（审查）和签字确认。这只

1 请不要与 *Git flow* 混淆。

是执行 code review 的另一种方式。

在创建 pull request 时，请记住使用 Git 的规则，具体如下所示 [91]。

- 每个 pull request 均要尽可能小，比你想象的还要小。
- 每个 pull request 均只做一件事。如果你想做好几件事，把它们拆分成多个 pull request。
- 避免重新格式化代码，为格式化代码创建专门的 pull request。
- 确保代码能构建成功。
- 确保所有测试通过。
- 增加新行为的测试。
- 编写适当的提交说明。

如果要对 pull request 做 *review*，那么所有关于 code review 的规则也同样适用。此外，GitHub flow 是异步工作流，所以你通常会靠文字来完成交流。请记住，打字交流很容易忽略掉语气和意图。你可能对某个特定的措辞没有恶意，但收件人阅读它的时候可能很受伤。所以要特别注意礼貌，可以使用表情符号来表示你的友好态度。

作为一个做 review 的人，你应当花时间把 review 做对。请记住，如果 pull request 太大，最好是拒绝它[1]，而不是走过场批准它。

如果你决定去做 review，请与作者共同做出改进。不要只是指出你不喜欢的东西，而要提供具体的替代方案。如果看到你欣赏的部分，记得要表达赞赏之情。做 review 的时候请不要只是指指点点，你应当把代码拉下后，到本地运行 [113]。

9.3 结论

团队里的每个人都有自己的强项。你更喜欢待在代码库中让自己最舒服的那个部分，这很自然。如果每个人都这样做，可能会产生一种“这块地盘归我管”

1 初学者经常提交巨型pull request，因为他们不知道如何将工作分成小块。要想写出“与思维合拍的代码”，必须解决这个问题，可惜并非每个人都从第一天起就知道该如何做。请帮助你的同事解决这个问题。

的错觉。这不是坏事，只要它仍然是*弱所有权*就行 [30]。所谓“弱所有权”，指的是每段代码有一位“天然”的所有者或主要开发者，但每个人都有权修改。

要确立代码的集体所有权，你应该要求，代码库的每一点变更都至少由两个人负责。可以采用非正式的方式，即结对编程或团伙编程；也可以采用正式的方式，即 code review。

通过 1.3.4 节的讨论可知，“真正的”工程师是团队作战的，他们为彼此的工作背书 [40]。在软件开发中，有一双以上的眼睛盯着所有的事情，是在软件开发中你可以采用的，最类似工程实践的做法之一。

第2部分　由快到稳

II

本书第 1 部分的主题是由慢到快。它以一个示范代码库为核心，展示了从零（什么代码也没有）迅速推进到一项可部署的功能。

一旦某项功能部署完毕，你就有了一个能使用的系统。不过单个功能是远远不够的，你还需要更多的功能。在这个过程中你会发现，虽然自己尽了最大努力，软件仍有 bug。

刚把速度从零开始提上来，就卡了壳，这可不好玩。一旦达到了某个速度，你就会想保持住这个速度。

第 2 部分的重点是保持稳定的巡航速度。如何给现有的代码库添加新功能？如何排除故障？如何处理跨领域的问题？如何看待性能？

第 2 部分讨论了这些话题，其重点在于充实原有代码。这些例子源于相同的代码库，只不过出自更多的提交记录。

如果你想在 Git 仓库中跟随我的脚步，我会坦诚相见，也就是说没有过度美化。我并没有试图掩盖自己的错误，所以你可能会看到一些对先前提交的撤回操作，诸如此类。

只要我认为某个提交包含了需要强调的信息，就会把提交说明写得很详细。如果你愿意，完全可以把提交日志当成故事梗概，它们值得作为某种形式的附录来阅读。

第10章 新增代码

专业软件开发的现实是，你大部分时间都在跟原有代码打交道。前几章详细讲解了新建代码库的过程，以及如何最高效地从一无所有快速推进到可运行的系统。从零开始开发自有其挑战，但不同于修改原有代码库时所遇到的常见问题。

跟原有代码打交道时，你主要是在编辑生产代码。即使你选择测试驱动开发，也要花大量的时间新增测试（虽然任务是修改原有业务代码）。

修改原有代码的结构而保持其行为不变，这个过程被称为重构。已经有多种资料 [34][53][27] 涵盖了这方面的内容，所以我不打算在这里简单重复。相反，我将集中讲解如何在代码库中添加新功能。

简单来说，我愿意把新增代码的情况粗分为三类。

- 新增功能
- 改善原有功能
- 修复 bug

本章涵盖前两种情况，修复 bug 将在第 12 章中讲解。从多方面来看，新增功能都是最容易的，所以我们从这里开始。

10.1 功能标识

如果任务是增加一个全新的功能，那么你写的大部分代码都会是新代码。它们是代码库的新成员，而不是原有代码的新补丁。

也许你可以利用原有的基础设施，也许添加新功能的前提是修改原有代码，不过大多数情况下，添加新功能是没有历史包袱的。你可能遇到的最大挑战[1]是坚持使用持续集成。

9.1.2 节中曾提到过一条经验法则，你应该每天把自己的代码与 *master* 分支合并至少两次。换句话说，你可以在某个任务上独立工作最多 4 小时，然后就要合并。可是，如果你不能在 4 小时内完成整个功能呢？

大多数人不喜欢把未完成的功能合并到 *master* 分支中，当他们所在的团队也实行持续部署（Continuous Deployment）时，就更是如此。因为这意味着不完整的功能会被部署到生产系统中，这么做显然不好。

解决办法是，把功能本身和其实现代码分隔开来。即便在实现还没有完成的时候，你仍然可以将“不完整的代码”部署到生产系统中，只不过需要把功能隐藏在功能标识（feature flag）之后 [49]。

10.1.1 日历标识

这个例子仍然来自餐厅代码库。完成了预订功能之后，我想给系统添加一项日历功能。它能让客户浏览某月或某天的预订情况，查看当时还有多少空座位。用户界面上也可以基于它的数据来显示具体某天是否有额外预订开放，诸如此类。

日历功能写起来不简单。你需要提供的功能包括按月查看，显示特定时间段的最大剩余座位数，等等。你不太可能在 4 小时内完成所有这些工作；我就做不到[2]。

1　当然，也可能这个功能本身就很难实现。

2　如果你愿意检查示例代码库，可以比较开始和结束这项工作的提交记录。这两次提交间隔了近两个月！好吧，在这之间有许多其他事项，我花了 4 周过暑假，还为付费客户做了一些其他工作，等等。不过，粗略估计，整个工作可能仍然需要一到两周的时间来完成。它绝对不是在 4 小时内完成的！

在这项工作开始之前，REST API 的“home”资源会返回示例代码 10.1 中 JSON 格式的响应。

示例代码 10.1 与 REST API 的“home”资源的 HTTP 交互样本。如果对“索引”（index）页面 / 执行 `GET` 操作，会收到 JSON 格式的数组。从 URL 的 `localhost` 可以看出，响应来自我自己的开发机。向已部署的系统请求资源时，URL 会标识对应的主机名。

```
GET / HTTP/1.1

HTTP/1.1 200 OK
Content-Type: application/json
{
  "links": [
    {
      "rel": "urn:reservations",
      "href": "http://localhost:53568/reservations"
    }
  ]
}
```

这个系统是一个真正的 RESTful API，使用超媒体控制（即链接）[2]，而不是 OpenAPI（比如，Swagger）之类。希望提交预订请求的客户会请求 API 的唯一记录的 URL（“home”资源），并寻找关系类型为“`urn:reservations`”的链接。客户端此时还不清楚真正的 URL。

开始研究日历功能之前，示例代码 10.2 能返回示例代码 10.1 那样的响应。

示例代码 10.2 负责生成示例代码 10.1 中响应的代码。`CreateReservationsLink` 是一个 `private` 的辅助方法。
（*Restaurant/b6fcfb5/Restaurant.RestApi/HomeController.cs*）

```
public IActionResult Get()
{
    return Ok(new HomeDto { Links = new[]
    {
        CreateReservationsLink()
    } });
}
```

研究日历功能之后，我很快意识到这需要花费超过 4 小时的时间，所以我引入了一个功能标识[49]，依靠它，我就能写出示例代码10.3那样的 `Get` 方法。

示例代码10.3　生成隐藏在功能标识后面的日历链接。默认情况下，`enableCalendar` 被设置为 `false`，所以输出与示例代码10.1相同。与示例代码10.2中的代码相比，着重标识的那几行代码实现了新功能。
（*Restaurant/cbfa7b8/Restaurant.RestApi/HomeController.cs*）

```
public IActionResult Get()
{
    var links = new List<LinkDto>();
    links.Add(CreateReservationsLink());
    if (enableCalendar)
    {
        links.Add(CreateYearLink());
        links.Add(CreateMonthLink());
        links.Add(CreateDayLink());
    }
    return Ok(new HomeDto { Links = links.ToArray() });
}
```

变量 `enableCalendar` 是一个布尔值（标识），它最终来源于一个配置文件。在示例代码10.3的上下文中，它是通过控制器（Controller）的构造函数提供的一个类字段，如示例代码10.4所示。

`CalendarFlag` 类只是对布尔值的包装。从理论上说这纯属多此一举，但技术规范又要求我们不得不这么做：ASP.NET 内置的依赖注入容器负责解决类与其依赖项的组合问题，它无法将一个值类型（value type）[1] 视为一种依赖关系。为了绕过这个问题，我引入了 `CalendarFlag` 包装类[2]。

1　在C#中，它被称为“结构”（`struct`）。

2　我可以接受这个变通方法，因为我知道这只是权宜之计。功能完全实现之后，你就可以删除这个功能标识。为原始依赖关系引入包装类的另一个选择是，完全放弃内置的依赖注入容器。如果必须常年维护同一个代码库，那么我更愿意这样做，虽然我承认这自有其优势和劣势。这个问题此处不争论，但你可以在Steven van Deursen和我写作的*Dependency Injection Principles, Practices, and Patterns*中读到如何在ASP.NET中这样做[25]。

示例代码 10.4 HomeController 构造函数接收的是一个功能标识。
（*Restaurant/cbfa7b8/Restaurant.RestApi/HomeController.cs*）

```
private readonly bool enableCalendar;

public HomeController(CalendarFlag calendarFlag)
{
    if (calendarFlag is null)
        throw new ArgumentNullException(nameof(calendarFlag));

    enableCalendar = calendarFlag.Enabled;
}
```

在系统启动时，会从其配置系统中读取各种值，并使用这些值来配置适当的服务。示例代码 10.5 展示了如何读取 `EnableCalendar` 的值并配置 `CalendarFlag`“服务”。

示例代码 10.5 根据配置值设定功能标识。
（*Restaurant/cbfa7b8/Restaurant.RestApi/Startup.cs*）

```
var calendarEnabled = new CalendarFlag(
    Configuration.GetValue<bool>("EnableCalendar"));
services.AddSingleton(calendarEnabled);
```

如果没有设置 `"EnableCalendar"` 的值，那么 `GetValue` 方法返回默认值，.NET 中的布尔值默认就是 `false`。所以，我干脆不提供这项配置；也就是说，我可以在不暴露这个功能的情况下，继续合并代码并部署到生产环境中。

不过在自动化集成测试中，我覆盖了这项配置，开启了这个功能，如示例代码 10.6 所示。这意味着，我仍然可以使用集成测试来驱动新功能的行为。

示例代码 10.6 为测试重写了功能标识的配置。相比于示例代码 4.22，这里新增的代码被着重标识。
（*Restaurant/cbfa7b8/Restaurant.RestApi.Tests/RestaurantApiFactory.cs*）

```
protected override void ConfigureWebHost(IWebHostBuilder builder)
{
    if (builder is null)
        throw new ArgumentNullException(nameof(builder));

    builder.ConfigureServices(services =>
```

```
    {
        services.RemoveAll<IReservationsRepository>();
        services.AddSingleton<IReservationsRepository>(
            new FakeDatabase());

        services.RemoveAll<CalendarFlag>();
        services.AddSingleton(new CalendarFlag(true));
    });
}
```

此外，如果我想通过与新的日历功能进行特定交互来做些尝试性的测试，也可以在本地配置文件中将 "EnableCalendar" 标识为 true，这样它就会激活生效。

在几周的工作之后，如果我终于能够完成这个功能并在生产环境中启用它，就删除 CalendarFlag 类。这样所有依赖该标识的条件代码不再能成功编译。在那之后，基本上就是依靠编译器 [27] 来优化所有使用该标识的地方了。删除代码总让人开心，因为这意味着要维护的代码更少了。

现在“home”资源返回的结果如示例代码 10.7 所示。

示例代码 10.7 与 REST API 的“home”资源的 HTTP 交互样本，现在新增了日历链接。请与示例代码 10.1 进行比较。

```
GET / HTTP/1.1

HTTP/1.1 200 OK
Content-Type: application/json
{
  "links": [
    {
      "rel": "urn:reservations",
      "href": "http://localhost:53568/reservations"
    },
    {
      "rel": "urn:year",
      "href": "http://localhost:53568/calendar/2020"
    },
    {
      "rel": "urn:month",
      "href": "http://localhost:53568/calendar/2020/10"
    },
    {
      "rel": "urn:day",
      "href": "http://localhost:53568/calendar/2020/10/20"
    }
  ]
}
```

在这个例子中，你看到了如何使用功能标识来隐藏某个功能，直到它彻底实现。这个例子是基于 REST API 的，在其中很容易隐藏未完成的行为：只要不把新功能作为链接展示出来就行了。在其他类型的应用程序中，你也可以用该标识完成其他任务，比如隐藏用户界面上的某个元素。

10.2 绞杀榕模式

要新增功能，往往可以通过在现有代码库中新增代码来实现。不过，改善原有的功能是另一回事。

我曾经主导过一次“为加深理解而做的重构”[26]。我和同事发现，要实现某个新功能，关键在于修改已有代码库中的一个基础类。

虽然发现这一点时往往为时已晚，但我们确实想这么做，而且经理也同意了。

然而过了一周，代码仍然无法编译。

我希望自己可以修改相关的类，然后依靠编译器 [27] 来识别需要修改的调用。问题是编译错误太多了，靠简单的搜索和替换修复不完。

最后，经理把我拉到一边，告诉我，他对这种情况并不满意，而我只能表示赞同。

在简单批评几句之后，他允许我继续工作，又经过几天的英勇奋战[1]，任务终于完成了。

这种失败的经历我再也不想要了。

Kent Beck 说过：

> “对于想要做的每一点改变，都应当先让改变变得简单（警告：这可能很困难），然后再执行简单的改变。”[6]

我确实尝试过让改变变得简单，但没意识到这有多难。当然，它未必真的有那么难。你只需要遵循一条简单的经验法则：

对于任何重大变化，不要在原地进行，而要平行推进。

1 说白了，逞英雄的做法是违背工程规范的。它太难以预料了，还会让你在沉没成本的困境中越陷越深。请努力避免这样做。

这也被称为“绞杀榕模式”（Strangler Pattern）[35]。尽管它的名字与暴力犯罪无关，但它得名自绞杀榕，这种藤蔓生长在“宿主”树的周围，年复一年地通过抢夺阳光和水分来扼杀“宿主”树。最后，藤蔓已经长得足够强壮，可以支撑自己了。如图 10.1 所示，右边是一棵已经枯萎的“宿主”树和已经可以独立生长的绞杀榕。

图 10.1　绞杀榕生长的各个阶段。左边是原来的树（“宿主”树），中间是已经被绞杀榕包裹的“宿主”树，右边只剩下了绞杀榕还活着。

这个模式最早是 Martin Fowler 在大规模架构的背景下描述的，当时他视其为以新系统逐步取代遗留系统的方法。我发现，它几乎适用于任何规模的问题。

在面向对象的编程中，你可以在方法和类的层面上应用该模式。在方法层面上，首先添加新方法，再逐渐将调用者转移过来，最后删除旧的方法。在类层面上，首先添加新的类，再逐渐将调用者转移过来，最后删除旧的类。

下面你将看到这两个层面的例子，先看方法层面的。

10.2.1　方法层面的绞杀榕

在实现 10.1 节中讨论的日历功能时，我需要有一种方法来读取多天的预订记录。不过，`IReservationsRepository` 接口的现有版本像示例代码 10.8 那样。`ReadReservations` 方法接受一个 `DateTime` 作为输入，并返回该日期对应的所有预订记录。

示例代码 10.8 IReservationsRepository 接口有专门对应于具体某天的 ReadReservations 方法。
(*Restaurant/53c6417/Restaurant.RestApi/IReservationsRepository.cs*)

```
public interface IReservationsRepository
{
    Task Create(Reservation reservation);

    Task<IReadOnlyCollection<Reservation>> ReadReservations(
        DateTime dateTime);

    Task<Reservation?> ReadReservation(Guid id);

    Task Update(Reservation reservation);

    Task Delete(Guid id);
}
```

现在需要有办法来返回多天的预订记录。对这样的需求，你的反应可能是新增一个重载方法，然后就万事大吉。从技术上讲这是有可能的，但要考虑到维护成本。如果添加更多的代码，就要维护更多的代码。在某个接口上新增方法，意味着你也要在所有的实现者那里维护它。

所以，我宁愿选择用一个新方法来取代旧的 ReadReservations 方法。这是能说得过去的，因为读取前后多天的预订记录而不是具体某天的预订记录，实际上放宽了前置条件。你可以把已有的方法看作是特例，其中的范围就是具体某天。

如果你的大部分代码已经调用了当前的方法，那么一下子全改掉可能步子太大。相反，你可以首先添加新方法，再逐步迁移对旧方法的调用，最后删除旧方法。示例代码 10.9 展示了添加了新方法的 IReservationsRepository 接口。

如果就这样添加一个新方法，在还没有更新该接口的所有实现类之前，代码是无法编译的。餐厅预订的代码库只有两份实现，即 SqlReservationsRepository 和 FakeDatabase。在同一个提交中，我也为这两个类新增了对应实现，不过这就是全部的工作量了。即使要完成 SQL 实现，也只需要 5 ～ 10 分钟而已。

另外，我也可以将新的 ReadReservations 重载添加到 SqlReservationsRepository 和 FakeDatabase 中，但让它们抛出一个 NotImplementedException。在后续提

交中，我可以使用测试驱动开发梳理出期望的行为。在此过程中，每一步都会有若干提交，它们都能与 *master* 分支合并。

也可以反过来，先在各实现类中添加相同签名的方法，在所有这些方法全部到位后，再将方法添加到接口中。

示例代码 10.9 现在的 `IReservationsRepository` 接口包含了额外的 `ReadReservations` 方法，它支持日期范围的查询。与示例代码 10.8 相比，着重标识的是新增的代码。

（*Restaurant/fa29d2f/Restaurant.RestApi/IReservationsRepository.cs*）

```
public interface IReservationsRepository
{
    Task Create(Reservation reservation);

    Task<IReadOnlyCollection<Reservation>> ReadReservations(
        DateTime dateTime);

    Task<IReadOnlyCollection<Reservation>> ReadReservations(
        DateTime min, DateTime max);

    Task<Reservation?> ReadReservation(Guid id);

    Task Update(Reservation reservation);

    Task Delete(Guid id);
}
```

不管发生什么，新方法的开发都可以*循序渐进*，因为此时，没有任何代码会调用它。

当新方法的实现都就绪之后，就可以修改对旧方法的调用，*每次修改一处*。此时你完全不必着急，可以按自己的节奏来。在这个过程中，新的修改可以随时与 *master* 分支合并，哪怕这意味着部署到生产环境。示例代码 10.10 展示了修改之后对新重载的调用。

我一次只会修改一处调用，并在修改后提交到 Git。几次提交后，我就完工了，现在再没有代码调用原来的 `ReadReservations` 方法。

示例代码 10.10　调用新的 ReadReservations 重载的代码片段。前面着重标识的两行是新的，但是最后着重标识的那行代码已经被修改为调用新方法，而不是原来的 ReadReservations 方法。

（*Restaurant/0944d86/Restaurant.RestApi/ReservationsController.cs*）

```
var min = res.At.Date;
var max = min.AddDays(1).AddTicks(-1);
var reservations = await Repository
    .ReadReservations(min, max)
    .ConfigureAwait(false);
```

最后，可以删除原来的 ReadReservations 方法，留下 IReservationsRepository 接口，如示例代码 10.11 所示。

示例代码 10.11　完成绞杀榕模式之后的 IReservationsRepository 接口。原来的 ReadReservations 方法已经不存在，只剩下新版本。请与示例代码 10.8 和示例代码 10.9 进行比较。

（*Restaurant/bcffd6b/Restaurant.RestApi/IReservationsRepository.cs*）

```
public interface IReservationsRepository
{
    Task Create(Reservation reservation);

    Task<IReadOnlyCollection<Reservation>> ReadReservations(
        DateTime min, DateTime max);

    Task<Reservation?> ReadReservation(Guid id);

    Task Update(Reservation reservation);

    Task Delete(Guid id);
}
```

从接口中删除某个方法时，记得也要从所有实现类中删除它。如果你让它们留下来，编译器是不会报错的，但这只会带来额外的维护负担。

10.2.2　类层面的绞杀榕

你也可以在类层面上应用绞杀榕模式。如果你想重构某个类，又担心在原地修改它需要太长的时间，那么可以添加一个新类，把调用者一个个迁移过去，最后删除旧类。

在在线餐厅预订的代码库中可以找到若干这种例子。举个例子，我发现有一个功能过度设计了[1]。我需要做的是，为某个具体时刻的餐桌预订情况建模，所以我添加了通用的 Occurrence<T> 类，它可以把任何类型的对象与时间联系起来。示例代码 10.12 展示了它的构造函数和属性，方便你理解。

示例代码 10.12 Occurrence<T> 类的构造函数和属性。这个类可以将任何类型的对象与时间联系起来。然而事实证明，这个功能过度设计了。
(*Restaurant/4c9e781/Restaurant.RestApi/Occurrence.cs*)

```
public Occurrence(DateTime at, T value)
{
    At = at;
    Value = value;
}

public DateTime At { get; }
public T Value { get; }
```

等实现完需要 Occurrence<T> 类的功能之后，我才意识到它其实不需要那么通用。所有用到该对象的代码都包含了有对应预订记录的餐桌的 collection。

使用泛型之后，代码确实更复杂了。尽管我发现使用得法的话，这么做是有价值的，但这也会让事情更抽象。举例来说，有个方法的签名类似于示例代码 10.13 那样。

示例代码 10.13 这个方法返回三重嵌套的泛型。这太抽象了吧?
(*Restaurant/4c9e781/Restaurant.RestApi/MaitreD.cs*)

```
public IEnumerable<Occurrence<IEnumerable<Table>>> Schedule(
    IEnumerable<Reservation> reservations)
```

想想 8.1.5 节的建议。通过查看类型，你能推断出 Schedule 方法是做什么的吗？你怎么评价 IEnumerable<Occurrence<IEnumerable<Table>>> 这样的类型？

如果方法签名如示例代码 10.14 那样，不是更容易理解吗？

1 是的，即使我尽力遵循自己在本书中介绍的所有做法，也仍然会犯错。尽管箴言说的是要选择最简单可行的方案[22]，但我偶尔还是会把事情搞得太复杂，因为“我以后肯定会需要它”。不过，为自己的错误而惩罚自己是没有好处的。意识到自己的错误时，只需要及时承认和改正。

示例代码 10.14 这个方法返回 `TimeSlot` 对象的 collection。它与示例代码 10.13 中的方法相同，但返回类型更具体。
（*Restaurant/7213b97/Restaurant.RestApi/MaitreD.cs*）

```
public IEnumerable<TimeSlot> Schedule(
    IEnumerable<Reservation> reservations)
```

看起来，IEnumerable<TimeSlot> 是一个更容易令人接受的返回类型，所以我想将 Occurrence<T> 类重构为这样的 TimeSlot 类。

因为已经有太多代码用到了 Occurrence<T>，我不确定自己能在足够短的时间内完成重构。所以，我决定采用绞杀榕模式：首先添加新的 TimeSlot 类，然后逐个迁移调用者，最后删除 Occurrence<T> 类。

我首先将 TimeSlot 类添加到代码库中。示例代码 10.15 显示的是它的构造函数和属性，这样你就知道它长什么样子了。

示例代码 10.15 `TimeSlot` 类的构造函数和属性。
（*Restaurant/4c9e781/Restaurant.RestApi/TimeSlot.cs*）

```
public TimeSlot(DateTime at, IReadOnlyCollection<Table> tables)
{
    At = at;
    Tables = tables;
}

public DateTime At { get; }
public IReadOnlyCollection<Table> Tables { get; }
```

一旦添加了这个类，我就可以把它提交到 Git 并与 *master* 分支合并。这并不会造成任何破坏。

然后，就可以开始把使用 Occurrence<T> 的代码逐步迁移为使用 TimeSlot。我先来处理一些辅助方法，比如示例代码 10.16 中的那个方法。

示例代码 10.16 接收 `Occurrence` 参数的辅助方法的签名。请与示例代码 10.17 进行比较。
（*Restaurant/4c9e781/Restaurant.RestApi/ScheduleController.cs*）

```
private TimeDto MakeEntry(Occurrence<IEnumerable<Table>> occurrence)
```

我想把它的接收参数改为 TimeSlot，而不是 Occurrence<IEnumerable<Table>>，如示例代码 10.17 所示。

示例代码 10.17　接收 TimeSlot 参数的辅助方法的签名。请与示例代码 10.16 进行比较。
（*Restaurant/0030962/Restaurant.RestApi/ScheduleController.cs*）

```
private static TimeDto MakeEntry(TimeSlot timeSlot)
```

调用这个 MakeEntry 辅助方法的代码，本身也是辅助方法，它接收的参数是 IEnumerable<Occurrence<IEnumerable<Table>>>，我想做的是一步步地迁移原来的调用。所以我意识到，如果添加示例代码 10.18 中的临时转换方法，就可以做到这一点。这个方法支持旧类和新类之间的转换。一旦完成了绞杀榕式的迁移，我就把它和这个类本身一起删除。

示例代码 10.18　从 Occurrence 到 TimeSlot 的临时转换方法。
（*Restaurant/0030962/Restaurant.RestApi/Occurrence.cs*）

```
internal static TimeSlot ToTimeSlot(
    this Occurrence<IEnumerable<Table>> source)
{
    return new TimeSlot(source.At, source.Value.ToList());
}
```

我还要将示例代码 10.13 的 Schedule 方法迁移到示例代码 10.14 的版本。由于原来的版本有多个调用者，我希望逐个迁移，每修改一次就做一次 Git 提交。也就是说，两个版本的 Schedule 需要在一段时间内共存。在严格意义上，这是不可行的，因为它们只在返回类型上有所不同，而 C# 不支持返回类型重载。

为了解决这个问题，我首先使用重构技巧“重命名方法”（Rename Method）[34]，将原来的 Schedule 方法重命名为 ScheduleOcc[1]。然后复制代码，修改返回类型，并将新方法的名字改回 Schedule。现在就有了名为 ScheduleOcc 的原始方法，以及返回类型更合适的新方法，不过新方法还没有调用者。同样，现在你也可以提

1　*Occ*代表*Occurrence*。

交自己的修改并与 *master* 合并。

有了这两个方法，我就可以一次迁移一个调用者，并把变更签入 Git。这项工作也可以分步完成，不会影响到你或你的团队成员的其他工作。一旦所有调用者都改为调用新的 `Schedule` 方法，就删除掉 `ScheduleOcc` 方法。

`Schedule` 方法并不是唯一用 `Occurrence<T>` 作为返回数据的方法，但我可以照这样将其他方法也迁移到 `TimeSlot`。

最终迁移完成后，我删除了 `Occurrence<T>` 类，以及示例代码 10.18 中的转换辅助方法。

在这个过程中，我的提交间隔都在 5 分钟以内，而且所有的提交都保证了系统的状态一致，可以集成和部署。

10.3 版本管理

为你自己好，请阅读 Semantic Versioning（语义版本管理）规范 [83]。是的，请从头读到尾，这用不了 15 分钟。简而言之，它使用的是 *major.minor.patch* 方案。你只有在引入破坏性变更时才会升级 *major* 的版本号（主版本号）；*minor*（副版本号）的升级表示引入了新功能，而 *path*（补丁版本号）的升级表示修复了 bug。

即使你决定不采用语义版本管理，我也相信它能帮你更清楚地认识破坏性和非破坏性的变更。

如果你正在开发和维护的是单体应用，没有对外的 API，那么破坏性变更可能并不重要，然而只要其他代码依赖于你的代码，就会有问题。

不管这些依赖的代码来自哪里，问题都无法避免。显然，如果存在着依赖你的 API 的外部付费客户，那么务必保持向后兼容性。哪怕依赖这些代码的系统“只是”你所在组织中的另一个代码库，兼容性仍然是需要考虑的。

一旦兼容性被破坏，你就需要与调用者协调。有时，这种情况是被动发生的，比如，收到消息“你的最新变更破坏了我们的代码！”，比较好的做法是事先警告客户。

但是，如果你能够避免破坏性的变更，事情就会更顺利。在语义版本管理中，这意味着要长期保持在同一个主版本上。这可能需要一点儿时间来适应。

我曾经维护过一个开源库，该库在主版本 3 上停留了超过 4 年！最后一个 *3* 系列的版本是 *3.51.0*。显然，这 4 年中我们增加了 51 项新功能，但因为没有破坏兼容性，所以不必升级主版本。

10.3.1　事先警告

如果必须破坏兼容性，就要慎重对待。如果可以的话，应当事先警告用户。在此可以回想 8.1.7 节中讨论的交流层次，找出最合适的沟通方式。

例如，有些语言允许你用注解来废弃方法。在 .NET 中它叫 `[Obsolete]`，在 Java 中它叫 `@Deprecated`。示例代码 10.19 展示了一个例子。它将导致 C# 编译器对所有调用该方法的代码给出一条编译器警告。

示例代码 10.19　已废弃的方法。`[Obsolete]` 属性标志着该方法已被废弃，并给出了关于替代的提示。
（*Restaurant/4c9e781/Restaurant.RestApi/CalendarController.cs*）

```
[Obsolete("Use Get method with restaurant ID.")]
[HttpGet("calendar/{year}/{month}")]
public Task<ActionResult> LegacyGet(int year, int month)
```

如果你发现必须破坏兼容性，请考虑是否可以将多个破坏性变更打包在一个版本中。这并不一定是个好主意，不过有时确实有必要这样做。每引入一个破坏性变更，调用方的开发人员都不得不去应对它。如果有多个较小的破坏性变更，把它们打包在一个版本中可能会让调用方的开发者更容易处理。

另一方面，如果每次都迫使客户端开发人员进行大规模返工，那么发布多个破坏性变更可能不是一个好主意。你应该有自己的判断，毕竟，这就是软件工程的艺术。

10.4　结论

你会在原有的代码库中工作。如果要添加新功能，或者改善原有功能，抑或修复 bug，你必然会修改已有的代码。请注意，你应该小步快跑。

如果你正在开发的功能需要很长时间才能实现，你可能很想新开一个功能分支来开发。但是请不要这样做，这将造成“合并地狱”。相反，应该将该功能隐藏在功能标识后面，并经常进行合并 [49]。

如果你想进行大规模的重构，可以考虑使用绞杀榕模式。不要在原地修改，而是让新的和旧的方式共存一段时间来完成修改。这样你就能步步为营，逐个迁移调用者。你甚至可以把它当成一项维护任务，与其他工作交错进行。只有在迁移完成后，才能删除旧的方法或类。

如果该方法或类是已发布的面向对象 API 的一部分，那么删除一个方法或类可能会构成一个破坏性变更。在这种情况下，需要认真考虑版本问题。应当首先废弃旧的 API，以警告用户即将发生的变化，只有在发布新的主版本时才可以删除废弃的 API。

第11章 修改单元测试

虽然本书第1部分涵盖了不少实践方法，但是基本没什么代码库是按那些办法来构建的。现实中大量的代码库方法冗长，复杂度高，封装糟糕，自动化测试的覆盖率也很低。我们将这样的代码库称为*遗留代码*。如何有效地处理遗留代码，已经有一本佳作《修改代码的艺术》[27]，我不打算在这里复述。

11.1 重构单元测试

如果你拥有一套可信赖的自动化测试套件，就可以应用《重构》中的许多经验 [34]。那本书讨论了如何在不改变行为的基础上更改原有代码的结构。书中描述的许多技术都成了现代 IDE 的标准配置，例如重命名、提取辅助方法、移动代码等等。我不想在这个话题上花费太多时间，因为其他资料已经提供了更深入的讲解 [34]。

11.1.1 修改安全网

《重构》[34] 解释了如何在自动化测试套件的安全网下改变生产代码的结构，

而 *xUnit Test Patterns*[66] 这本书的副标题是 *Refactoring Test Code*（重构测试代码）[1]。

测试代码同样是你写的代码，可以用测试代码来确认你的生产代码能否正常运行。我在前文中提到过，写代码时是很容易犯错的。那么，你怎么知道自己的测试代码是没有错误的呢？

答案是“很难知道”，不过前面给出的一些实践可以提高成功率。如果把测试作为生产代码的驱动因素，你其实是采用了复式簿记 [63] 的工作方式，测试代码保证生产代码的稳定，而生产代码提供关于测试代码的反馈，两者互相印证。

另一个可以构筑信任的办法是，始终采用“红绿重构”的 checklist。那么，如果一个测试失败了，你就知道它实际上验证了自己想要验证的东西。如果你从来没有改动过那个测试，那么你可以相信，它一直都是这种状态。

但是，如果你修改了测试代码，会发生什么？

测试代码改得越多，你就越难相信它。但是，重构的骨干就是一份测试套件：

> “重构的基本前提之一，就是 [……] 固定的测试。” [34]

因此，从原则上说，你不该重构单元测试。

但是在具体实践中，有时候又不得不改动单元测试代码。不过你应该意识到，与生产代码相反，测试代码并没有安全网来保护。所以，修改测试代码时应当留神，动手要谨慎。

11.1.2 添加新测试代码

在测试代码中，最安全的改动就是新增代码。显然，你可以添加全新的测试；这并不会影响已有测试的可靠性。

显然，添加一个全新的测试类，大概是你能做的最安全的修改，当然你也可以在已有测试类中新增测试方法。每个测试方法均应该独立于其他的所有测试方法，所以添加新方法不应影响已有测试。

---

1 尽管公正地说，这更像一本关于设计模式而不是重构的书。

你也可以给测试用例增加参数化测试。举例来说，如果你的测试用例像示例代码 11.1 那样，那么完全可以新增一行代码，变成示例代码 11.2 那样。这几乎没有风险。

示例代码 11.1 有 3 个测试用例的参数化测试方法。示例代码 11.2 展示了新增一个测试用例后的代码。

（*Restaurant/b789ef1/Restaurant.RestApi.Tests/ReservationsTests.cs*）

```
[Theory]
[InlineData(null, "j@example.net", "Jay Xerxes", 1)]
[InlineData("not a date", "w@example.edu", "Wk Hd", 8)]
[InlineData("2023-11-30 20:01", null, "Thora", 19)]
public async Task PostInvalidReservation(
```

示例代码 11.2 与示例代码 11.1 相比，测试方法中新增了一个测试用例。新增的那行代码被着重标识。

（*Restaurant/745dbf5/Restaurant.RestApi.Tests/ReservationsTests.cs*）

```
[Theory]
[InlineData(null, "j@example.net", "Jay Xerxes", 1)]
[InlineData("not a date", "w@example.edu", "Wk Hd", 8)]
[InlineData("2023-11-30 20:01", null, "Thora", 19)]
[InlineData("2022-01-02 12:10", "3@example.org", "3 Beard", 0)]
public async Task PostInvalidReservation(
```

也可以向已有测试添加断言。示例代码 11.3 是单元测试中的一个断言，而示例代码 11.4 是我添加了两个断言后的样子。

示例代码 11.3 某测试方法中的一个断言。示例代码 11.4 是加入更多断言后的新代码。

（*Restaurant/36f8e0f/Restaurant.RestApi.Tests/ReservationsTests.cs*）

```
Assert.Equal(
    HttpStatusCode.InternalServerError,
    response.StatusCode);
```

示例代码 11.4 与示例代码 11.3 相比，我新增了两个断言来验证。新增的代码被着重标识。

（*Restaurant/0ab2792/Restaurant.RestApi.Tests/ReservationsTests.cs*）

```
Assert.Equal(
    HttpStatusCode.InternalServerError,
    response.StatusCode);
Assert.NotNull(response.Content);
var content = await response.Content.ReadAsStringAsync();
Assert.Contains(
    "tables",
    content,
    StringComparison.OrdinalIgnoreCase);
```

这两个例子取自同一个测试用例，它用于验证试图超订座位时会发生什么。在示例代码 11.3 中，该测试只验证 HTTP 响应是 `500 Internal Server Error`[1]。新增的两个断言用于验证 HTTP 响应是否包括可能出错的线索，比如 `No tables available` 消息。

我经常遇到这样的程序员，他们的教条是，一个测试方法只能包含一个断言；如果出现了多个断言，他们就说这是“断言赌盘”。我觉得这种判断过分简单了，你可以把追加新的断言视为是在强化后置条件。如果只看示例代码 11.3 中的断言，任何 `500 Internal Server Error` 的响应都能通过测试。这其中包括“真正的”错误，比如丢失连接字符串。这可能会导致假阴性，因为一般的错误可能会因此被忽略。

添加更多的断言会强化后置条件。之前的所有 `500 Internal Server Error` 都没法通过测试。因为现在 HTTP 响应必须包含内容，且内容至少必须包含字符串“`tables`”。

我猛然间想起了里氏替代原则 [60]。它有多种表述，其中之一说的是，子类可能削弱前置条件，强化后置条件，但不能反过来。创建子类可以被视为某种排序，新增断言同样可以被这样看待，如图 11.1 所示。子类依赖于其父类，时间点也“依

1 这个设计决定仍然存在争议。更多细节请参见6.2.1节的脚注。

赖于”之前的时间点。随着时间的推移，你可以强化系统的后置条件，正如子类可以强化父类的后置条件。

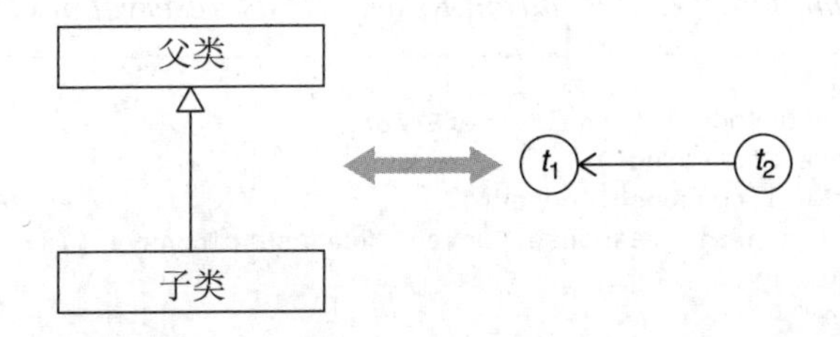

图11.1 类型的层次结构可以表现为有向图，如子类指向父类的箭头。时间也可以表现为有向图，如 t_2 指向 t_1 的箭头。两者都提供了对元素排序的方法。

换而言之，新增测试或断言是可行的；删除测试或断言则会削弱系统的保证。你可能不希望这样，因为它会引发回归 bug 和破坏性变更。

11.1.3 分开重构测试代码和生产代码

如果方法得当，许多代码变更就会是“安全的”。在《重构》[34] 中介绍的一些重构方法，现在已经成为现代 IDE 的标准配置。最基本的是各种重命名操作，如*重命名变量*和*重命名方法*。其他还包括*提取方法*或*移动方法*。

这类重构一般是“安全”的，因为你可以确信它们不会改变代码的行为。这一条也适用于测试代码。在生产代码和测试代码中，都可以放心大胆地使用这些重构功能。

其他类型的改动则会有更大风险[1]。如果在生产代码中做这样的改动，良好的测试套件会提醒你应该注意的各种问题。但是，如果在测试代码中做这样的改动，就没有安全网了。

实际上，这并不完全正确……

测试代码和生产代码是相互耦合的，如图 11.2 所示。如果在生产代码中引入一个 bug，但*没有改变测试代码*，那么测试可能会提醒你注意这个问题。然而这

1 例如，*新增参数*。

一点并没有得到保证，因为也许所有测试用例都没能发现刚刚引入的 bug，这时候就只能靠上天保佑了。更进一步地说，如果该 bug 会在回归测试中暴露，那么相应的测试场景早就已经存在了。

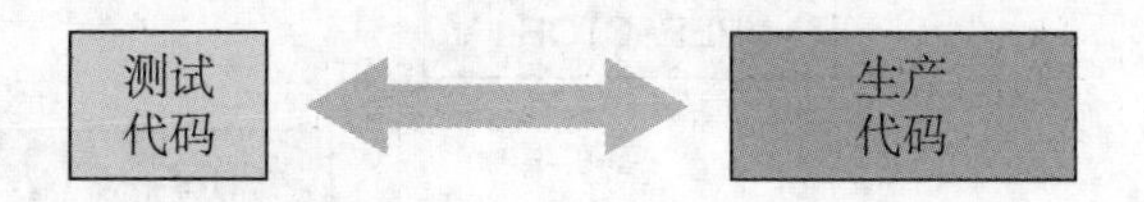

图 11.2 测试代码和生产代码相互耦合。

同样，如果你更改测试代码而*不动生产代码*，可能会出现错误的测试结果。不过，也未必一定如此。例如，你可以首先“提取方法”，将一组断言变成单个辅助方法，这种重构本身是“安全”的。不过，假设现在要找到在其他地方出现的同样断言集，并用新的辅助方法来取代它们。这种重构就不安全了，因为你可能会犯错。也许你的辅助方法和要替换的断言集有一些细微差异。如果被替换的断言集实际上有更强的后置条件，你就无意中削弱了测试。

虽然这样的错误很难防范，但还是有一些错误会立即显现。如果你没有削弱后置条件，而是无意间过度强化了它们，测试可能会失败。然后你可能会检查失败的测试用例，才意识到自己犯了个错误。

出于这个原因，在需要重构测试代码时，应当尽量不碰生产代码。

你可以把这条规则理解为，先从生产代码跳到测试代码，再跳回生产代码，如图 11.3 所示。

举个例子，我正在给餐厅预订的代码库新增发送电子邮件的功能。我已经实现了这样的行为：预订结束之后，系统应该发出一封确认邮件。

如果要建模与外部世界的交互，最好的做法是使用多态，我更喜欢示例代码 11.5 那样的接口，而不是采用基类。

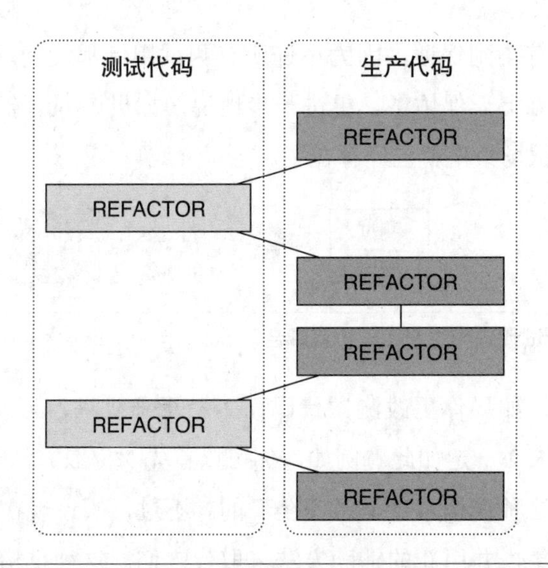

图 11.3 将测试代码与生产代码分开重构。每次重构都单独提交。重构生产代码更安全些，所以你重构它的频率可以更高。其他比较安全的更改，比如重命名一个方法，可能会同时涉及测试代码和生产代码；这类改动没有在本图中体现。

示例代码 11.5 接口 IPostOffice 的原始版本。
（*Restaurant/b85ab3e/Restaurant.RestApi/IPostOffice.cs*）

```
public interface IPostOffice
{
    Task EmailReservationCreated(Reservation reservation);
}
```

为了对系统在正确场景下发送电子邮件的行为进行单元测试，我添加了示例代码 11.6 中所示的 Test Spy[66] 来监视间接输出 [66]。

示例代码 11.6 SpyPostOffice 的原始版本，它实现了示例代码 11.5 所示版本的 IPostOffice。
（*Restaurant/b85ab3e/Restaurant.RestApi.Tests/SpyPostOffice.cs*）

```
public class SpyPostOffice : Collection<Reservation>, IPostOffice
{
    public Task EmailReservationCreated(Reservation reservation)
    {
        Add(reservation);
```

```
        return Task.CompletedTask;
    }
}
```

请注意，SpyPostOffice 继承自一个集合基类。这样，实现代码就可以直接对 reservation 调用 Add 方法，把它保存起来。测试代码可以根据此行为验证系统是否调用了 EmailReservationCreated 方法；或者说，把它想象为发送了一封电子邮件。

测试代码可以创建 SpyPostOffice 的实例，将其传递给构造函数或接受 IPostOffice 参数的方法，按照 System Under Test[66] 来实践，然后检查状态，如示例代码 11.7 所示。

示例代码 11.7　确认预订记录 expected 已经存在于 postOffice 这个 collection 中。变量 postOffice 是一个 SpyPostOffice 对象。
（*Restaurant/b85ab3e/Restaurant.RestApi.Tests/ReservationsTests.cs*）

```
Assert.Contains(expected, postOffice);
```

既然这个行为已经定型，我就开始添加相关的新功能。如果删除了预订记录，系统也应该发送一封电子邮件。于是我给 IPostOffice 接口新增了一个方法，如示例代码 11.8 所示。

示例代码 11.8　接口 IPostOffice 的第二次迭代。与示例代码 11.5 相比，新方法被着重标识。
（*Restaurant/1811c8e/Restaurant.RestApi/IPostOffice.cs*）

```
public interface IPostOffice
{
    Task EmailReservationCreated(Reservation reservation);

    Task EmailReservationDeleted(Reservation reservation);
}
```

给 IPostOffice 接口添加新方法之后，当然也需要在 SpyPostOffice 类中实现这个方法。由于 EmailReservationCreated 方法和 EmailReservationDeleted 方法都需要将 Reservation 作为输入参数，我可以直接将这个 reservation 添加

（Add）到 Test Spy[66] 中。

不过，开始给新行为写单元测试时，我意识到，虽然可以写示例代码 11.7 那样的断言，但我只能验证 Test Spy[66] 包含了 expected 预订记录，却无法验证它是怎么存进去的；也就是说，我不知道 Spy 到底是通过 EmailReservationCreated 还是通过 EmailReservationDeleted 方法来添加它的。

只有提高 SpyPostOffice 的“灵敏度”，才能搞清楚这一点。

我的这一系列修改已经涉及了生产代码。IPostOffice 接口是生产代码的一部分，而且还有一个生产实现（也就是 SmtpPostOffice）。在修改生产代码的过程中，我突然意识到，测试代码也必须重构。

这就是 Git 能重塑软件开发游戏规则的众多原因之一，哪怕对于个人开发也是如此。这个例子说明了它所提供的灵活性。我只要把这个改动“暂存”（stash）[1] 起来，然后就可以放心编辑 SpyPostOffice 这个类了。你可以在示例代码 11.9 中看到结果。

示例代码 11.9 重构之后的 SpyPostOffice（片段）。Observation 是一个嵌套类，这里没有展现。它只用来保存一个 Event 和一个 Reservation。
（*Restaurant/b587eef/Restaurant.RestApi.Tests/SpyPostOffice.cs*）

```
internal class SpyPostOffice :
    Collection<SpyPostOffice.Observation>, IPostOffice
{
    public Task EmailReservationCreated(Reservation reservation)
    {
        Add(new Observation(Event.Created, reservation));
        return Task.CompletedTask;
    }

    internal enum Event
    {
        Created = 0
    }
```

我引入了一个嵌套的 Observation 类，它能同时跟踪交互类型和预订记录。

1 git stash将你当前已经修改的文件保存在一个“隐藏”提交中，并将版本库重置为HEAD。等你做完了其他事情，就可以用git stash pop召回之前的隐藏提交。

我还把基类改成了 Observation 对象的 collection。

有些测试因此会出错，因为类似于示例代码 11.7 中的断言会在 Observation 对象的 collection 中寻找 Reservation 对象。这通不过类型检查，所以我也必须在原处修改测试代码。

我完成了重构，而生产代码没有变化。在这之后，所有的测试仍然可以通过。虽然这并不能保证我的重构没有出错，不过它至少排除了某类错误[1]。

重构完测试代码，我就切换回之前隐藏的变更，继续未完成的工作。示例代码 11.10 展示了更新后的 SpyPostOffice。

示例代码 11.10　更新之后的 SpyPostOffice。它实现了示例代码 11.8 中的 IPostOffice。
（*Restaurant/1811c8e/Restaurant.RestApi.Tests/SpyPostOffice.cs*）

```
internal class SpyPostOffice :
    Collection<SpyPostOffice.Observation>, IPostOffice
{
    public Task EmailReservationCreated(Reservation reservation)
    {
        Add(new Observation(Event.Created, reservation));
        return Task.CompletedTask;
    }

    public Task EmailReservationDeleted(Reservation reservation)
    {
        Add(new Observation(Event.Deleted, reservation));
        return Task.CompletedTask;
    }

    internal enum Event
    {
        Created = 0,
        Deleted = 1
    }
```

虽然这些改动也需要修改测试代码，但它们更安全，因为它们只是新增内容。我不需要重构原有的测试代码。

1　对测试代码的修改，客观上强化了若干前置条件。

11.2　见证测试失败

如果你必须同时更改测试代码和生产代码，不妨考虑先故意让测试失败，哪怕只是暂时失败，以此验证测试是有效的。

写一堆没有意义的断言是非常容易的 [105]。即便生产代码有问题，这些断言也永远成功。

如果一个测试从来没有失败过，它就不值得信任。如果你修改了一项测试，可以暂时改动被测系统，让测试失败。你可以注释掉一些生产代码，或者返回一个硬编码值。然后运行修改过的测试来验证，在临时的干扰下，这项测试确定会失败。

这里我们再次看到了 Git 提供的灵活性。如果必须同时修改测试代码和生产代码，你可以先把修改暂存，再去破坏被测系统。如果看到测试失败，就可以放心地丢弃已有的破坏性工作，提交之前暂存的修改。

11.3　结论

改动单元测试代码要小心，因为没有安全网可以依赖。

有些改动是相对安全的。添加新测试、新断言或新测试用例往往是安全的。运用 IDE 中的重构功能也是安全的。

其他对测试代码的修改就没有那么安全了，但仍有可能是你想做的。测试代码同样需要维护。在你的认知里，它应当和生产代码一样重要。有时候你也应该重构测试代码，以优化其内部结构。

例如，你可能想通过提取辅助方法来去掉重复代码。这样做的时候，要确保你只改动了测试代码，而没有触及生产代码。对测试代码的修改应当单独提交到 Git。它并不能保证你的测试代码不会犯错，但可以提高成功的概率。

第12章 故障排除

专业的软件开发不仅包括功能开发，还涉及会议、时间报告、合规相关工作，以及……缺陷。

另外，别忘了那些永远无法彻底摆脱的错误和问题，比如代码无法编译，软件没做它应该做的事，运行速度太慢，等等。

你解决问题的能力越强，工作效率就越高。你的大部分故障排除的技能可能来自“充满不确定性的个人经验”[4]，但也有些现成的诀窍供你使用。

本章介绍若干现成的诀窍。

12.1 理解

关于故障排除，我能想到的最好的建议是：

尝试去理解发生了什么。

如果你不明白为什么有些东西不能工作[1]，那么应当首先去理解它。我目睹了

1 或者反过来，如果你不明白有些东西为什么确实能工作。

相当多的“撞大运编程”[50]：盲目尝试足够多的代码，看看什么能奏效。只要代码看上去能工作，开发者就会继续下一个任务。他们要么不明白为什么代码可以工作，要么不明白它为什么不工作。

如果你从一开始就理解代码，那么排除故障可能会更容易。

12.1.1　科学方法

一个问题出现的时候，大多数人会直接跳入故障排除模式。他们想解决这个问题。对于“撞大运编程”（program by incidence）的人来说 [50]，解决一个问题，通常需要尝遍各种咒语，这些咒语曾经对类似问题有用。如果第一段咒语不起作用，就换下一个。这些咒语可能包括重启服务、重启计算机、提升权限运行、修改小段代码、调用自己不理解的程序等。等到问题看起来已经消失，他们就收工了，而不去尝试了解原因 [50]。

毫无疑问，这并不是解决问题的有效方法。

对问题的第一反应，应该是了解它发生的原因。如果你完全没有头绪，可以寻求帮助。不过，通常情况下，你已经对问题可能是什么有了一些想法。在这种情况下，应当采用一种“科学方法”[82]。

- 做出预测。这被称为“假设”。
- 做实验。
- 将结果与预测进行比较。如此反复，直到你明白发生了什么。

不要被“科学方法”这个词吓倒。你不必穿上白大褂，也不必设计随机对照双盲试验。但是，你必须努力提出一个可验证的假设。它或许只是一个简单的预测，例如，“如果我重启机器，问题就会消失”，或者“如果我调用这个函数，返回值将是 42”。

这种技术和“撞大运编程”的区别在于，执行这一系列动作的目的不是期望解决问题，而是理解问题。

单元测试就可以被视为典型的实验。你的假设是，如果运行这个单元测试，它会失败报错。更多细节见 12.2.1 节。

12.1.2 简化

考虑一下，删除部分代码是否可以解决问题。

解决问题时最常见的反应是，添加更多代码来解决它。这背后的逻辑似乎是，系统理应“能正常工作”，出问题只是一种异常情况。沿着这种思路，既然出问题是一种异常情况，就应该用更多代码来处理这种特例。

偶尔会发生这样的情况，但更可能的是，问题是浮在表面的，它背后是错误的实现。你会惊讶地发现，简化代码往往可以解决问题。

在我们的行业中，我已经看到了很多“积极行动派”的例子。有些人解决的问题，我从来都不会遇到，因为我总是努力地让自己的代码保持简单。

- 大家开发复杂的依赖注入容器（Dependency Injection Container）[25]，而不是简单地在代码中把对象关联起来。
- 大家开发复杂的“mock 对象库”，而不是大量编写纯函数。
- 大家创建了复杂的软件包管理方案，而不是把依赖关系纳入源代码控制中。
- 大家使用先进的变更分析工具，而不是更频繁地进行代码合并。
- 大家使用复杂的对象关系映射器（ORM），而不去学习（和维护）一点儿 SQL。

我还可以继续说下去。

公平地说，想出更简单的解决方案，并不容易。例如，我在面向对象的代码中花了 10 年，搞出了日渐复杂笨重的一堆设施，最后才找到了更简单的解决方案。事实证明，许多在传统的面向对象编程中很难完成的任务，在函数式编程中却异常简单。一旦我了解了其中的某些概念，就找到了在面向对象的环境下使用它们的方法。

重点是，像 KISS[1] 这样的口号本身是没有用的，怎样才能让事情保持简单呢？

要保持简单，你的思维必须时常敏捷（而不是愚蠢），并且要竭力化繁为简[2]。仔细想想，能不能删除代码来解决问题。

---

1 KISS：Keep It Simple, Stupid，“要保持简单，蠢货”。

2 Rich Hickey在*Simple Made Easy*中讨论了简化问题[45]。我对简单性的看法大部分源自他的观点。

12.1.3　橡皮鸭法

在讨论解决问题的具体办法之前，我想先分享一些通用技巧。在一个问题上卡住是很正常的。你该怎样脱身呢？

你可能正盯着一个问题，却毫无头绪。按照上文的建议，首要任务应该是了解问题。如果你不知从哪里开始想，要怎么做？

如果不做时间管理，你可能会陷在一个问题里很久，所以应当管理好时间，限制这个过程的时间。例如，拨出25分钟来研究某个问题。如果时间到了还没有任何进展，就休息一下。

休息的时候，不要仍然待在计算机前，可以去喝杯咖啡。当你起身，远离屏幕时，大脑会发生一些变化。在停止处理问题几分钟后，你可能会开始思考其他事情。也许你在走动时遇到了一个同事，也许你发现咖啡机需要加水。不管是什么，它都能让你暂时忘掉这个问题。这常常足以催生新的灵感。

我已经有很多次这样的经历，散步回来之后，才意识到自己之前思考问题时已经误入歧途。

如果你散步几分钟还没有头绪，那么可以试着寻求帮助。如果有同事可以求助，你就去找他。

我经常遇到这种情况：我开始向同事解释问题，但说到一半就中断了。“好了，我刚刚有了一个想法！”

仅仅是解释问题，也经常会产生新的想法。

如果没有同事，你可以尝试向一只橡皮鸭解释问题，比如图12.1中的橡皮鸭。

图12.1　一只橡皮鸭。请跟它说话，它能解决你的问题。

当然，它不一定非得是橡皮鸭，但这种办法被称为“橡皮鸭法”，因为真的有位程序员用了橡皮鸭 [50]。

我通常不用橡皮鸭法，而是着手在 Stack Overflow 问答网站上提一个问题。更多的时候，在写完这个问题之前，我就已经意识到到底是哪里出了问题[1]。

即便没有灵感闪现，起码我还有一个已经写好的、可以公开发布的问题。

12.2 缺陷

我曾经在一家小创业公司开始新工作。我很快就问同事们，是否愿意使用测试驱动开发。他们以前没有这样做过，但很希望学习新东西。在我做了演示之后，他们认为自己会喜欢。

在采用测试驱动开发的几个月后，CEO 来找我谈话。他顺便提到，他注意到自从我们开始使用测试后，“自然出现”的缺陷（defect）显著减少了。

我至今仍为此感到自豪。质量的提升之明显，连 CEO 都注意到了。不必通过报表数字或复杂的分析报告，单纯是因为效果显著，就引起了人们的注意。

你可以减少缺陷的数量，但不可能彻底消灭它们。不过请帮你自己一个忙，不要让它们累积起来。

理想的缺陷数量是零。

零缺陷（零 bug）并不像它听起来那么不现实。在精益软件开发中，这被称为“注重质量”（building quality in）[82]。遇到缺陷时，不要推到“以后再处理”。在软件开发中，“以后”是“永远没机会做”的同义词。

在缺陷出现的时候，就要优先解决它。停下手头的工作[2]，去修复它。

12.2.1 通过测试重现缺陷

一开始，你可能甚至不明白问题是什么，不过如果你认为自己明白了问题是

1 在这种情况发生时，我不会屈服于沉没成本谬论。即使我曾经花时间来描述这个问题，通常也会删除它，因为我认为它毕竟不具有普遍意义。

2 有了Git，你只需把当前工作暂存起来就够了，这不是很好吗？

什么，就去做实验。如果你明白了问题是什么，就应该能提出假设，进而设计实验。

这种实验可能是一项自动化测试。背后的假设是，这个测试运行之后会失败。等你真的运行测试时，它也确实失败了，这个假设就得到了验证。这样，你也得到了一个失败的测试，它重现了缺陷，以后可以作为回归测试。

相反，如果测试通过了，那么实验就失败了，这就表示假设有问题。你需要修改它，才能设计出新的实验。这个过程可能需要重复多次。

等终于得到了失败的测试，你要做的“一切”就是让它通过。有时候这很困难，但根据我的经验，通常情况并非如此。在修复一个缺陷时，难点在于理解和重现。

现在来看在线餐厅预订系统里的一个例子。我在做探索性测试时注意到，如果更新某条预订记录，会出现奇怪的问题。示例代码 12.1 给出了一个例子。你看到问题了吗？

示例代码 12.1　用 PUT 请求更新预订记录。这轮交互中存在一个缺陷。你能发现它吗？

```
PUT /reservations/21b4fa1975064414bee402bbe09090ec HTTP/1.1
Content-Type: application/json
{
  "at": "2022-03-02 19:45",
  "email": "pan@example.com",
  "name": "Phil Anders",
  "quantity": 2
}

HTTP/1.1 200 OK
Content-Type: application/json; charset=utf-8
{
  "id": "21b4fa1975064414bee402bbe09090ec",
  "at": "2022-03-02T19:45:00.0000000",
  "email": "Phil Anders",
  "name": "pan@example.com",
  "quantity": 2
}
```

问题在于，`email` 和 `name` 的值错乱了。似乎我不小心在某个地方把它们对调了。一开始的假设就是如此，但可能要花点儿时间调查，才能知道问题出在哪里。

难道我没有按照测试驱动开发的要求来做吗？怎么会发生这种情况呢？

这可能是因为我对`SqlReservationsRepository`[1]的实现是一个谦卑对象[66]。这个对象太简单了，没必要测试。我经常使用这样的经验法则：如果圈复杂度是*1*，可能就不必测试（测试代码的圈复杂度也是*1*）。

即便如此，哪怕圈复杂度只有*1*，你仍然可能犯错。示例代码 12.2 是出错的那段代码。你能发现问题吗？

示例代码 12.2　导致示例代码 12.1 中所示缺陷的代码片段。你能发现程序员的错误吗？
（*Restaurant/d7b74f1/Restaurant.RestApi/SqlReservationsRepository.cs*）

```
using var rdr =
    await cmd.ExecuteReaderAsync().ConfigureAwait(false);
if (!rdr.Read())
    return null;

return new Reservation(
    id,
    (DateTime)rdr["At"],
    (string)rdr["Name"],
    (string)rdr["Email"],
    (int)rdr["Quantity"]);
```

既然已经知道问题出在哪里，你可能会猜到，`Reservation`构造函数的参数列表里，`email`出现在`name`之前。因为这两个参数的类型均为`string`，所以如果不小心把它们搞混了，编译器也不会抱怨。这个例子再次提醒我们，代码里不应当过度依赖字符串[2][3]。

修复缺陷很容易，但如果一个错误我犯过一次，就会犯第二次。因此，我想杜绝这种错误。所以在修复之前，我需要写一个失败的测试来重现这个 bug。示例代码 12.3 展示了我写的测试。这是一个集成测试，它验证的是，如果在数据库中更新一条预订记录，随后读取它，结果应当与之前保存的预订信息完全相同。这个预期是合理的，它重现了错误，因为`ReadReservation`方法对调了`name`和`email`，如示例代码 12.2 所示。

1　参见示例代码4.19。

2　避免过度依赖字符串的代码的方法之一是，引入`Email`类和`Name`类，将它们各自的字符串值包装起来。这可以避免一些意外的混淆，但我开发的时候发现，这也不是万全之策。如果你对细节感兴趣，可以查阅示例代码的Git仓库。我认为，底线是需要有集成测试。

示例代码 12.3 `SqlReservationsRepository` **的集成测试。**
（*Restaurant/645186b/Restaurant.RestApi.SqlIntegrationTests/SqlReservationsRepositoryTests.cs*）

```
[Theory]
[InlineData("2032-01-01 01:12", "z@example.net", "z", "Zet", 4)]
[InlineData("2084-04-21 23:21", "q@example.gov", "q", "Quu", 9)]
public async Task PutAndReadRoundTrip(
    string date,
    string email,
    string name,
    string newName,
    int quantity)
{
    var r = new Reservation(
        Guid.NewGuid(),
        DateTime.Parse(date, CultureInfo.InvariantCulture),
        new Email(email),
        new Name(name),
        quantity);
    var connectionString = ConnectionStrings.Reservations;
    var sut = new SqlReservationsRepository(connectionString);
    await sut.Create(r);

    var expected = r.WithName(new Name(newName));
    await sut.Update(expected);
    var actual = await sut.ReadReservation(expected.Id);

    Assert.Equal(expected, actual);
}
```

PutAndReadRoundTrip 测试是涉及数据库的集成测试。这是一种新的测试。到目前为止，本书中所有的测试都在没有外部依赖的情况下运行。涉及数据库的新测试，值得一试。

12.2.2 慢速测试

编程语言和关系数据库看待数据的视角不同，协同工作时是很容易出错的[1]，为什么不测试这样的代码呢？

1 对象关系映射器（ORM）的支持者可能会说，所以我们才需要使用这种工具嘛。但我在本书的其他地方说过，我认为ORM是在浪费时间：它们制造的问题比解决的问题多。如果你不同意此观点，不妨直接跳过本节。

在本节中，你会看到执行这种测试的简单介绍，但有一个问题：这样的测试往往很慢。它们往往比进程内的测试慢几个数量级。

执行测试套件所需的时间很重要，尤其是对于经常执行的开发人员测试来说。当重构作为安全网的测试套件时，如果所有测试跑一遍需要半小时，那是做不下去的。如果你遵循测试驱动开发的红绿重构过程，但是运行测试需要 5 分钟，那也是做不下去的。

此类测试套件的最长执行时间应该是 10 秒。超过这个时间，你的注意力就会被分散。在测试运行的时候，你会经不住诱惑去看电子邮件、Twitter 或 Facebook。

如果测试涉及数据库，那么 10 秒的预算很容易就会被用光。所以，应当把此类测试移到第二阶段的测试中。要做到这一点的办法很多，不过一个实用办法是直接创建第二个 Visual Studio 解决方案，把它与平时的解决方案并存。你这样做的时候，别忘了更新构建脚本，让它能够运行这个新的解决方案，如示例代码 12.4 所示。

示例代码 12.4　运行所有测试的构建脚本。相比于示例代码 4.2，`Build.sln` 文件包含使用数据库的单元测试和集成测试。
（*Restaurant/645186b/build.sh*）

```
#!/usr/bin/env bash
dotnet test Build.sln --configuration Release
```

`Build.sln` 文件包含生产代码、单元测试代码以及涉及数据库的集成测试。我在另一个名为 `Restaurant.sln` 的 Visual Studio 解决方案中做不涉及数据库的正常工作。该方案只包含生产代码和单元测试，所以在这个环境下运行所有测试会快得多。

示例代码 12.3 中的测试是集成测试代码的一部分，所以它只在两种情况下运行：第一，执行构建脚本；第二，明确选择在 `Build.sln` 解决方案而不是在 `Restaurant.sln` 中工作。如果需要重构涉及数据库的代码，这种做法相当实用。

我不想深入地讨论示例代码 12.3 中的测试代码是如何工作的，因为这是专属于 .NET 与 SQL Server 通信的细节。如果你对这些细节感兴趣，可以在对应的示例代码库中找到它们。但简单地说，所有的集成测试都有一个 `[UseDatabase]` 属性。

这是一个自定义属性，它可以“勾上”xUnit.net 单元测试框架，在每个测试用例之前和之后运行一些代码。所以，每个测试用例都被这样的行为所包围：

1. 新建一个数据库，在上面运行所有 DDL[1] 脚本。
2. 运行测试。
3. 销毁此数据库。

没错，每个测试都会创建新的数据库，然后在几毫秒后删除它[2]。这很慢，所以你肯定不希望反复执行这种测试。

所以，应当将慢速测试推迟到构建流水线的第二阶段。你可以按照上面的办法来做，也可以定义一些新步骤，它们只在持续集成服务器上运行。

12.2.3 非确定性缺陷

在餐厅预订系统运行了一段时间后，餐厅的领班记下了一个 bug：系统似乎偶尔会发生超订。她没法刻意重现这个问题，但预订数据库的状态是不能否认的。有些日期的预订量超过了示例代码 12.5 中业务逻辑所允许的数量。发生了什么？

示例代码 12.5　很明显，这段代码存在 bug，所以才会发生超订。问题出在哪里呢？
（*Restaurant/dd05589/Restaurant.RestApi/ReservationsController.cs*）

```
[HttpPost]
public async Task<ActionResult> Post(ReservationDto dto)
{
    if (dto is null)
        throw new ArgumentNullException(nameof(dto));

    var id = dto.ParseId() ?? Guid.NewGuid();
    Reservation? r = dto.Validate(id);
    if (r is null)
```

1　DDL（数据定义语言）通常是SQL的一个子集。见示例代码4.18的例子。

2　每当我介绍这种与数据库集成测试的方法时，总会有人答复说“我们可以通过回滚事务来测试”。是的，但这意味着你不能测试数据库的事务。另外，执行回滚的确可能更快，但你真的测量过吗？我测过一次，发现执行回滚的速度并没有明显变化。关于我对性能优化的一般态度，请参考15.1节。

```
        return new BadRequestResult();

    var reservations = await Repository
        .ReadReservations(r.At)
        .ConfigureAwait(false);
    if (!MaitreD.WillAccept(DateTime.Now, reservations, r))
        return NoTables500InternalServerError();

    await Repository.Create(r).ConfigureAwait(false);
    await PostOffice.EmailReservationCreated(r).ConfigureAwait(false);

    return Reservation201Created(r);
}
```

浏览了应用程序的日志之后[1]，你终于搞清楚了。超订是一种可能的竞争条件（race condition）。如果某一天仍可预订的座位数接近于零，而两个预订请求同时到达，ReadReservations 方法向两个线程分别返回的结果集（set of rows）可能是相同的，都表明可能完成预订。如图 12.2 所示，每个线程都认为自己的预订请求仍然可以被接受，所以向预订表添加了新行。

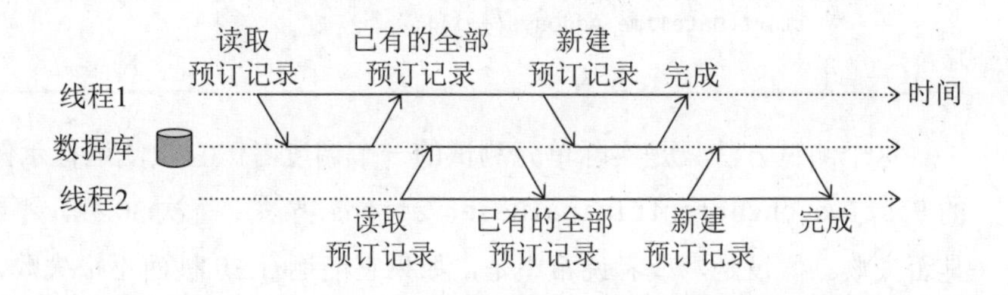

图 12.2　两个线程（例如，两个 HTTP 客户端）同时试图进行预订的竞争条件。

这显然是一个缺陷，所以应该用测试来重现它。但问题是，这种情况并不是每次都会出现的。自动化测试应该具有确定性，不是吗？

没错，如果测试具有确定性，那是最好的；但是请暂时考虑，不确定性也是可以接受的。这可能是什么方式呢？

测试失败分为两种情况：可能测试报告有问题但其实没有问题，这是假阳性；

1　见13.2.1节。

也可能测试报告没问题但问题真的存在，这是假阴性。

假阳性很麻烦，因为它们会引入噪音，降低测试套件的信噪比。如果某个测试套件经常无中生有地报告失败，你不会再关心它 [31]。

假阴性没那么糟糕。太多的假阴性可能会减少你对测试套件的信任，不过它们至少没有引入噪音。故而你起码知道，如果测试套件运行失败，那就真有问题了。

所以，处理预订系统中竞争条件的办法之一，是以示例代码 12.6 中的非确定性测试来重现它。

示例代码 12.6 重现竞争条件的非确定性测试。
（*Restaurant/98ab6b5/Restaurant.RestApi.SqlIntegrationTests/ConcurrencyTests.cs*）

```
[Fact]
public async Task NoOverbookingRace()
{
    var start = DateTimeOffset.UtcNow;
    var timeOut = TimeSpan.FromSeconds(30);
    var i = 0;
    while (DateTimeOffset.UtcNow - start < timeOut)
        await PostTwoConcurrentLiminalReservations(
            start.DateTime.AddDays(++i));
}
```

这个测试方法只是实际单元测试的一个调度者。它反复运行示例代码 12.7 中的 `PostTwoConcurrentLiminalReservations` 方法，每次 30 秒，不断重复，看它是否失败。假设是，或者说希望是，如果它能运行 30 秒而不报失败，系统就可能真的没问题。

示例代码 12.7 受示例代码 12.6 中的代码调度的实际测试方法。它试图并发创建两个预订请求。系统的状态是几乎订完（餐厅有 10 个座位，但已经预订了 9 个），所以应该只接受其中一个预订请求。
（*Restaurant/98ab6b5/Restaurant.RestApi.SqlIntegrationTests/ConcurrencyTests.cs*）

```
private static async Task PostTwoConcurrentLiminalReservations(
    DateTime date)
{
    date = date.Date.AddHours(18.5);
    using var service = new RestaurantService();
    var initialResp =
        await service.PostReservation(new ReservationDtoBuilder()
```

```
            .WithDate(date)
            .WithQuantity(9)
            .Build());
    initialResp.EnsureSuccessStatusCode();

    var task1 = service.PostReservation(new ReservationDtoBuilder()
        .WithDate(date)
        .WithQuantity(1)
        .Build());
    var task2 = service.PostReservation(new ReservationDtoBuilder()
        .WithDate(date)
        .WithQuantity(1)
        .Build());
    var actual = await Task.WhenAll(task1, task2);

    Assert.Single(actual, msg => msg.IsSuccessStatusCode);
    Assert.Single(
        actual,
        msg => msg.StatusCode == HttpStatusCode.InternalServerError);
}
```

我们不能保证真实情况就是如此。如果竞争条件非常罕见，这个测试可能出现假阴性结果。不过根据我的经验，这并不常见。

我写这个测试时，它只运行了几秒就失败了。所以我有几分信心，30 秒的超时设置能提供足够的安全保障，不过我承认，30 秒的设置是我拍脑瓜决定的；这个例子再次说明，软件工程是包含艺术性因素的。

结果发现，在更新已有预订记录（而不是新增预订）时，系统出现了同样的 bug，所以我为这种情况也写了一个类似的测试。

这些都是慢速测试的例子，12.2.2 节讨论过，它们应该只放在第二阶段来测试。

上面讨论的缺陷可以有多种解决办法。你可以使用工作单元（Unit of Work）[33] 设计模式，也可以在架构层面上处理，即引入持久队列和单线程写入来消费其中的消息。无论做什么选择，你都需要对其中涉及的读 / 写操作进行串行处理。

我选择了一个实用的解决方案：使用 .NET 的轻量级事务，如示例代码 12.8 所示。Post 方法的关键部分放在 TransactionScope 之内，这样就完成了读 / 写操作的串行化[1]，解决了问题。

1 串行化（serialisability），指的是确保数据库事务的行为会一个接一个地串行执行[55]。它与将对象转换为JSON或XML的那种“序列化”（serialization）没有关系（serialization既可以被翻译为“串行化”，也可以被翻译为“序列化”。实际上“序列化”的本意也是将对象“打扁”成一串字节，二者的内涵是接近的。——译者注）。

示例代码 12.8 Post 方法的关键部分现在放在 TransactionScope 之内，它将读 / 写操作串行化。与示例代码 12.5 相比，变化部分被着重标识。
（*Restaurant/98ab6b5/Restaurant.RestApi/ReservationsController.cs*）

```
using var scope = new TransactionScope(
    TransactionScopeAsyncFlowOption.Enabled);
var reservations = await Repository
    .ReadReservations(r.At)
    .ConfigureAwait(false);
if (!MaitreD.WillAccept(DateTime.Now, reservations, r))
    return NoTables500InternalServerError();

await Repository.Create(r).ConfigureAwait(false);
await PostOffice.EmailReservationCreated(r).ConfigureAwait(false);
scope.Complete();
```

根据我的经验，大多数缺陷都能够以确定性测试来重现，但现实并不会与理想完全重合。大家公认，多线程代码没办法以确定性测试来重现。两害相权，我更喜欢非确定性测试，而不是干脆忽略测试。这样的测试往往要运行到超时，才能让你相信测试用例已经被彻底验证了。所以应该把它们放在第二阶段，要么成为部署流水线的一部分，要么按需运行。

12.3 二分法

有些缺陷可能是难以捉摸的。在开发餐厅预订系统时，有一个缺陷我花了大半天时间才理解。在浪费了几个小时徒劳跟踪几条错误线索之后，我终于意识到，不能只通过长时间盯着代码来解决这个问题，必须找到可循的章法。

幸运的是，这种章法是存在的。由于没有更好的名字，我们可以称它为“二分法”（bisection）。简单地说，它是这样的：

1. 找到一种办法来检测或重现问题。
2. 删除一半代码。
3. 如果问题仍然存在，那么从第 2 步开始重复。如果问题消失了，那么恢复之前删除的代码，并删除另一半。同样，从第 2 步开始重复。
4. 继续，直到你把产生问题的代码规模缩减到自己能理解发生了什么为止。

你可以通过自动化测试来检测问题，或者借助一些临时办法来检测问题是不是还在。具体用什么办法，在技术上并不重要，但我发现自动化测试往往是最简单的，因为它是可重复的。

通常，我按照“橡皮鸭法”在 Stack Overflow 上撰写新问题时，就会这么做。Stack Overflow 上的好问题应该有一个最小可工作实例。大多数情况下，我发现制作最小可工作实例的过程非常有启发性，问题往往在有机会发布之前就已经得以解决。

12.3.1 用 Git 完成二分法

你也可以用 Git 的二分法来找出引入缺陷的提交。我最终用这个方法解决了自己遇到的问题。

我在 REST API 中添加了一份需要授权访问的资源，它列出某天的预订计划。餐厅的领班可以发出 `GET` 请求，查看当天的日程表，包括所有的预订记录和客人的具体到达时间，还包括客人的姓名和电子邮件（所以，如果该请求没有经过认证和授权，就不能使用）[1]。

这个特定资源要求客户端出示一个有效的 JSON 网络令牌（JWT，JSON Web Token）。我采用测试驱动开发来完成这项安全措施，并且提供了足够多的测试来保证安全。

有一天，当我与部署好的 REST API 通信时，发现这个资源无法访问了。我的第一反应是，自己提供了无效的 JWT，所以花了几个小时来解决这个问题。可惜，这是死路一条。

最后我明白了，这个保密功能是生效的。我曾经与部署好的 REST API 进行过交互，看到它在工作。它曾经正常工作，现在却不能访问了。在这两个已知状态之间，一定有某个提交引入了这个缺陷。如果我能够找到那个特定的变更集，可能会更容易理解这个问题。

不幸的是，在“正常工作”与“不能访问”之间，有大约 130 次提交。

幸运的是，随便哪个提交，我都有简单的办法来检测问题是否存在。

也就是说，我可以用 Git 的 `bisect` 功能来确定造成问题的那次提交。

1 关于这种情况的例子，见15.2.5节。

如果你有办法自动检测问题，Git 可以自动执行二分法。可惜，通常情况下你没有自动检测问题的办法。在执行二分法时，要寻找的是某个特定的提交，它引入了缺陷，但该缺陷当时没有被注意到。这就是说，即使你有自动化测试套件，测试也没有发现这个 bug。

出于这个原因，Git 也可以在交互式会话中切分你的提交记录。你可以用 `git bisect start` 启动该会话，如示例代码 12.9 所示。

示例代码 12.9 Git `bisect` 会话的开始。我在 Bash 中运行它，不过你可以在任何使用 Git 的 shell 中运行。我对终端输出进行了编辑，略去了 Bash 中与当前主题不相关的信息，以方便页面展示。

```
~/Restaurant ((56a7092...))
$ git bisect start

~/Restaurant ((56a7092...)|BISECTING)
```

这样就开始了交互式会话，你可以从 Bash 的 Git 集成中看出（它写着 `BISECTING`）。如果当前的提交出现了你要找的缺陷，你可以像示例代码 12.10 那样标记。

示例代码 12.10 在 `bisect` 会话中把一个提交标记为 `bad`。

```
$ git bisect bad

~/Restaurant ((56a7092...)|BISECTING)
```

如果你不指定提交的 ID，Git 会认为你指的是当前提交（本例中是 `56a7092`）。

现在告诉 Git 一个你确认没有问题的提交 ID，它对应要检查的最早的提交记录。参见示例代码 12.11。

示例代码 12.11 在 `bisect` 会话中把一个提交标记为 `good`。我对输出结果做了一点儿修改，方便页面展示。

```
$ git bisect good 58fc950
Bisecting: 75 revisions left to test after this (roughly 6 steps)
[3035c14...] Use InMemoryRestaurantDatabase in a test

~/Restaurant ((3035c14...)|BISECTING)
```

请注意，Git 已经告诉你预计会有多少次迭代。在此还可以看到，它为你签出了一个新提交（3035c14）。这就是所有待检查提交的中间位置（half-way commit）。

现在你要做的是检查这个提交中是否存在缺陷。你可以运行一个自动化测试，也可以启动整个系统，或者用已经确定的任何方式来找到答案。

在我的示例中，中间位置提交没有缺陷，所以我像示例代码 12.12 那样，告诉 Git 它没有问题。

示例代码 12.12　在 bisect 会话中把中间位置提交标记为 good。我对输出结果做了一点儿修改，方便页面展示。

```
$ git bisect good
Bisecting: 37 revisions left to test after this (roughly 5 steps)
[aa69259...] Delete Either API

~/Restaurant ((aa69259...)|BISECTING)
```

同样，Git 估计还剩下多少步，并签出一个新提交（aa69259）。

下面要做的就是不断重复这个过程，根据验证步骤是否通过，将当前提交标记为 good 或 bad。如示例代码 12.13 所示。

示例代码 12.13　借助 Git bisect 会话，定位引入缺陷的提交。

```
$ git bisect bad
Bisecting: 18 revisions left to test after this (roughly 4 steps)
[75f3c56...] Delete redundant Test Data Builders

~/Restaurant ((75f3c56...)|BISECTING)
$ git bisect good
Bisecting: 9 revisions left to test after this (roughly 3 steps)
[8f93562...] Extract WillAcceptUpdate helper method

~/Restaurant ((8f93562...)|BISECTING)
$ git bisect good
Bisecting: 4 revisions left to test after this (roughly 2 steps)
[1c6fae1...] Extract ConfigureClock helper method

~/Restaurant ((1c6fae1...)|BISECTING)
$ git bisect good
Bisecting: 2 revisions left to test after this (roughly 1 step)
[8e1f1ce] Compact code

~/Restaurant ((8e1f1ce...)|BISECTING)
```

```
$ git bisect good
Bisecting: 0 revisions left to test after this (roughly 1 step)
[2563131] Extract CreateTokenValidationParameters method

~/Restaurant ((2563131...)|BISECTING)
$ git bisect bad
Bisecting: 0 revisions left to test after this (roughly 0 steps)
[fa0caeb...] Move Configure method up

~/Restaurant ((fa0caeb...)|BISECTING)
$ git bisect good
2563131c2d06af8e48f1df2dccbf85e9fc8ddafc is the first bad commit
commit 2563131c2d06af8e48f1df2dccbf85e9fc8ddafc
Author: Mark Seemann <mark@example.com>
Date:   Wed Sep 16 07:15:12 2020 +0200

Extract CreateTokenValidationParameters method

Restaurant.RestApi/Startup.cs | 32 +++++++++++++++++++-------------------
1 file changed, 19 insertions(+), 13 deletions(-)

~/Restaurant ((fa0caeb...)|BISECTING)
```

仅仅 8 次迭代之后，Git 就找到了引入该缺陷的提交。注意，最后一步告诉你，哪次提交是“第一个 bad 提交”。

一看到这个提交的内容，我马上就知道问题出在哪里，并轻松修复了。我不打算摆出详细的错误描述，也不打算阐述修复细节。如果你有兴趣，可以去看我的一篇博客文章 [101]，该篇博客文章介绍了所有的细节，也可以浏览本书对应的 Git 仓库。

二分法是一种有效的技术，利用该技术可以定位并隔离错误源。不管有没有 Git，你都可以使用它。

12.4 结论

排除故障在相当程度上依赖于个人经验。我曾经在某个团队遇到过一个问题，某个单元测试在一名开发者的机器上失败了，在另一名开发者的机器上却通过了。测试代码相同，生产代码相同，Git 提交也相同。

我们本可以无奈地耸耸肩，放过这个问题，但我们都知道，在不了解根本原因的情况下，满足于“治标”往往是短视的。所以两位开发人员一起工作了半个小时左右，把问题缩小到了一个最小可工作实例。从本质上讲，问题来自字符串比较。

在测试失败的那台机器上，字符串比较的逻辑是 "aa" 在 "bb" 之前，"bb" 在 "cc" 之前。这看起来不错，不是吗？

然而，在测试成功的机器上，"bb" 仍然在 "cc" 之前，但 "aa" 却在 "bb" 之后。这到底是怎么回事？

这时候我跳了进来，看了一眼代码库，并问两个开发人员他们的“default culture”是什么。在 .NET 中，“default culture”是一个 Ambient Context[25]，它知道特定文化的格式化规则、排序顺序等等。

如我所料，认为 "aa" 在 "bb" 之后的那台机器，运行时 default culture 为丹麦语，而另一台机器使用的是美国英语。丹麦语的字母表在 Z 后面还有 3 个字母（Æ、ø 和 Å），但 Å 在过去曾被拼成 *Aa*。因为这种拼法在专有名词中仍然存在，所以 *aa* 的组合被认为等同于 *å*。Å 是字母表中的最后一个字母，被排在 B 的后面。

我之所以只花不到 1 分钟的时间就定位了问题，是因为刚入行那会儿，我处理过许多次丹麦语排序问题。这仍然依赖于“充满不确定性的个人经验”，也是软件工程的艺术。

但是，如果我的同事没有首先用二分法将问题缩小为简单症状，我就永远无法发现问题。能制造出最小可工作实例，是软件故障排除中非常关键的能力。

请注意，我在本章中没有讨论的内容：调试。

太多的人完全依靠调试来排除故障。虽然我偶尔也会使用调试工具，但我发现科学方法、自动化测试和二分法的结合更有效率。我们应当学习和使用这些更普遍的做法，因为生产环境中是没法使用调试工具的。

第13章　关注点分离

想象一下，你更改了应用程序数据库的 schema，结果发现，系统发出的电子邮件的字号竟然变大了。

为什么电子邮件模板的字号大小会受到数据库 schema 的影响？这是一个好问题。事情不应该是这样的。

一般来说，不应该把业务逻辑放在用户界面中，也不应该把数据导入和导出代码放到与安全相关的代码中。这个原则被称为关注点分离（separation of concerns）。它也对应 Kent Beck 的箴言：

> *“以相同速度变化的事物应该聚在一起。以不同速度变化的事物应该分开。”*[8]。

贯穿本书的主题之一就是，代码应该与思维合拍。在 7.1.3 节和 7.2.7 节中讲过，关键是要保持彼此独立的小块代码。把不同事物分开，这是很重要的。

第 7 章的主题是分解的原则和阈值，讲解了为什么以及何时应该将较大的代码块分解成较小的代码块。但是，第 7 章并没有详细讨论应当如何分解。

在本章中，我尝试回答这个问题。

13.1　组合

组合与分解的关系很复杂。归根结底，写代码是为了开发出可以工作的软件。你不能拍脑瓜完成系统的分解。虽然分解很重要，但如图 13.1 所示，分解的东西还必须能重新组合起来。

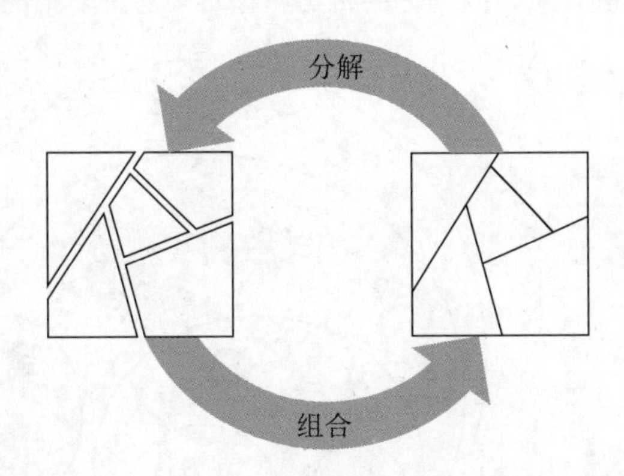

图 13.1　分解与组合密切相关。分解所产生的零件，必须能组合为可工作的软件。

因此，看懂软件组合的模型，有助于理解软件系统。把软件组件[1]组合起来的办法不止一种，且还有优劣之分。我可以开门见山地说，面向对象的组合是有问题的。

13.1.1　嵌套组合

归根结底，软件是要与现实世界互动的。软件可以在屏幕上绘制像素，在数据库中保存数据，发送电子邮件，在社交媒体上发帖，控制工业机器人；软件还可以做很多事情。所有这些，都是在“命令与查询分离”（Command Query Separation）的上下文中所说的副作用（side effect）。

既然副作用是软件存在的理由，那么围绕它们建立组合模型似乎是顺理成章的。所以，大多数人偏爱采用面向对象的设计方式。也就是说，根据行为来建模。

1　对我来说，“组件”（component）这个词的含义很宽泛。它可以是指对象、模块、库、小部件或其他东西。在一些编程语言和平台中组件有特定的概念，但这些概念通常与其他语言的概念不兼容。就像“单元测试”（unit test）或“模拟”（mock）一样，“组件”这个术语没有严格清晰的定义。

面向对象的组合的关注点往往在于将副作用组合起来。组合（Composite）模式 [39] 可能是这种组合风格的典范，但《设计模式》（*Design Patterns*）一书 [39] 中的大多数模式都深度依赖于副作用的组合。

如图 13.2 所示，这种组合方式依赖于在其他对象中嵌套对象，或者在其他副作用中嵌套副作用。因为你的目标应该是与思维合拍的代码，由此就产生了问题。

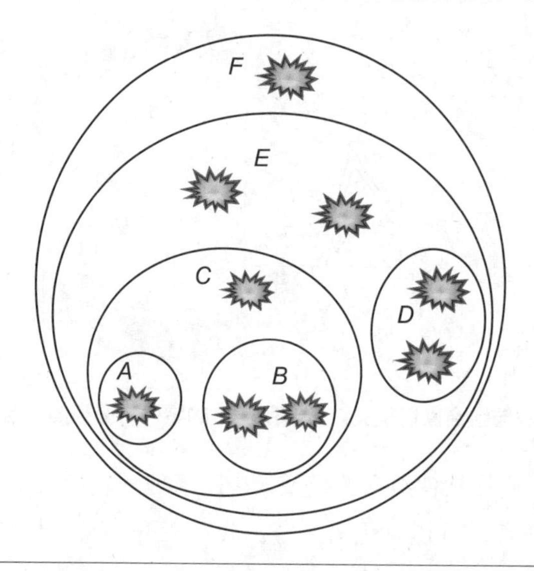

图 13.2 对象（或者说，对象上的方法）的典型组合方式是嵌套。组合越多，组合离你的思维就越远。在本图中，每颗星代表一个你关心的副作用。对象 *A* 封装了 1 个副作用，而对象 *B* 封装了 2 个副作用。对象 *C* 组合了对象 *A* 和对象 *B*，但也增加了第 4 个副作用。现在已经有 4 个副作用了，当你试图理解代码时，需要记住这些副作用。这很容易失去控制：对象 *E* 总共包括了 8 个副作用，对象 *F* 包括了 9 个副作用。这会超出你的思维能力。

为了说明问题所在，我要做一件到目前为止自己还没做过的事情，那就是展示糟糕的代码。示例代码 13.1 或示例代码 13.3 那样的代码就很糟糕，请不要效仿。

示例代码 13.1 糟糕的代码。这是控制器操作与嵌套组合的互动。更好的版本见示例代码 13.6。

（*Restaurant/b3dd0fe/Restaurant.RestApi/ReservationsController.cs*）

```
public IRestaurantManager Manager { get; }

public async Task<ActionResult> Post(ReservationDto dto)
```

```
{
    if (dto is null)
        throw new ArgumentNullException(nameof(dto));

    Reservation? r = dto.Validate();
    if (r is null)
        return new BadRequestResult();

    var isAccepted =
        await Manager.Check(r).ConfigureAwait(false);
    if (!isAccepted)
        return new StatusCodeResult(
            StatusCodes.Status500InternalServerError);

    return new NoContentResult();
}
```

你可能会想知道，示例代码 13.1 有什么问题。毕竟，它的圈复杂度只有 4，代码行数只有 17，激活的对象也只有 4 个。问题就藏在其中的一个对象后面，那就是 `Manager`，`Manager` 是一个被注入的依赖项。`Manager` 也是示例代码 13.2 中的 `IRestaurantManager` 接口。你能指出问题所在吗？

示例代码 13.2　在示例代码 13.1 中使用的 `IRestaurantManager` 接口，其实现见示例代码 13.3。

（*Restaurant/b3dd0fe/Restaurant.RestApi/IRestaurantManager.cs*）

```
public interface IRestaurantManager
{
    Task<bool> Check(Reservation reservation);
}
```

现在试着“蒙住方法名”。如果你这样做了，剩下的就是 `Task<bool> Xxx(Reservation reservation)`，它看起来像是一个异步操作。这一定是检查关于预订真假的方法。但如果你从这个角度看示例代码 13.1，`Post` 方法只使用布尔值来决定返回哪一个 HTTP 状态码。

程序员是否忘记了在数据库中保存预订记录？

很可能不是。所以，你决定看看示例代码 13.3 中 `IRestaurantManager` 的实现。它做了一些验证工作，然后调用 `Manager.TrySave`。

示例代码 13.3　糟糕的代码。`IRestaurantManager` 接口的实现看起来有副作用。
（*Restaurant/b3dd0fe/Restaurant.RestApi/RestaurantManager.cs*）

```
public async Task<bool> Check(Reservation reservation)
{
    if (reservation is null)
        throw new ArgumentNullException(nameof(reservation));

    if (reservation.At < DateTime.Now)
        return false;
    if (reservation.At.TimeOfDay < OpensAt)
        return false;
    if (LastSeating < reservation.At.TimeOfDay)
        return false;

    return await Manager.TrySave(reservation).ConfigureAwait(false);
}
```

如果你继续研究这堆乱七八糟的代码，最终会发现 `Manager.TrySave` 既在数据库中保存了预订记录，又返回了一个布尔值。基于你在本书中所学到的知识，看看这有什么不对吗？

它违反了命令与查询分离的原则。虽然这个方法看起来像查询，但它有副作用。为什么这是一个问题呢？

回想 Robert C. Martin 的定义。

> “抽象就是忽略无关紧要的东西，放大本质的东西。”[60]

通过在查询中隐藏副作用，我忽略了一些本质的东西。换句话说，示例代码 13.1 中发生的事情比表面上看到的多。圈复杂度可能只有 4，但有第 5 个操作在幕后执行，你应该注意到。

当然，圈复杂度为 5 仍然不会让你的思维超载，因为圈复杂度的上限是 7，然而光是这个隐藏的额外动作，就用掉了预算的 14%。如果多几个隐藏的副作用，思维就超载了。

13.1.2　顺序组合

嵌套组合有问题，但它并不是唯一的组合方式。你也可以通过把行为串联起来完成组合，如图 13.3 所示。

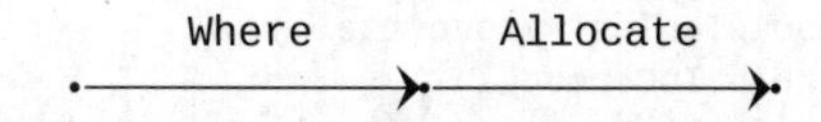

图 13.3 **两个函数的顺序组合。Where 的输出成为 Allocate 的输入。**

按照命令与查询分离的术语来说，命令会带来麻烦。相反，查询一般不会造成问题。查询返回的数据可以作为其他查询的输入。

整个餐厅的示例代码库就是以这条原则为基础编写的。想想示例代码 8.13 中的 WillAccept 方法。在所有的保护语句 [7] 之后，它先创建了 Seating 类的新实例。你可以把构造函数看作一个查询，前提是它没有副作用[1]。

下一行代码通过示例代码 13.4 中的 Overlaps 方法来过滤 existingReservations。内置的 Where 方法是查询，Overlaps 也是一个查询。

示例代码 13.4 Overlaps 方法。它是查询，因为它没有副作用，而且有数据返回。
（*Restaurant/e9a5587/Restaurant.RestApi/Seating.cs*）

```
internal bool Overlaps(Reservation other)
{
    var otherSeating = new Seating(SeatingDuration, other);
    return Start < otherSeating.End && otherSeating.Start < End;
}
```

relevantReservations 的 collection 既是上一个查询的输出，也是下一个查询 Allocate 的输入，见示例代码 13.5。

示例代码 13.5 Allocate 方法——另一个查询。
（*Restaurant/e9a5587/Restaurant.RestApi/MaitreD.cs*）

```
private IEnumerable<Table> Allocate(
    IEnumerable<Reservation> reservations)
{
    List<Table> availableTables = Tables.ToList();
    foreach (var r in reservations)
    {
        var table = availableTables.Find(t => t.Fits(r.Quantity));
        if (table is { })
        {
```

1 构造函数不应该有副作用，这是原则。

```
                availableTables.Remove(table);
                if (table.IsCommunal)
                    availableTables.Add(table.Reserve(r.Quantity));
            }
        }

        return availableTables;
    }
```

最后，WillAccept方法返回在availableTables中Fits candidate.Quantity的Any表。Any方法是另一个内置查询，Fits在示例代码8.14中出现过，它是一个谓词。

与图13.3相比，你可以说Seating构造函数、Seating.Overlaps、Allocate和Fits是按顺序组合的。

这些方法都没有副作用；也就是说，一旦WillAccept返回布尔值，你就可以忘掉这个结果是怎么来的。它的确忽略了无关紧要的东西，放大了本质的东西。

13.1.3　引用透明性

关于命令与查询分离，还有一个问题没有解决：可预测性。虽然查询没有副作用需要保存在脑海里，但如果每次调用查询（即使输入是相同的）都得到一个新的返回值，你当然会感到惊讶。

这可能不像副作用那么糟，但它仍然会干扰你的正常思维。如果我们在命令与查询分离的基础上新增一条规则："查询结果必须是确定的，不会随机变化"，会发生什么呢？

这就意味着，查询不能依赖随机数生成器、现场创建的GUID、当天的时间、日期或任何其他来自外部环境的数据，也不能依赖文件和数据库的内容。这听起来很严格，那么好处在哪里呢？

没有副作用的确定性方法，是引用透明的（referentially transparent）。它也被称为*纯函数*。这样的函数有若干理想特征。

理想特征之一是纯函数非常容易组合。如果一个函数的输出合适作为另一个函数的输入，你可以按顺序组合它们，永远可以放心。这背后有深奥的数学理论支持[1]，但简单地说，组合是编写纯函数的基础操作。

另一个理想特征是，你可以把对纯函数的调用原地替换为其结果。函数调用完全等同于输出的结果，没有任何其他影响。这个结果和函数调用之间的唯一区别，就是执行函数耗时更长。

可以借助 Robert C. Martin 对抽象的定义来思考这个问题。一旦纯函数返回了结果，这个结果就是你要关心的一切，函数得到结果的过程只不过是实现细节。引用透明的函数忽略了无关紧要的东西，放大了本质的东西。如图 13.4 所示，引用透明的函数将各种复杂性归约为单一对象，这个对象是与思维合拍的。

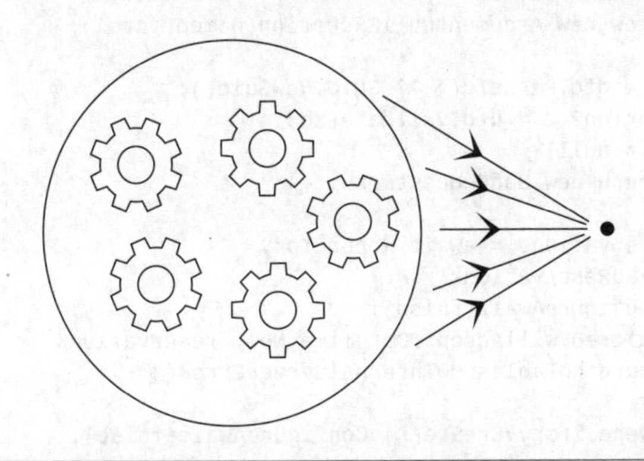

图 13.4　纯函数（左）折叠为结果（右）。无论什么复杂度，对引用透明函数的调用都可以被其输出所替换。所以，一旦你知道函数的输出是什么，阅读和解释调用代码时需要考虑的就只有这个输出而已。

另一方面，如果你想知道函数如何运作，可以详细查阅它的实现细节，就和分形架构一样。这个方法可能是示例代码 8.13 中的 `WillAccept`。实际上，该方法不仅仅是一个查询，还是一个纯函数。你放大查看这个函数的源代码时，注意力都集中在它身上，周围的上下文不再重要。这个函数专门用于处理输入参数和不可变的类字段。

如果拉远一点儿看，那么整个函数都会消失不见，只剩下函数的结果。这就是你头脑里需要跟踪的唯一对象。

1　一种观点来自范畴论，像Haskell这样的函数式编程语言在很大程度上深受其影响。对于程序员来说，Bartosz Milewski的*Category Theory for Programmers*[68]是很好的介绍材料。

可是，所有不确定的行为和副作用呢？它们去哪里了？

Main 方法、控制器、信息处理程序等等，这些都可以被放到一边。于是，你大可以将示例代码 13.6 看作是示例代码 13.1 的优秀替代品。

示例代码 13.6　顺序组合的 Post 方法。可以与示例代码 13.1 对比。
（*Restaurant/e9a5587/Restaurant.RestApi/ReservationsController.cs*）

```
[HttpPost]
public async Task<ActionResult> Post(ReservationDto dto)
{
    if (dto is null)
        throw new ArgumentNullException(nameof(dto));

    var id = dto.ParseId() ?? Guid.NewGuid();
    Reservation? r = dto.Validate(id);
    if (r is null)
        return new BadRequestResult();

    var reservations = await Repository
        .ReadReservations(r.At)
        .ConfigureAwait(false);
    if (!MaitreD.WillAccept(DateTime.Now, reservations, r))
        return NoTables500InternalServerError();

    await Repository.Create(r).ConfigureAwait(false);

    return Reservation201Created(r);
}
```

要明确的是，Post 方法本身不是引用透明的。它创建了一个新的 GUID（非确定性），查询了数据库（非确定性），获得了当前的日期和时间（非确定性），并在条件满足时将预订记录保存在数据库中（副作用）。

一旦它收集了所有的数据，就会调用纯函数 WillAccept。只有当 WillAccept 返回 true 时，Post 方法才允许副作用发生。

把非确定性的查询和有副作用的行为限制在系统外围，以纯函数的形式实现复杂逻辑，这种编程风格被称为函数式核心、命令式外壳（functional core, imperative shell）[11]，因为尽可能使用纯函数编程，才能算正经的函数式编程。

给自己加点油，去学习函数式编程[1]。它跟思维更合拍。

13.2 横切面关注点

有一组关注点往往跨越不同的职能。毫不奇怪，它们被称为横切面关注点（cross-cutting concern）。它们包括 [25]：

- 日志
- 性能监控
- 审计
- 计费
- 仪表化
- 缓存
- 容错
- 安全

你可能不需要关注所有这些点，但是哪怕只需要其中之一，这个具体的关注点也会牵涉到很多功能。

例如，如果你发现需要在 Web Service 调用中添加断路器 [73]，就可能需要在调用此 Web Service 的所有地方都部署它。或者，如果你需要给数据库查询加缓存，也需要保持缓存的一致性。

根据我的经验，横切面关注点有一个共同点：它们最好用“装饰器”（Decorator）[39] 模式来实现。下面来看一个例子。

13.2.1 日志

上文列出的大多数条目都是某种日志；也就是说，它们涉及把数据写入某种

---

1 如果要学习函数式编程，我建议你尝试学习合适的函数式编程语言。Haskell是最好的函数式编程语言，但学习曲线很陡峭，所以你可以找一门最适合自己的语言。你学到的关于函数式编程的大部分内容，都可以回头用于改进自己的面向对象的代码库。本书的代码表面上是用面向对象语言C#编写的，但实际上整个示例代码库都是以函数式核心、命令式外壳风格编写的。

日志中。性能监控（performance monitoring）将性能测量结果写入性能日志，审计（auditing）将审计数据写入审计日志，计费（metering）将使用数据写入最终成为发票的内容，而仪表化（instrumentation）[1] 将调试信息写入日志。

你可能只需要实现上述横切面关注点中的几个。到底需要哪些，取决于系统的需求。

不过，你应该在系统中保留起码的日志。软件在使用中会遇到不可预见的情况，它可能会出问题或者崩溃。为了排除故障，你需要了解这些问题。只有日志能让你洞察正在运行的系统的状况。

起码，你应该确保所有未处理的异常都被记录下来。你大概不需要自己动手实现这一点，比如 ASP.NET 就会自动记录 Windows 和 Microsoft Azure 上未处理的异常。

你应当密切关注日志的情况。理想状态下，未处理的异常数量应当是零。如果你在日志中看到一个异常，应当把它视为缺陷。详见 12.2 节。

有些缺陷是运行时的崩溃，而其他缺陷则表现为不正常的行为，标志着系统在不正确的情况下继续运行。在 12.2 节中给过几个例子：系统允许超额预订，以及电子邮件地址和姓名被调换。要理解到底发生了什么，你需要更多的日志，单纯记录那些未处理的异常是不够的。

13.2.2 装饰器

装饰器这种设计模式有时也被称为俄罗斯套娃，因为传统的俄罗斯套娃就是一个套一个的，如图 13.5 所示。

1 指向软件系统中插入监测和测量代码的行为。通过仪表化，开发人员可以在不影响业务功能的前提下，收集关于应用程序运行时行为的数据，如性能指标、错误和异常消息、资源利用情况等，获取对程序行为的深入理解。——译者注

图 13.5 “一个套一个”的俄罗斯套娃，经常被用来比喻装饰器设计模式。

像套娃一样，多态对象也可以一个个套起来。这正是将不相关功能添加到已有实现中的好方法。在示例代码 13.7 中，你可以看到如何为数据库访问接口添加日志。

示例代码 13.7 IReservationsRepository 接口的另一个版本，现在支持多租户。其他的变化见示例代码 10.11 或示例代码 8.3。
（Restaurant/3bfaa4b/Restaurant.RestApi/IReservationsRepository.cs）

```
public interface IReservationsRepository
{
    Task Create(int restaurantId, Reservation reservation);

    Task<IReadOnlyCollection<Reservation>> ReadReservations(
        int restaurantId, DateTime min, DateTime max);

    Task<Reservation?> ReadReservation(Guid id);

    Task Update(Reservation reservation);

    Task Delete(Guid id);
}
```

代码库里已经有一个实现该接口的类，名字是 SqlReservationsRepository，它负责底层 SQL Server 数据库的读 / 写。虽然你想要的是记录它执行的操作，但也不应该把逻辑混在一起，所以不要单纯为了添加日志而修改 SqlReservationsRepository。

你可以添加一个装饰器。示例代码 13.8 展示了这个类的声明和构造函数。请注意，虽然它实现了 IReservationsRepository 接口，但它也包装了另一个 IReservationsRepository 对象。

示例代码 13.8 装饰器 LoggingReservationsRepository 的类声明和构造函数。
（*Restaurant/3bfaa4b/Restaurant.RestApi/LoggingReservationsRepository.cs*）

```
public sealed class LoggingReservationsRepository : IReservationsRepository
{
    public LoggingReservationsRepository(
        ILogger<LoggingReservationsRepository> logger,
        IReservationsRepository inner)
    {
        Logger = logger;
        Inner = inner;
    }

    public ILogger<LoggingReservationsRepository> Logger { get; }
    public IReservationsRepository Inner { get; }
```

由于它实现了此接口，因此必须实现全部方法。这一点不难，因为它可以直接调用 Inner 上的同名方法。不过，每个方法都给了装饰器一个拦截方法调用的机会。示例代码 13.9 展示了它包装 ReadReservation 方法进行记录的具体做法。

示例代码 13.9 添加了装饰器的 ReadReservation 方法。
（*Restaurant/3bfaa4b/Restaurant.RestApi/LoggingReservationsRepository.cs*）

```
public async Task<Reservation?> ReadReservation(Guid id)
{
    var output = await Inner.ReadReservation(id).ConfigureAwait(false);
    Logger.LogInformation(
        "{method}(id: {id}) => {output}",
        nameof(ReadReservation),
        id,
        JsonSerializer.Serialize(output?.ToDto()));
    return output;
}
```

首先，它调用 Inner 实现上的 ReadReservation 来拿到结果。在把结果返回之前，它使用注入的 Logger 来记录该方法的调用。示例代码 13.10 展示了该代码产生的典型日志。

示例代码 13.10 由示例代码 13.9 产生的一条日志。在真正的日志里这一行非常宽。为了便于阅读，我进行了一些编辑，增加了换行和缩进。

```
2020-11-12 16:48:29.441 +00:00 [Information]
Ploeh.Samples.Restaurants.RestApi.LoggingReservationsRepository:
ReadReservation(id: 55a1957b-f85e-41a0-9f1f-6b052f8dcafd) =>
{
  "Id":"55a1957bf85e41a09f1f6b052f8dcafd",
  "At":"2021-05-14T20:30:00.0000000",
  "Email":"elboughs@example.org",
  "Name":"Elle Burroughs",
  "Quantity":5
}
```

LoggingReservationsRepository 的其他方法也是如此。它们调用 Inner 的实现，记录日志，然后返回。

必须先配置 ASP.NET 内置的依赖注入容器，才能把装饰器用在“真正”实现的周围，如示例代码 13.11 所示。有一些依赖注入容器本来就支持装饰器（Decorator）模式，但 ASP.NET 内置的容器并非如此。好在你可以用 lambda 表达式来注册服务，绕过这个限制。

示例代码 13.11 用 ASP.NET 框架配置一个装饰器。
（*Restaurant/3bfaa4b/Restaurant.RestApi/Startup.cs*）

```
var connStr = Configuration.GetConnectionString("Restaurant");
services.AddSingleton<IReservationsRepository>(sp =>
{
    var logger =
        sp.GetService<ILogger<LoggingReservationsRepository>>();
    return new LoggingReservationsRepository(
        logger,
        new SqlReservationsRepository(connStr));
});
```

餐厅预订系统的依赖项不只有 IReservationsRepository。例如，它也使用 IPostOffice 接口发送电子邮件。为了记录这些交互，它使用了一个类似于 LoggingReservationsRepository 的 LoggingPostOffice 装饰器。

你可以用装饰器模式来解决大多数横切面的问题。对于缓存，你可以实现一个装饰器，首先尝试从缓存中读取。只有当值不在缓存中时，它才会读取底层数据存储，在这种情况下，它在返回之前会更新缓存。这就是所谓的“读取穿透缓存”（read-through cache）。

关于容错性，我之前的书 [25] 中包含了一个断路器模式 [73] 的例子。也可以用装饰器模式来解决安全问题，但大多数框架都有内置的安全选项，最好把它们都启用，见 15.2.5 节中的例子。

13.2.3　日志写什么

我曾经合作过的一个团队，其日志配置就非常合理。那时候我们正在开发和维护一套 REST API。每个 API 都会用日志记录每个 HTTP 请求和它返回的 HTTP 响应的细节[1]。它还会记录所有的数据库交互，包括输入参数和数据库返回的整个结果集。

我不记得有哪个缺陷是我们无法追踪和理解的，因为日志记录总是这样恰到好处。

大多数开发机构输出的日志太多了。特别是涉及仪表化的时候，我经常看到“日志记录过度”的例子。如果日志记录是为了支持未来的排障，你无法预测自己会需要什么，所以多比少要好。之所以会有“日志记录过度”的情况，理由大概就在这里。

如果只记录你所需要的日志，就更好了。不少一分，不多一毫，记录的日志恰到好处。很明显，我们应该把这称为“恰到好处的日志”（Goldilogs）[2]。

你怎么知道要记录什么日志呢？如果你不知道未来的需求，怎么能知道自己已经记录了所有需要的东西呢？

关键在于可重复性。就像你应该能够重复构建和反复部署一样，你也应该能够从日志中还原程序的执行状况。

如果你能重现一个问题出现时的情况，就能解决它。你只需要记录足够的数据，保证能从中还原执行的情况。那么，怎么才能确定这些数据呢？

1　像JSON Web Token这样的敏感信息除外，我们对它们做了脱敏处理。

2　该词借鉴自童话*Goldilocks*，中文名为《金发姑娘和三只熊》或《金凤花姑娘》。该作品主要讲的是金发姑娘Goldilocks在森林中的故事。她误入了三只熊的家里，发现不管是杯子、盘子还是椅子、床，都有大、中、小三个型号。这个故事告诉孩子们“恰到好处”的重要性。——译者注看看示例代码 13.12。你会用日志记录这个语句吗？

示例代码 13.12　你会用日志记录这个语句吗？

```
int z = x + y;
```

用日志记录 x 和 y 的值可能是有意义的，特别是如果这些值是运行时的值（例如，由用户输入，网络服务调用的结果，等等）。你可以做一些像示例代码 13.13 那样的事情。

示例代码 13.13　用日志记录输入值可能有意义。

```
Log.Debug($"Adding {x} and {y}.");
int z = x + y;
```

但你会不会像示例代码 13.14 那样用日志记录结果呢？

示例代码 13.14　用日志记录加法的输出是否有意义？

```
Log.Debug($"Adding {x} and {y}.");
int z = x + y;
Log.Debug($"Result of addition: {z}");
```

没必要用日志记录计算的结果。加法是一个纯函数，它是确定的。如果你知道输入，总是可以重复计算来得到输出。2 加 2 永远等于 4。

代码中的纯函数越多，需要的日志就越少 [103]。引用透明性（referential transparency）之所以可取，这是众多原因之一。基于同样的理由，你理应优先选择函数式核心、命令式外壳的架构。

日志应当记录所有“不纯”的动作，仅此而已。

日志还应当记录所有无法重现的东西。这包括所有非确定性的代码，如获取当前日期、获取一天中的时间、生成一个随机数、从文件或数据库中读取等等，以及所有存在副作用的内容。其他都不需要记录。

当然，如果代码库没有把纯函数和不纯的行为分开，就必须把一切都记录下来。

13.3 结论

我们应当分离不相关的关注点。对用户界面的修改不应该涉及数据库代码的编辑，反之亦然。

关注点分离，意味着你应该分离——也就是分解——代码库的各个部分。分解是有价值的，前提是你能重新组合不同的部分。

这听起来像是面向对象设计该做的事情；可惜尽管它最初做了这样的承诺，却被证明不适合执行这项任务。虽然面向对象的分解是可以实现的，但必须跨越重重障碍才能做到。大多数开发人员不知道如何做到这一点，所以他们习惯于通过嵌套来组合对象。

在你这样做的时候，往往会把重要的行为掩盖起来。结果就是，代码更难以理解了。

顺序组合，即一个纯函数返回的数据可以作为其他纯函数的输入，提供了更合理的选择；这个选择确实能跟思维合拍。

虽然我并不期望各个组织把自己所谓的面向对象代码库扔掉，换成 Haskell，但我确实建议以*函数式核心、命令式外壳*为终极目标。

这样做，可以更容易地把代码库中那些实现不纯行为的部分隔离开来。这些部分通常也是你需要应用横切面关注点的地方，最好用装饰器模式来完成它。

第14章　节奏

我参观过许多软件开发组织，也合作过很多组织。有的组织遵循同样的流程，其他组织则有各自的流程。有不少组织告诉我，他们都遵循某个确定的流程，可是他们实际做的事情却并非如此。

有些团队每天都会开立会，不过其实只有在自己感觉确实需要的时候，他们才认真开会。

还有一个我合作过的团队，我们每天早上都要开立会；但有个人总是坐着，并设法让其他人围拢在他的桌子旁边。他还完全无视"我昨天做了什么""我今天要做什么""有什么障碍"的议程安排，而是滔滔不绝地讲上15分钟，以致我站得脚都痛了。

还有一个团队有很漂亮的看板，可惜他们会花大量的时间去救火。那些花里胡哨的条目并不能让你准确地了解实际正在进行的工作。

我合作过的最好的团队之一，几乎没有任何流程。流程没那么重要，因为他们已经实施了持续部署。该团队交付功能的速度甚至超过了需求方的期待。团队成员不是疲于应对需求方的反复询问：这项工作做完了吗，而是有时会问需求方：

是否有时间欣赏他们自己要求的功能。这些团队成员得到的最常见回答是，“我们太忙，没时间欣赏你们交付的功能”。

我并不打算告诉你如何组织工作。无论你的方法论是Scrum、XP[5]、PRINCE2，还是日常工作乱成一团，我都希望本书给你提供了有用的观念。虽然我不希望对任何具体的软件开发过程指手画脚，但我已经意识到，如果工作日的结构或节奏能做到松散闲适，还是很不错的。对个人来说如此，对团队来说也是如此。

14.1 个人节奏

每一天都可能不同，但我发现，如果默认的日程比较松散，那就比较好。不应当有任何强制性的日常活动，否则万一你有一天错过了，就会感受到压力。不过，清晰的日程表确实能帮助你完成一些事情。

尽管我的妻子可能会告诉你，我是她认识的最守纪律的人之一，但我也有拖延症。保持一天的节奏可以帮助我尽量减少时间方面的浪费。

14.1.1 时间段

工作时应当把时间划分为多个时间段，比如每段25分钟。然后休息5分钟。你可能以为这就是“番茄工作法”，但它其实不是。“番茄工作法”更复杂[18]，而且我觉得其中的额外活动不要紧。

不过，工作25分钟确实有若干好处。其中一些好处可能很明显，另一些好处则不太明显。

显而易见的是，25分钟不间断工作，会让一项大的任务看起来更容易应付。即使一项工作看起来令人生畏，或者无聊乏味，告诉自己“看个25分钟再说”也会更容易。我的经验是，大多数任务中最难的部分都是开始阶段。

所以，一定要保持倒计时的可见性。你可以用一个真正的厨房定时器，比如图14.1中所示的这个定时器，当然软件也可以。我使用的程序总是在屏幕的系统托盘[1]中显示剩余的分钟数。倒计时可见的好处是，它可以抵制“随便看

1　在Windows系统中，系统托盘通常被放在屏幕的右下方。它也被称为通知区域。

看”Twitter、电子邮件之类的诱惑。每当我有这种冲动时，就会看一眼倒计时，然后对自己说："好吧，当前这个时间段还剩下 16 分钟。我可以再坚持 16 分钟，然后休息。"

图 14.1 以 25 分钟为一个时间段来工作，你可能称它为"番茄工作法"。它大概不是货真价实的番茄工作法，不过这里有个真正的 Pomodoro 厨房定时器，番茄（Pomodoro）工作法由此得名。

休息的好处不那么明显，所以如果你要休息，就应当妥善利用这段时间。从椅子上起身，走动走动，离开房间。为自己着想，别继续守在计算机跟前。12.1.3 节已经讨论了这么做的独到之处。换个环境就能得到全新的视角，这种事发生的概率异常高。

即使你没觉得思维停滞，休息也会让你意识到，自己刚刚浪费了最后的 15 分钟。承认这个事实有点儿尴尬，但我宁愿浪费 15 分钟，也不愿浪费 3 小时。

有好几次定时器响起时，我已经进入了状态。在心流明明出现，还要停下手头的工作并离开计算机，这几乎一定是痛苦的。然而我发现，如果这样做了，有时休息回来后会意识到，自己刚刚做的事情不可能成功，因为以后会有问题。

如果我只是停留在这个状态，可能会浪费几小时，而不是几分钟。

程序员们喜欢"进入状态"，因为这么做看似效率很高，但实际情况不一定如此（因为这不是一种沉思的状态）。你可能可以写出很多行代码，但不能保证它们都有用。

有趣的是，如果你进入状态后所做的事情真的有用，那么 5 分钟的休息时间其实不重要。我经常发现，如果觉得自己进入状态了，那么哪怕离开计算机几分钟，回来之后也能迅速恢复之前的状态。

14.1.2 休息

我曾开发过一款大受欢迎的开源软件。因为它让用户满意，所以用户开始建议在其中添加各种功能，而这些都不在我最初的计划之内。首发版本运行得很好，但我明白自己必须重写大部分的代码，增加更多的灵活性。

新的设计需要进行大量的思考。幸运的是，当时我上班需要半小时的单程通勤时间。在骑自行车来来回回[1]的路上，我完成了新版本大部分的设计工作。

远离计算机是很有效的。我的大部分好的创意都是在做其他事情时产生的。我经常锻炼身体，许多新想法就是在跑步、洗澡或洗碗时冒出来的。我也记得自己有很多灵光闪现的顿悟时刻，当时自己是站着的。我不记得自己坐在计算机前有过这样的时刻。

我想这是因为我的系统 1[51]（或其他一些潜意识的过程）一直在思考问题，哪怕我没有意识到这一点。不过，这只有在我已经花了时间在计算机前处理问题的情况下才有效。你不能期望干躺在沙发上，灵感就会源源不绝地涌现。真正起作用的，似乎是这种交替处理问题的方式。

如果你在办公室里工作，出去走走可能会比较麻烦。不过我仍然认为，这可能比整天坐在计算机前更有成效。

如果可能，请离开计算机休息休息。做 20 分钟或半小时的其他事情。如果能结合一些体力劳动就更好了。不一定是高强度的体育锻炼，出去散步也可以。举个例子，如果你附近有一家杂货店，就可以去买点儿东西。我每隔一天就去采购一次。这样我不仅在工作日得到了休息，购物也很有效率，因为我去的时候其他顾客很少。

请记住，脑力劳动与体力劳动不同。进行脑力劳动时，不能用工作时长来衡量生产力。事实上，从事脑力劳动的工作时间越长，生产力就越低。长时间工作甚至可能破坏生产力，因为你会犯错误，然后不得不浪费时间去纠正。所以，不要长时间工作。

1　哥本哈根是一个自行车城市，如果有可能，我会骑自行车。骑自行车比开车更省时间，还能提供一点儿锻炼的机会。虽然我有时会着迷于在骑行中思考问题，但我并没有给其他人带来危险。

14.1.3 有意识地利用时间

不要消极被动地度过一天。我不打算用这本书来宣讲个人生产力，这样的书已经有很多了。但是退一步说，我建议你有意识地利用自己的时间。我将告诉你一些对我自己有用的日常安排，希望对你有启发。

《程序员修炼之道》建议你每年学习一门新的编程语言 [50]。我不确定自己是否同意这条具体规则。了解多门语言是一个好主意，但每年学习一门编程语言似乎有些过分，因为大家还有其他东西需要学习：测试驱动开发、算法、特定的库或框架、设计模式、基于属性的测试，等等。

我不会尝试每年学一门新语言，但我确实会努力扩充自己的知识图谱。除非有预约，否则我会以两个 25 分钟的时间段开始新的一天，在这两个时间段里我会努力自学。最近，我一般是阅读教材，然后做练习。早先的时候，我每天早上都在 Usenet 上回答问题[1]，后来在 Stack Overflow 上回答问题。教学相长，回答别人的问题也会让我有很多收获。我还做过编程卡塔（Katas）[2]。

另一个生产力技巧是限制自己参加会议的数量。我曾经为一家公司提供咨询，那家公司总是在开会。有一段时间，因为我担任了核心角色，所以收到了很多会议邀请。

我注意到，许多会议实际上是要求我提供信息。这些会议的与会者听说我参加了某一个会议而他们不在场，就想开个会来了解之前会上讨论的内容。这种做法可以理解，但这种会议的效率很低。所以，我开始把会议内容写下来。

如果其他人要求与我会面，我会要求他们提供会议议程，他们往往因此取消会议。如果会议没有被取消，我看到议程之后，就会把已经写下来的东西发给他们。他们马上就可以得到自己需要的信息，而不是等几小时或几天之后的会议。会议没法批量参加，文件却可以批量提供。

1 是的，那是很久之前的事了。

2 Katas是一个来自日本的概念，它主要用于描述武术、特定技艺或编程练习中的重复性练习和模式。这个词在不同的领域中有着不同的应用。在编程中，Katas是一种练习方法，通过反复练习特定的编程挑战来提高编程技能。这些编程挑战通常涉及解决特定的问题或实现某种功能，以便让开发者熟练地掌握编程语言和算法。——译者注

14.1.4 盲打

2013 年，丹麦教师工会和作为雇主的教育部门之间爆发了一场冲突，学校被无限期关闭。这场冲突前后持续了 25 天，但一开始没有人知道会持续多久。

当时我的女儿已经 10 岁了。我不想让她在家里闲着，所以我编了一套课程给她。其中的任务之一是，每天跟着网上的打字教程练习 1 小时。在回到学校后，她就开始盲打了，从那以后她就一直这样打字。

在 2020 年，学校因为新冠疫情而关闭时，我也给 13 岁的儿子布置了同样的任务。他现在也会盲打。这需要每天花 1 小时练习几周，才能学会。

我曾与不能盲打的程序员一起工作，我注意到，他们的效率会因此而很低。这并不是因为他们敲键盘不够快；毕竟，敲键盘不是软件开发的瓶颈。你会花更多的时间在阅读代码方面，而不是在输入代码方面，所以生产力与代码的可读性密切相关。

不过，*按图索骥式打字*（hunt-and-peck typing）的效率低下，其原因并不是你打得不够快。问题在于，如果你总是在键盘上寻找要敲的下一个键，就注意不到屏幕上正在显示的信息。

现代的 IDE 附带许多功能，它们会在你犯错时做出提示。我很早就开始盲打，但不是特别准确，所以需要频繁地使用删除键。

虽然我在写像本书这样的文字时容易打错，但我在编码时却很少犯这种错误。这是因为 IDE 的自动补全等功能会为我“敲键盘”。

我见过那些忙于寻找下一个键的程序员，他们忽略了 IDE 提供的全部帮助。更糟的是，如果他们敲错了键，要等到准备编译或运行代码时才会发现错误。等他们最终抬头看屏幕时，会困惑于某些东西为什么不能正常运行。

和这样的程序员结对编程时，我可能要眼看着一个拼写错误长达几十秒。所以对我来说，原因很清楚；但对那些不能盲打的程序员来说，他们抬头从屏幕上看到的是一个全新的环境，需要时间来适应。

所以，大家应当学会盲打。IDE 是*集成开发环境*（Integrated Development Environment）的首字母缩写，但对于现代工具来说，也许*交互式开发环境*（Interactive Development Environment）更能描述其特点。但是，如果你不看它，互动就无从谈起。

14.2 团队节奏

在团队中工作时，你必须保持个人节奏与团队节奏一致。最可能的情况是，团队有固定安排。你可能需要每天开立会，每两周进行一次 sprint 回顾，或者在一天的某个固定时间吃午饭。

我已经说过，我不打算强制要求任何具体的流程。但是，我认为你仍然应该给团队活动留出一些安排。你甚至可以把它们做成 checklist。

14.2.1 定期更新依赖项

代码库中存在着依赖关系。要从数据库中读取数据，你会使用对应数据库的 SDK。写单元测试时，你会采用某个单元测试框架。用 JSON Web Token 来验证身份时，你会使用相应的库。

这种依赖项通常以软件包的形式出现，以包管理器来提供。例如，.NET 有 NuGet，JavaScript 有 NPM，Ruby 有 RubyGems。这样，软件包就能够频繁更新。软件包的作者可以轻松地进行持续部署。所以每当有 bug 修复或新功能时，你可能会得到一个新的版本。

没有必要在每次出现新版本时都更新。如果你不需要某个版本的新功能，可以跳过该版本。

但是另一方面，落后太多也很危险。一些软件包的开发者会谨慎地处理破坏性变更，另一些开发者却要轻率许多。在两次更新之间等待的时间越长，就会堆积越多的破坏性变更。结果就是越来越难升级依赖项，最终可能根本不敢再升级。

语言和平台版本也是如此。最终，你可能困在编程语言的某个旧版本上，因而难以招到新员工。这种情况确有发生。

具有讽刺意味的是，如果你定期更新，反而不会这么痛苦。在示例代码库的 Git log 中，你可以看到我偶尔会更新依赖关系。示例代码 14.1 展示了部分提交说明。

示例代码 14.1 Git log 节选，其中包含了软件包的更新，以及相关其他提交作为参照。

```
0964099 (HEAD) Add a schedule link to each day
2295752 Rename test classes
fdf2a2f Update Microsoft.CodeAnalysis.FxCopAnalyzers NuGet
```

```
9e5d33a Update Microsoft.AspNetCore.Mvc.Testing NuGet pkg
f04e6eb Update coverlet.collector NuGet package
3bfc64f Update Microsoft.NET.Test.Sdk NuGet package
a2bebea Update System.Data.SqlClient NuGet package
34b818f Update xunit.runner.visualstudio NuGet package
ff5314f Add cache header on year calendar
df8652f Delete calendar flag
```

依赖项应该多久更新一次？这取决于依赖项的数量和稳定程度。对于本书的示例代码库，我觉得每两个月左右检查一次更新就可以了。更大的代码库可能会有多得多的软件包，所以当然需要更频繁的检查和更新。

要考虑的另一个因素是特定依赖项的变化频率。有些依赖项很少变化，而另一些依赖项则在不断修订。所以，应当通过实验来找到适合自己代码库的最佳频率。但在你知道这个频率之前，起码应当有一个固定的节奏。有效的办法是，把这项工作与其他常规活动联系起来。如果你的 Scrum 是每两周进行一次 sprint，不妨把软件包的检查和更新当作新 sprint 的首要任务[1]。

14.2.2 安排其他事务

为什么要给依赖项的检查更新做专门安排？因为它很容易被忘记。每天检查更新没有意义，所以它不太可能成为任何人工作的固定工作内容。

这也是那种一旦你开始注意，就为时已晚的问题。还有其他一些问题也属于这种类型。

加密证书[2]会过期，但它们的有效期通常以年为单位。所以，它们的更新很容易被人忘记。可是如果你忘记了更新，系统就无法运行。在这种情况发生时，原来的开发人员可能都不在团队里了。更好的做法是主动更新证书，所以应当给这项活动进行专门安排。

域名的情况也是如此。它们在几年后会过期，所以应当确保有人按时给域名续费。

另一个例子是数据库备份。自动备份很容易，但你知道备份程序真的能用吗？

1 不要把它安排在sprint的最后，那样它就会被更紧急的事情牺牲掉。

2 例如，X.509证书。

你真的能从备份中恢复系统吗？不妨把它作为一项常规工作来安排。真正需要用到备份的时候才发现恢复不了，就太令人失望了。

14.2.3 康威定律

我做第一份工作的时候就有自己的办公室。那是在1994年，当时开放式办公室观还不像今天这样常见。从那以后我就再也没有过自己的办公室了[1]。雇主们认识到，开放式办公室的成本较低，而且XP之类的敏捷过程也适合大家坐在一起办公[5]。

坦白地说，我不喜欢开放的办公空间。我觉得其环境很嘈杂，让人分心。同时我也承认，面对面的交流可以促进合作。如果你曾经尝试过在聊天论坛上用文字讨论关于GitHub的问题，或者是功能规范，你知道这可能会持续几天或几周。而面对面地谈上15分钟，就可以解决看起来会是冲突的问题。

即便是不依赖“个人情绪”的技术讨论，面对面的讨论也有助于澄清误解。

另一方面，如果完全依靠面对面谈话和集中办公，你可能建立的是一种口头协作的文化。没有什么可以写下来，同样的讨论必须反复进行，并反复回答同样的问题。一旦有人离开，知识就消失了。

可以从康威定律出发来考虑这个问题：

> “要设计系统的任何组织[……]必然会得到某个设计结果，其结构是该组织沟通结构的副本。”[21]

如果每个人都坐在一起，可以随意与其他人交流，结果可能是整个系统充斥着临时交流的结果，却没有成型的结构。换句话说，这就是意大利面条式的代码[15]。

不妨思考一番，你所在组织工作的方式，对代码库有什么影响。

虽然我不喜欢开放的办公室和临时聊天，但我也不推荐采用另一种极端方式。僵化的等级制度和指挥系统基本没有可能提高生产力。就我个人而言，我喜欢用开源软件的典型组织方式来组织工作（甚至是公司的工作），包括pull request、

---

1 这不完全正确；我已经自雇工作多年，如果我不在客户那里，就在自己家里工作。这本书就是我在家里的办公室里写的。

review，以及绝大部分的文字交流形式。我之所以喜欢这种方式，是因为它可以实现异步的软件开发 [96]。

你不必照我的样子来，但是，你应当给自己的团队找到一种组织方式，它既有助于沟通，又有益于你喜欢的软件架构。关键在于，你要意识到，团队组织方式和软件架构是互相关联的。

14.3 结论

你可以找到很多关于个人生产力的图书，所以我不想重复这类图书通常讨论的大部分话题。你选择哪种工作方式是你自己的事，而团队的工作方式则要考虑更多的因素。

不过，我确实希望讨论某些我花了多年才意识到的事情。休息一下，远离计算机。在做其他事情时，我收获了最棒的创意。或许，你也能这样。

第15章 常见困惑

我们还没谈论过性能呢？还有安全呢？依赖性分析呢？算法呢？架构呢？计算机科学呢？

所有这些主题都与软件工程有关。你听到“软件工程”这个词的时候，可能就会想到这些主题。它们也确实是常见的关联主题。但是整本书写到这里，我都假装它们不存在。这并非因为我认为它们无关紧要，而是因为我已经发现，集大成的方法早就存在了。

为开发团队提供咨询时，我很少发现自己必须教授他们关于性能的知识。通常，我遇到的人都比我更了解算法和计算机科学。要找到一个比我更懂安全的人，也不是那么难。

我之所以要写这本书，是因为根据我的经验，书中的主题是我应当要传授的实践经验。我希望这本书能填补一个空白（参见图 15.1 中的感叹号），哪怕它只是我从前辈们那里继承而来的智慧结晶。

不能因为我希望专注于那些不常见的主题，就认为我故意忽视常见的主题。在本书的倒数第 2 章，我想介绍自己是如何看待性能、安全以及其他一些主题的。

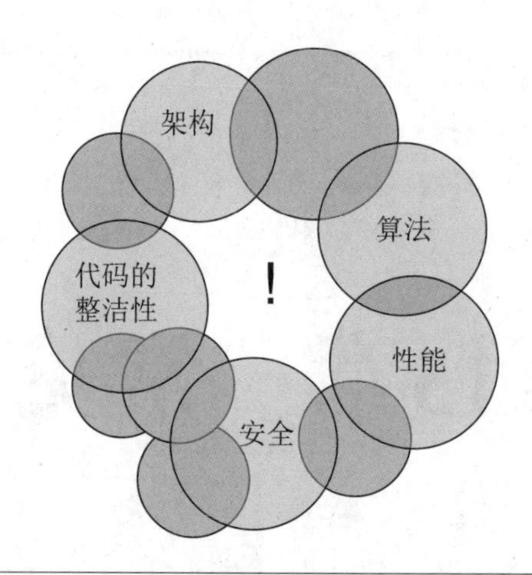

图 15.1 软件工程的常见疑点：架构、算法、性能、安全，以及《代码整洁之道》[61] 和《代码大全》[65] 等书中列举的代码方法。你可以在其他地方找到关于这些主题的精彩论述，但我仍然觉得缺乏集各主题之大成的内容。本书就是填补这一空白的一次尝试。

15.1 性能

我注意到，如果我讲的观点他人不喜欢，那么我接下来的遭遇基本差不多。有时，他们的表情告诉我，他们正在竭力搜索反驳我的借口，以便给自己的厌恶找个理由。过了一会儿，他们终于找到了：

> “但是，性能你还没考虑呢？”

对啊，性能怎么办？我承认，一些人过分关注性能，这让我很恼火。不过，我也明白他们为什么会这样。在我看来有两大原因：一是历史负担，二是要寻求心理依托。

15.1.1 历史负担

曾经好几十年的时间里，计算机的计算速度都很慢。它们的计算速度确实比人快，但与现代计算机相比，它们奇慢无比。当这个行业开始给自己树立起计算机科学的学科规范时，性能是时时刻刻都要考虑的。如果你的算法效率太低，程序就可能不堪用。

难怪，常见的计算机科学课程会包括算法、带有大O符号的计算复杂性理论，还要关注内存占用情况。问题是，这种课程似乎已经与时代脱节了。

在一定程度上，性能仍很重要；可是现代计算机的计算速度太快了，快得你常常无法分辨其中的差别。某个具体方法在10纳秒或100纳秒内返回有什么关系吗？好吧，如果你在一个密集循环中调用它可能会有关系，但一般情况下这并不重要。

我见过的很多开发人员，他们会浪费几个小时的时间，就为了把一个方法调用缩短几微秒，然后拿着这个结果去查询数据库[1]。倘若有些操作与另一个慢了几个数量级的操作组合调用，那就没有理由去优化相对快的那个。如果你必须关注性能，起码应当从瓶颈部分来着手。

性能永远不应该是核心的关注点；*正确性才是*。Gerald Weinberg讲了一个故事，"对那些被效率问题和其他次要问题纠缠的人来说，故事告诉了他们正确的道理"[115]。这个故事里有一个失控的软件项目，还有一名应邀来修复它的程序员。这个软件项目复杂到了极致，bug数不胜数，而且处于流产边缘。我们的主人公想出了一个可行的重写方案，并将它展现给原来的开发者。

之前团队的主力程序员问，运行这个程序需要多长时间。听到答案之后，他否定了这个新的想法，因为有缺陷的程序运行起来要比新方案快10倍。对此，我们的主人公回答说：

> "但是你的程序不解决问题。如果程序不需要解决问题，我可以写出每张卡片只需要1毫秒的程序。[2]" [115]

所以，应当先解决问题，再考虑性能问题。不过，安全可能更重要。也许你应该问问其他利益相关方，才能确定优先次序。

1 为了保证读者理解其愚蠢所在，特此说明：查询数据库通常耗时是以毫秒（1毫秒等于1000微秒——译者注）为单位的。公平地说，一切都在不断地变快，所以当你读到本书时，上面提到的查询速度也已经过时了。

2 那还是在卡片编程的时代。

如果利益相关方需要优先考虑性能，那就先去测量性能吧！现代编译器是复杂的；它们可能会对方法调用做内联处理[1]，也可能优化结构糟糕的循环，能做的还有很多。它们生成的机器代码可能与你想象的完全不同。此外，性能对诸如你所使用的硬件、你所安装的软件、其他进程正在做的事情以及一系列其他因素都非常敏感 [59]。对于性能问题，你不可能依靠纯粹的分析推理。如果你认为它很重要，就应当去测量。

15.1.2　一厢情愿的依托

有的人关注性能的原因更难理解，我认为是他们必须找到心理依托。这个想法的灵感来自一本完全不相干的书，书名是《国家的视角》[90]。

这本书的作者认为，某些计划的制订，是为了使晦涩难懂的东西变得易于理解。它举的例子，是引入地籍图[2]（见图 15.2）的故事。欧洲中世纪村庄的土地划分是在口头协商中形成的，只有当地人知道谁有权在何时使用哪块土地。所以，各国的国王们没办法直接向农民征税，只有对土地使用情况知根知底的地方贵族才能做到这一点 [90]。

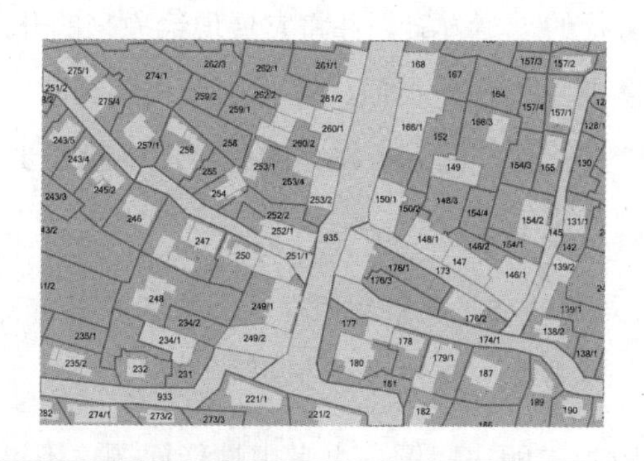

图 15.2　地籍图由在位的国王推行，以摆脱对地方贵族的依赖。它们以牺牲细节为代价，获得了可识别性。要注意不要把地籍图和地形图相混淆。

1　简单地说，就是在编译代码时，将目标方法的方法体直接嵌入，节省原有的引用-调用形式带来的开销。对于能够快速执行的方法，这种优化手段的效果很明显。——译者注

2　地籍图即cadastral map，是一种用于描述和记录土地权属、边界与使用情况的地图。它通常由地理坐标和图形表示组成，展示了一个特定地区的土地分布和界线。地籍图是土地管理和土地交易中的重要工具，可以用于确定土地所有权、划定土地界限、规划土地使用和开展土地调查等活动。——译者注

随着封建制国家向中央集权制国家的转变，国王们需要摆脱对地方贵族的依赖。地籍图是为不透明的世界增加可识别性的一种办法 [90]。

然而，如果这样做，绘制地籍图的过程中会丢失很多信息。例如，在中世纪的村庄里，一块土地的使用权可能与其他因素有关，而不仅取决于它属于谁。例如，虽然在种植季节你有权在某块土地上种植农作物，但是收获之后，所有的土地将被划为公地，在下一个种植季节开始之前不存在任何个人权利。地籍图无法捕捉到如此复杂的"商业规则"，所以国王们制定并分配了简化后的所有权。这些地籍图并没有如实记录使用状况，反而重塑了现实。

在软件开发中也有很多这样的情况。由于对象看不见摸不着，我们努力引入了各种测量和流程，试图掌握它。一旦引入了这些手段，它们就会塑造我们的认知。正如谚语所说，对拿着锤子的人来说，整个世界都像是个钉子。

对拿着锤子的人来说，整个世界都像是个钉子。

我曾为一家公司提供咨询，帮助其走上持续部署的道路。在和各类开发人员共同工作了几个星期后，有位管理者把我拉到一边问问题：

"我这里，有哪些开发人员是不错的？"

他并不是一名"技术"管理者。他从来没有编写过程序，所以他完全不知道答案。

我觉得这个问题很不好回答，因为那些开发人员和我坐在一起的时候，都很信任我，故而我没有回答。

管理者们很难有效管理软件开发的过程。因为不知如何衡量这样无形的事物。他们往往一厢情愿地相信工时之类的可见指标。如果你做过按小时计费的工作，就会知道这些激励措施是多么荒唐。

我认为，对某些人来说，执着于性能，其实是徒劳地去理解其职业中的无形要素。由于性能可以被量化为一整套指标，因此人们就可以把它当作软件工程的地籍图。对某些人来说，软件工程中固有的艺术性因素让他们非常不舒服。不过，一旦把这些艺术性因素简化为性能问题，这种困扰就不存在了。

15.2 安全

软件安全就像保险。你并非真的想为它买单，但如果不买，你会后悔的。

与软件工程的许多其他方面一样，安全问题的关键是找到适当的平衡。世界上不存在百分之百安全的系统。即使你把系统部署在互联网隔离的计算机上，再派武装警卫看守，也可能有人采用贿赂、强迫或强行闯入等方式进入它。

你必须与其他利益相关方合作，才能确定安全威胁和适当的对策。

15.2.1 STRIDE

你可以使用 STRIDE 威胁建模 [48] 来识别潜在的安全隐患。它是一种思维练习或讨论会，在其中，你要绞尽脑汁地列举系统面临的各种威胁。为了帮助你展开思考，可以使用缩写的 STRIDE 作为 checklist。

- Spoofing（欺骗）。攻击者没有授权，所以试图冒充他人来获得系统访问权限。
- Tampering（篡改）。攻击者试图篡改数据，例如 SQL 注入。
- Repudiation（否认）。攻击者否认自己做过的事，如不承认收到了已付款的商品。
- Information disclosure（信息泄露）。攻击者可以读取他们本无权限读取的数据。比如中间人攻击和 SQL 注入。
- Denial of service（拒绝服务）。攻击者试图制止系统为正常用户提供服务。
- Elevation of privilege（提权）。攻击者试图获得超过应有尺度的权限。

威胁建模的工作中涉及程序员、IT 专业人员和其他利益相关方，比如“企业老板”。一些问题最好在代码中处理，另一些问题最好在网络配置中处理，还有些问题你真的无能为力。

举个例子，对于在线系统来说，拒绝服务（Denial of Service）是无法完全防止的。微软在开发 STRIDE 模型时，与网络相关的大量代码是用 C 和 C++ 编写的。这类语言很容易受缓冲区溢出[1]的影响 [4]，所以你很容易就能输入某些恶意数据，让系统崩溃或失去响应。

虽然 C# 和 Java 之类的托管代码可以防止许多此类问题，但你仍然不能做出对分布式拒绝服务攻击免疫的系统。你可以尝试保留足够的容量来应对激增的流量，但如果攻击规模够大，你就是无能为力的。

系统不同，面对威胁的状况也不同。相比于网络服务，手机应用程序或桌面应用程序更容易受到各类攻击。

我们以餐厅预订系统为例子来进行威胁建模。你可能还记得，它是一个 REST API，为客户提供创建和编辑预订记录的服务。另外，餐厅的领班可以发出 `GET` 请求，以查看某天的日程表，包括所有的预订记录和客人的具体到达时间。该日程表还包括客人的姓名和电子邮件。

下面我为 STRIDE 中的各个方面都制作一份 checklist，但仅限于演示，目的是让你了解其中的思考过程。你可能要自己考虑如何更系统地执行。

15.2.2 欺骗

该系统是否容易受到欺骗？是的，在新建预订记录时，你可以声称为自己想要扮演的任何人。你可以说自己是基努·里维斯（Keanu Reeves），系统也会接受这个名字。这是一个问题吗？有可能。我们可能要问问餐厅老板，这是否会给他们带来麻烦。

说到底，目前的系统实现并不会根据名字做任何决定，所以欺骗不会改变它的行为。

---

1 “缓冲区溢出”（Buffer Overflow）是一种计算机安全漏洞。这种漏洞通常发生在没有正确地验证输入数据的程序中。当输入数据的长度超过程序为缓冲区分配的内存空间时，多余的数据会溢出到相邻的内存区域，并可能覆盖其他重要的数据、函数返回地址或控制数据。攻击者可以利用这个漏洞来修改程序的执行流程，执行恶意代码或绕过安全机制。——译者注

15.2.3　篡改

该系统是否容易被篡改？它的预订记录存在于 SQL Server 数据库中。有人可以在没有授权的情况下编辑这些数据吗？

要考虑的情况有好几种。

依靠 REST API，你能通过 `PUT` 和 `DELETE` 的 HTTP 请求来编辑自己的预订记录。你可以在没有完成身份认证的情况下创建一条新的预订记录。如果你拿到了资源地址（即 URL），也可以编辑对应的预订记录。我们应该关心这些吗？

要关心，但不要过分关心。每个资源地址均唯一对应一条预订记录。资源地址的一部分是预订 ID，它是一个 GUID。攻击者没有办法猜出 GUID，所以这会给我们一些安慰[1]。不过，你新建预订记录时，对 `POST` 请求的响应 header 中的 `Location` 就带有资源地址。中间人将能够拦截该响应并看到地址。

我们可采用一个简单的办法来解除这种威胁，那就是要求使用 HTTPS。安全连接不应该是可选配置；它应该是强制性的。这个例子很充分地说明，此类安全措施最好由 IT 专业人士处理。这通常是一个恰当配置的问题，而不是靠写代码解决的。

另一个需要考虑的篡改威胁是直接访问数据库。有可能直接访问数据库吗？对这个问题的实质性回答是确保数据库的部署，或者相信基于云的数据库有足够的保护。同样，它所需要的能力来自其他专业人员，而不是开发人员。

攻击者也可以通过 SQL 注入访问数据库。消除这种威胁的责任完全落在程序员身上。从示例代码 15.1 中可以看到，餐厅预订代码使用了命名参数。在使用 ADO.NET 时，这是防范 SQL 注入的推荐做法。

1　我可以理解，你为何感觉这听起来像隐晦式安全（Security by Obscurity，指通过刻意造成的隐晦计算或实现细节，达到安全的目的。——译者注）。可惜事实并非如此。一个GUID的猜测难度与其他128位加密密钥一样。毕竟，它只是一个128位的数字而已。

示例代码 15.1 使用命名的 SQL 参数 `@id`。
（*Restaurant/e89b0c2/Restaurant.RestApi/SqlReservationsRepository.cs*）

```
public async Task Delete(Guid id)
{
    const string deleteSql = @"
        DELETE [dbo].[Reservations]
        WHERE [PublicId] = @id";

    using var conn = new SqlConnection(ConnectionString);
    using var cmd = new SqlCommand(deleteSql, conn);
    cmd.Parameters.AddWithValue("@id", id);

    await conn.OpenAsync().ConfigureAwait(false);
    await cmd.ExecuteNonQueryAsync().ConfigureAwait(false);
}
```

由于防范 SQL 注入攻击是开发人员的责任，因此我们应当保证在 code review 和结对编程时执行它。

15.2.4 否认

系统用户可以否认他们执行了一个操作吗？是的，可以。更糟糕的是，用户可以先完成预订，随后就踪迹全无。这个问题不仅困扰着餐厅，也困扰着医生、理发师和其他许多需要提供预订服务的人士。

我们可以减少这种威胁吗？我们可以要求用户进行认证，甚至可以使用数字签名来记录审计线索。我们还可以要求用户用信用卡支付预订费用。不过，我们应该先问问餐厅老板的想法。

大多数餐厅可能会担心，这种严厉的措施会吓跑顾客。这个例子再一次证明，系统的安全需要找到一个好的平衡点。你可以把系统变得无比安全，安全到完不成原本的任务。

15.2.5 信息泄露

预订系统是否容易发生信息泄露？它不存储密码，但它确实存储了客人的电子邮件地址，我们应将其视为个人身份信息。这种信息不应该落入坏人之手。

我们还应该考虑每条预订记录的资源地址（URL）的敏感性。如果你知道了这个地址，就可以删除（DELETE）这份资源。你可以利用这一点，删除别人的预订记录，制造机会进入已经订满的餐厅。

攻击者如何获得这些信息？也许是通过中间人攻击获得的。但我们已经决定使用 HTTPS，所以在这方面可以放心。SQL 注入可能是另一种攻击手段，但我们也已经决定解决这个问题。我认为我们不必太担心此类攻击。

不过，还有一个问题。餐厅的领班可以发出 GET 请求，以查看某天的日程表，包括所有的预订记录和客人的具体到达时间。日程表还包括客人的名字和电子邮件，这样就可以在客人到达时确认其身份。示例代码 15.2 就是已经消除了此类威胁的交互过程。

示例代码 15.2　一个获取当天日程表的 GET 请求及其响应。与真实示例系统生成的内容相比，我简化了请求和响应，以突出重点。

```
GET /restaurants/2112/schedule/2021/2/23 HTTP/1.1
Authorization: Bearer eyJhbGciOiJIUzI1NiIsInCI6IkpXVCJ9.eyJ...

HTTP/1.1 200 OK
Content-Type: application/json; charset=utf-8
{
  "name": "Nono",
  "year": 2021,
  "month": 2,
  "day": 23,
  "days": [{
    "date": "2021-02-23",
    "entries": [{
      "time": "19:45:00",
      "reservations": [{
        "id": "2c7ace4bbee94553950afd60a86c530c",
        "at": "2021-02-23T19:45:00.0000000",
        "email": "anarchi@example.net",
        "name": "Ann Archie",
        "quantity": 2
      }]
    }]
  }]
}
```

办法是要求领班做身份认证。我选择了 JSON Web Token 作为认证机制。如果客户端没有提供有效的 token 和有效的角色声明，它收到的响应就是 403 Forbidden。

你甚至可以用示例代码 15.3 中那样的集成测试来验证行为的正确性。

示例代码 15.3　测试验证了，如果客户端没有提供声明角色为 "MaitreD"（领班）的有效 JSON Web Token，API 会以 403 Forbidden 响应拒绝该请求。在这个测试中，仅有的角色声明是 "Foo" 和 "Bar"。
（*Restaurant/0e649c4/Restaurant.RestApi.Tests/ScheduleTests.cs*）

```
[Theory]
[InlineData(    1, "Hipgnosta")]
[InlineData( 2112, "Nono")]
[InlineData(90125, "The Vatican Cellar")]
public async Task GetScheduleWithoutRequiredRole(
    int restaurantId,
    string name)
{
    using var api = new SelfHostedApi();
    var token =
        new JwtTokenGenerator(new[] { restaurantId }, "Foo", "Bar")
            .GenerateJwtToken();
    var client = api.CreateClient().Authorize(token);

    var actual = await client.GetSchedule(name, 2021, 12, 6);

    Assert.Equal(HttpStatusCode.Forbidden, actual.StatusCode);
}
```

需要认证访问的资源只有日程表，因为只有它包含敏感信息。尽管餐厅不希望通过要求顾客认证来吓跑他们，但要求员工认证是合理的。

15.2.6　拒绝服务

攻击者能否向 REST API 传输特定的字节流，使其崩溃？如果他们能，我想这个问题就不是我们能解决的了。

用 C#、Java 或 JavaScript 等高级语言编写的 API 并不是通过操作指针来工作的，所以那种使系统崩溃的缓冲区溢出不可能发生在托管代码中。或者说，万一它发生了，也不是用户代码的 bug，而是平台的缺陷。除了保持生产系统的及时更新，我们没有办法减轻这种威胁。

分布式拒绝服务（DDoS）攻击会是一个问题吗？可能会是。我们应该和 IT 专家谈谈，问问他们是否能做些什么。

我们也可以考虑，能不能让系统对意外的大流量有更强的韧性。对于某些系统来说，这可能是一个好主意。音乐会门票的销售系统与餐厅预订系统具有很多共性。如果当红艺术家在体育场举办音乐会，开始售票时每秒会有成千上万的请求，这可以轻易淹没一个系统。

让这样的系统保持对负载高峰的弹性，办法之一是采用相应的架构设计。例如，你可以把所有潜在的写请求放在持久队列中，而读请求则基于物化视图[1]。这意味着形成一种类似于 CQRS 的架构，不过它超出了本书的讲解范围。

这种架构比同步处理写请求更复杂。我们也有可能把餐厅的预订系统按此设计，但我们（我和我假想的甲方）会认为这是得不偿失的。

在威胁建模中，完全可以确定一项威胁，但决定不解决它。归根结底，这是一个业务决策。关键在于，应当确保你的组织的其他成员了解这些风险。

15.2.7 提权

攻击者是否有可能以某种方式从普通用户开始，继而通过某些伎俩获得管理员权限？

再强调一次，SQL 注入也是这个类别中的常见漏洞之一。如果攻击者可以在数据库上执行任意 SQL 命令，他们也就可以在操作系统上创建外部进程[2]。

一个有效的补救措施是，尽可能以有限权限启动数据库和所有其他服务。不要以管理员身份启动数据库。

由于我们已经决定，在写代码时要注意 SQL 注入攻击，因此我对这种威胁不是很关心。

餐厅预订系统的 STRIDE 威胁模型例子到此结束。

显然，安全工程的内容远不止这些，但作为非专业安全专家，我一般都如此

1 物化视图（Materialised View）是一种预先计算和存储的查询结果集，类似于虚拟视图（Virtual View）。但与虚拟视图不同的是，物化视图的结果被实际存储在数据库中，而不仅仅是在查询时动态生成的，这样能大大减轻查询的负担。——译者注

2 例如，在SQL Server上，你可以运行xp_cmdshell存储过程。不过从SQL Server 2005开始，它默认被禁用了。请不要启用它。

处理。如果在建立威胁模型的过程中发现了一个问题但不确定如何解决，我可以打电话给某个朋友。

15.3 其他技术

性能和安全也许是“传统”软件工程的两个最大的方面，但还有其他许多实践需要考虑。我选择的主题基于我的经验。这些都是我为团队做咨询时容易遇到的问题。其他主题被我略过了，但这并不意味着它们不重要。

你可能会发现其他有用的实践包括金丝雀发布[1]和 A/B 测试 [49]、容错和弹性 [73]、依赖性分析、领导力、分布式系统算法 [55]、架构、有穷状态机、设计模式 [39][33][66][46]、持续交付 [49]、SOLID 原则 [60]，以及其他许多主题。这个领域内容庞杂，地盘还在不断扩充。

不过，我确实想简要讨论其他两项实践。

15.3.1 基于属性的测试

初次接触自动化测试的程序员常常为想出测试值而烦恼。原因之一是，有时某些值必须包含在测试中，即使它们与测试用例没有关系。示例代码 15.4 就是一例，它验证的是，如果提供的座位数不是一个自然数，`Reservation` 构造函数会抛出 `ArgumentOutOfRangeException`。

示例代码 15.4 一个参数化测试，验证 `Reservation` 构造函数在遇到座位数无效时抛出 `ArgumentOutOfRangeException`。
（*Restaurant/812b148/Restaurant.RestApi.Tests/ReservationTests.cs*）

```
[Theory]
[InlineData( 0)]
[InlineData(-1)]
```

1 “金丝雀发布”（Canary Release）是一种软件部署和发布策略，用于逐步引入新版本的应用程序或服务，以降低潜在的风险。这种发布方法允许只在一小部分用户或服务器上测试新版本，然后逐步扩大范围，直到所有用户或服务器都在使用新版本。金丝雀发布的名字来自矿工在煤矿中使用的金丝雀。在过去，煤矿工人会携带一只金丝雀进入地下矿井。如果矿井内有有毒气体泄漏，金丝雀会更早地感受到这种危险并死亡，从而提醒矿工立即撤离。——译者注

```
public void QuantityMustBePositive(int invalidQuantity)
{
    Assert.Throws<ArgumentOutOfRangeException>(
        () => new Reservation(
            Guid.NewGuid(),
            new DateTime(2024, 8, 19, 11, 30, 0),
            new Email("vandal@example.com"),
            new Name("Ann da Lucia"),
            invalidQuantity));
}
```

这个参数化测试使用数值 `0` 和 `-1` 代表无效数值。`0` 是一个边界值 [66]，所以应该包括在内，但负数的取值对结果毫无影响。`-42` 的结果会和 `-1` 的结果完全相同。

既然任何负数都可以，那为什么还要费力去想那些数字呢？如果有一个框架可以产生任意负数，会怎么样呢？

现在，有几个这样的可重复使用的软件包。这就形成了基于属性的测试[1]的基础思想。在下文中，我将使用一个名为 *FsCheck* 的库，当然也有其他库[2]。FsCheck 集成了 xUnit.net 和 NUnit，所以你可以很容易地将基于属性的测试与更“传统”的测试结合起来。这样，把现有的测试重构为基于属性的测试也更加容易，见示例代码 15.5。

示例代码 15.5　示例代码 15.4 中的测试被重构为基于属性的测试。
（*Restaurant/05e64f5/Restaurant.RestApi.Tests/ReservationTests.cs*）

```
[Property]
public void QuantityMustBePositive(NonNegativeInt i)
{
    var invalidQuantity = -i?.Item ?? 0;
    Assert.Throws<ArgumentOutOfRangeException>(
        () => new Reservation(
            Guid.NewGuid(),
            new DateTime(2024, 8, 19, 11, 30, 0),
            new Email("vandal@example.com"),
```

1　术语*property*在这里意味着“特质”、“质量”或“属性”。因此，基于属性的测试包括测试被测系统的一个属性，例如，`Reservation`构造函数会对所有非正数抛出一个异常。这里说的“属性”与C#或Visual Basic的属性（getter或setter方法）毫无关系。

2　最初的基于属性的测试库是Haskell QuickCheck包。它于1999年首次发布，现在仍是一个活跃的项目。它有各种版本，适用于许多语言。

```
        new Name("Ann da Lucia"),
        invalidQuantity));
}
```

[Property] 属性标志着该方法是由 FsCheck 驱动的基于属性的测试。它看起来像一个参数化测试，但是所有的方法参数现在都由 FsCheck 生成，而并非由 [InlineData] 属性提供。

参数的值是随机生成的。通常会选择“典型”的边界值，如 *0*、*1*、*-1*，等等。默认情况下，每个属性随机重复 100 遍。你可以把它看作由 100 个 [InlineData] 属性修饰的测试，但每次执行时每个值都是随机重新生成的。

FsCheck 内置了一些包装类型，如 PositiveInt、NonNegativeInt 和 NegativeInt。这些只是对整数的包装，但保证 FsCheck 只生成符合描述的值：NonNegativeInt 只会生成非负整数[1]，以此类推。

对于 QuantityMustBePositive 测试，我们确实需要任意的非正整数，但没有这样现成的类型。不过，也有一种办法产生指定范围内的数值，那就是要求 FsCheck 产生 NonNegativeInt 值，然后对它取反。

Item 属性[2] 返回 NonNegativeInt 封装的整数。我使用的静态语言分析器指出，i 参数可能为 null。所有的问号都是 C# 中用于处理可能的 null 引用的，如果出现了 null 引用，就以 0 替代之。我认为这基本是多此一举的。重要的操作是 i 前面的一元运算符。它将非负整数取反为非正整数。

一旦意识到 FsCheck 这类库可以产生测试需要的任意值，你可能会开始以新视角看待其他测试数据。那个 Guid.NewGuid() 呢？你不能让 FsCheck 产生这个值吗？

事实上，看看示例代码 15.6 就知道，完全可以。

1 也就是说，大于或等于零的数字。

2 这里出现的是C#属性（property）；而不是基于属性的测试属性（testing property）。没错，表示不同意思的相同术语会让人困惑。

示例代码 15.6 对示例代码 15.5 中的属性进行重构，现在预订 ID 也由 FsCheck 产生。

（*Restaurant/87fefaa/Restaurant.RestApi.Tests/ReservationTests.cs*）

```
[Property]
public void QuantityMustBePositive(Guid id, NonNegativeInt i)
{
    var invalidQuantity = -i?.Item ?? 0;
    Assert.Throws<ArgumentOutOfRangeException>(
        () => new Reservation(
            id,
            new DateTime(2024, 8, 19, 11, 30, 0),
            new Email("vandal@example.com"),
            new Name("Ann da Lucia"),
            invalidQuantity));
}
```

其实，所有的硬编码值都不会对测试结果产生任何影响。你可以用任何字符串来表示电子邮件，取代” vandal@example.com”。你也可以使用任何字符串作为名字，而不是 "Ann da Lucia"。FsCheck 很乐意为你生成这样的值，如示例代码 15.7 所示。

示例代码 15.7 示例代码 15.6 中的属性经过重构之后，所有参数都由 FsCheck 产生。

（*Restaurant/af31e63/Restaurant.RestApi.Tests/ReservationTests.cs*）

```
[Property]
public void QuantityMustBePositive(
    Guid id,
    DateTime at,
    Email email,
    Name name,
    NonNegativeInt i)
{
    var invalidQuantity = -i?.Item ?? 0;
    Assert.Throws<ArgumentOutOfRangeException>(
        () => new Reservation(id, at, email, name, invalidQuantity));
}
```

你可以把这种办法推而广之。迟早有一天你会遇到对输入数据有特殊要求的情况，这时候不能仅仅用内置的包装类型（如 NonNegativeInt）来应对。像 FsCheck 这样优秀的基于属性的测试库，提供了一套 API 来处理这种情况。

事实上，我屡次发现，相比于描述被测系统的一般属性，设计出覆盖全面的测试用例其实更难。在我开发用来示范的餐厅预订系统时，两次遇到了这种情况。

领班查看日程安排，这个操作背后有一套复杂逻辑，我很难想出具体的测试用例。意识到这一点之后，我采用一系列逐步具体化的属性来定义查询行为[1]。示例代码 15.8 展示了其核心部分。

示例代码 15.8　基于属性的高级测试的核心实现。此测试方法由示例代码 15.9 中的代码配置和调用。

（*Restaurant/af31e63/Restaurant.RestApi.Tests/MaitreDScheduleTests.cs*）

```
private static void ScheduleImp(
    MaitreD sut,
    Reservation[] reservations)
{
    var actual = sut.Schedule(reservations);

    Assert.Equal(
        reservations.Select(r => r.At).Distinct().Count(),
        actual.Count());
    Assert.Equal(
        actual.Select(ts => ts.At).OrderBy(d => d),
        actual.Select(ts => ts.At));
    Assert.All(actual, ts => AssertTables(sut.Tables, ts.Tables));
    Assert.All(
        actual,
        ts => AssertRelevance(reservations, sut.SeatingDuration, ts));
}
```

这实际上是测试的“内部实现”。它的输入参数是一个 `MaitreD` 和一个 `reservations` 数组，以便调用 `Schedule` 方法。

另有一个方法，使用 FsCheck 的 API 来正确配置 `sut` 和 `reservation`，并调用 `ScheduleImp`。它就是单元测试框架真正运行的测试方法。你可以在示例代码 15.9 中看到它。

此属性使用了 FsCheck 的高级功能，而它已经超出了本书的覆盖范围。如果你不熟悉 FsCheck 的 API，那么这些细节对你来说没什么意义。不过不要紧，我

1　你可以在本书所对应的Git仓库中看到各个提交以及最终结果。我认为这个示例太细致了，不值得逐步演示，不过我在一篇博文中详细讲解了这个例子[108]。

展示这些代码不是要教你使用 FsCheck。把它列在这里，是为了证明软件工程的世界远远大于本书涉及的内容。

示例代码 15.9　示例代码 15.8 中核心属性的配置和执行。
（*Restaurant/af31e63/Restaurant.RestApi.Tests/MaitreDScheduleTests.cs*）

```
[Property]
public Property Schedule()
{
    return Prop.ForAll(
        (from rs in Gens.Reservations
         from  m in Gens.MaitreD(rs)
         select (m, rs)).ToArbitrary(),
        t => ScheduleImp(t.m, t.rs));
}
```

15.3.2 行为代码分析

在本书中，我细致观察了程序的代码，你可以且也应该关心每一行代码的影响和成本。但是，这并不意味着你要忘记全局图景。在 7.2.6 节中讨论分形架构时，我也讨论了全局图景的重要性。

不过，这些仍然不过是对代码库的静态分析。在你阅读代码时，哪怕是上层的代码，你看到的也是它在当前时刻的样子。相反，如果拥有版本管理系统，就可以对代码进行分析，取得更大的收获。哪些文件变化得最频繁？哪些文件总是一起被修改？某些开发人员是否只使用某些文件？

最开始，对版本管理的数据分析被归类于学术研究 [44]，但 Adam Tornhill 在两本书 [111][112] 中做了大量工作，让它实用起来。你可以把行为代码分析纳入持续交付流水线。

行为代码分析从 Git 中提取信息，以识别可能只有经过一段时间才会暴露出来的模式和问题。哪怕一个文件的圈复杂度很低，大小也合适，它仍然可能因为其他原因而出问题。例如，它可能耦合了其他更复杂的文件。

有些耦合可以通过依赖项分析来识别，但其他类型的耦合可能更难发现。对于复制和粘贴的代码来说，情况尤其如此。分析哪些文件一起被修改，以及文件的哪些部分一起被修改，你就可以看出文件之间本不易被发现的依赖关系，否则你是看不出这些依赖关系的 [112]。图 15.3 是一张变化耦合图，它突出显示了经常同步变化的文件。

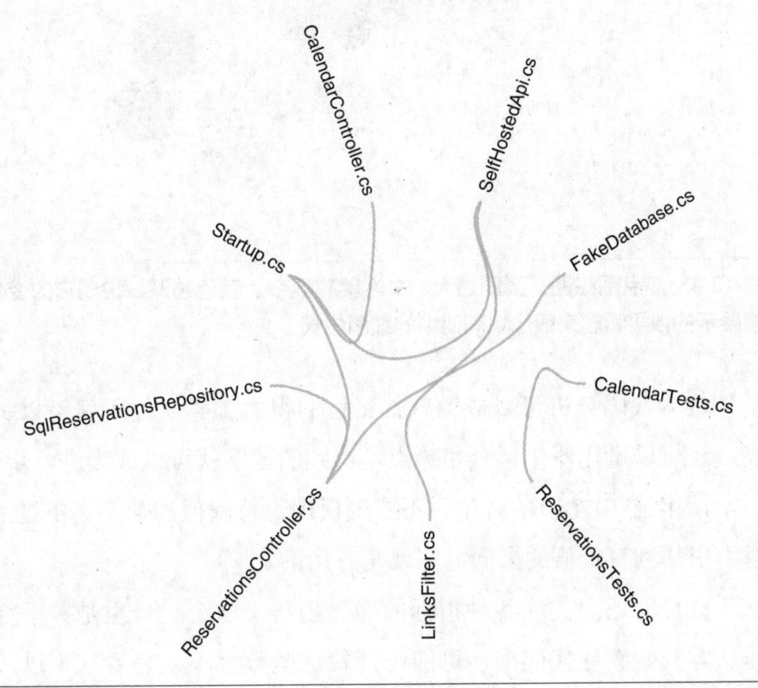

图 15.3　变化耦合图。有连线的文件是经常同步变化的文件。待分析代码库的文件比这里显示的多，但只有共同变化超过一定阈值的文件会显示在图中。

你可以深入到这样的变化耦合图中，以"X 射线"[112] 透视单个文件。比如，哪些方法引起的问题最多？

有了合适的工具，你也可以制作图 15.4 那样的源代码热点图（热点围栏图）。在这种可以互动的围栏图中，每个圆圈均代表一个文件。圆圈的大小表示文件的大小或复杂度，而颜色则表示变化频率。包含该文件的提交次数越多，颜色就越深 [112]。

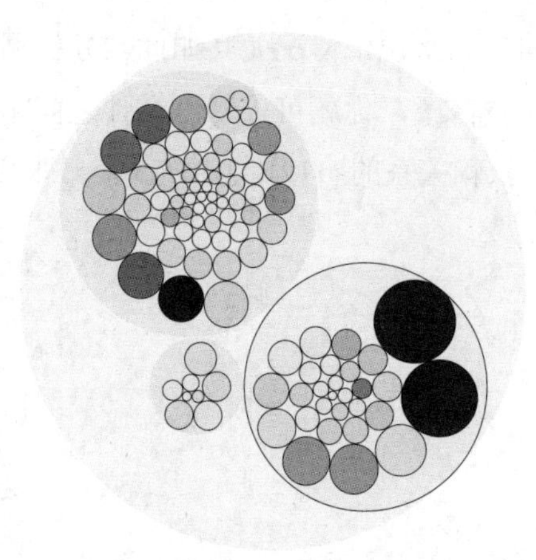

图 15.4 热点围栏图。圆圈越大，文件就越复杂。颜色越深，说明它的变化越频繁。我发现本图展示的效果看起来很像培养皿中的细菌生长。

行为代码分析可以成为软件工程的得力工具。你不仅可以制作引人注目的图表，还可以量化变化耦合和热点，得到的数字就可以成为进一步研究的阈值。

请牢记 7.1.1 节的讨论。不要刻板地对待阈值的数字。不过，如果能把你的注意力引导到有价值的方向，它就是有用的。

你可能还想关注各种指标的变化趋势。这个趋势也是关于行为的，如果你并非从零开始新建代码库，可能一开始这些数字不太好看；不过，你至少可以立即动手改善某个趋势。

如果你身处更大的团队中，也可以使用行为代码分析来识别知识分布和团队耦合。热点围栏图的另一种形式是知识图谱（knowledge map），它用不同的颜色显示每个文件的“主要作者”。这接近准确量化某个团队的“巴士系数”。

15.4 结论

听到“软件工程”这个术语时，你最可能想到的大概是“经典”的实践和学科，比如性能和安全工程、正式的 code review、复杂度分析、正式流程等等。

软件工程就是所有这些东西，再加上我在本书中介绍的实践和实用方法。其

他图书 [48][55] 讨论了这些更“传统”的软件工程概念，所以我简要介绍了它们。

性能当然是重要的，但它并不是软件中最重要的。软件能正确工作比拥有好的性能要重要。你开发的软件应当先能够按需求运行，然后才有时间考虑性能。不过请记住，资源是有限的。

什么是最重要的？是软件的性能更好最重要，还是它的安全最重要？是代码库在未来几年能够支持组织更重要，还是运行速度稍微快一点儿更重要？

作为程序员，你可能对此有自己的看法。但别忘了，回答这些问题，也应该倾听各利益相关方的意见。

第16章 代码库导览

如果你采纳了本书介绍的方法，那么我希望你有更高的成功率写出跟自己思维合拍的代码，写出能为组织机构提供持续支持的代码。它是什么样的？

在最后一章，我将带你浏览本书所对应的示例代码库。我也将指出若干自己认为特别有说服力的亮点。

16.1 导航

如果代码不是自己写的，应该如何入手去理解呢？这取决于你阅读它的动机。如果你的职责是维护，要修复一个提供了错误堆栈记录的缺陷，你可能会直接从错误堆栈中的底层着手。

相反，如果没有直接目标，只是想了解应用程序，那么最自然的做法就是从程序入口开始。在 .NET 代码库中，它就是 `Main` 方法。

一般来说，我认为，代码阅读者应当熟悉自己所使用的语言、平台和框架的基本工作，这个假设是合理的。说得再清楚一点儿，我不会假设读者必然熟悉 .NET

或 ASP.NET，但在我编程时，我希望团队成员具备基本知识。举例来说，我希望团队成员都知道 .NET 中 Main 方法的特殊意义。

示例代码 16.1 展示了你在代码库中遇到的 Main 方法。从示例代码 2.4 到现在，它都没有改变过。

示例代码 16.1　餐厅预订系统的入口。它与示例代码 2.4 相同。
（*Restaurant/af31e63/Restaurant.RestApi/Program.cs*）

```
public static class Program
{
    public static void Main(string[] args)
    {
        CreateHostBuilder(args).Build().Run();
    }

    public static IHostBuilder CreateHostBuilder(string[] args) =>
        Host.CreateDefaultBuilder(args)
            .ConfigureWebHostDefaults(webBuilder =>
            {
                webBuilder.UseStartup<Startup>();
            });
}
```

在 ASP.NET Core 代码库中，Main 方法是极少会改变的成型样板。因为我假设其他使用这个代码库的程序员都了解此框架的基本原理，所以我认为，最好不要在代码中包含不合常规的变化。另一方面，示例代码 16.1 并没有提供多少信息。

对 ASP.NET 稍有了解的开发者会知道，webBuilder.UseStartup<Startup>() 语句将 Startup 类确定为真正操作的地方，这就是你应该去了解代码库的地方。

16.1.1　看到全局图景

使用你的 IDE 导航到 Startup 类。示例代码 16.2 展示了该类的声明和构造函数。它使用构造函数注入 [25]，从 ASP.NET 框架中接收一个 IConfiguration 对象。这种做法很传统，有框架经验的人应该熟悉该做法。虽然这不足为奇，但到目前为止，我们掌握的信息仍然很少。

示例代码 16.2　Startup 类的声明和构造函数。紧随其后的是示例代码 16.3。
（*Restaurant/af31e63/Restaurant.RestApi/Startup.cs*）

```
public sealed class Startup
{
    public IConfiguration Configuration { get; }

    public Startup(IConfiguration configuration)
    {
        Configuration = configuration;
    }
```

按照惯例，Startup 类应该定义两个方法：Configure 和 ConfigureServices。这些方法紧随在示例代码 16.2 之后。示例代码 16.3 显示了 Configure 方法。

示例代码 16.3　示例代码 16.2 的 Startup 类中的 Configure 方法
（*Restaurant/af31e63/Restaurant.RestApi/Startup.cs*）

```
public static void Configure(
    IApplicationBuilder app,
    IWebHostEnvironment env)
{
    if (env.IsDevelopment())
        app.UseDeveloperExceptionPage();

    app.UseAuthentication();
    app.UseRouting();
    app.UseAuthorization();
    app.UseEndpoints(endpoints => { endpoints.MapControllers(); });
}
```

从这里我们知道了，该系统使用了认证、路由、授权和框架默认的 Model View Controller[33]（MVC）模式的实现。这很抽象，但跟你的思维是合拍的，它的圈复杂度是 2，激活对象数是 3，代码行数是 12。图 16.1 显示了一种将其绘制成六角花的方法，说明了这段代码符合分形架构的要求。

从本质上说，这一切都是现成的。示例代码 16.3 中调用的所有方法都是框架方法。Configure 方法的唯一目的是启用那些特定的内置功能。读了这段代码，你应该对代码有了起码的认知。例如，你应该期望每个 HTTP 请求都由 Controller（控制器）类的一个方法来处理。

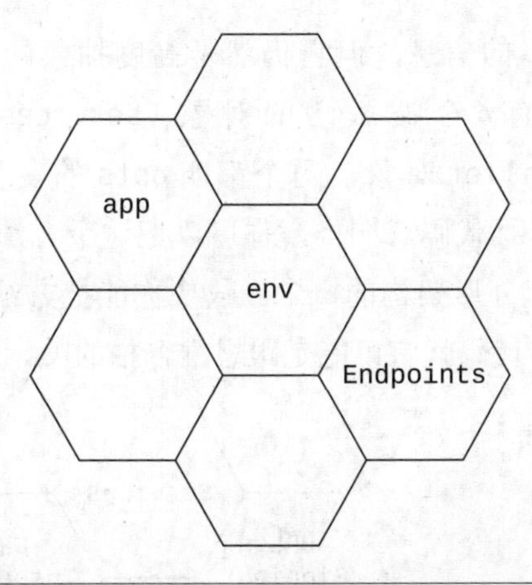

图 16.1 示例代码 16.3 中 Configure 方法的六角花图。填满六角花的办法不止一种。第 7 章的例子基于圈复杂度分析，各单元格对应一个逻辑分支。在这个例子中，单元格对应的是激活的对象。

也许从示例代码 16.4 的 ConfigureServices 方法中可以收集到更多信息？

示例代码 16.4 示例代码 16.2 中声明的 Startup 类的 ConfigureServices 方法。
（*Restaurant/af31e63/Restaurant.RestApi/Startup.cs*）

```
public void ConfigureServices(IServiceCollection services)
{
    var urlSigningKey = Encoding.ASCII.GetBytes(
        Configuration.GetValue<string>("UrlSigningKey"));

    services
        .AddControllers(opts =>
        {
            opts.Filters.Add<LinksFilter>();
            opts.Filters.Add(new UrlIntegrityFilter(urlSigningKey));
        })
        .AddJsonOptions(opts =>
            opts.JsonSerializerOptions.IgnoreNullValues = true);

    ConfigureUrSigning(services, urlSigningKey);
    ConfigureAuthorization(services);
    ConfigureRepository(services);
    ConfigureRestaurants(services);
    ConfigureClock(services);
    ConfigurePostOffice(services);
}
```

这里有更多的信息，但它仍然是高度抽象的。不过它也能跟思维合拍：圈复杂度为 *1*，有 *6* 个被激活的对象（services、urlSigningKey、一个新的 UrlIntegrityFilter 对象、两个都叫 opts 的变量，以及对象的 Configuration 属性），还有 21 行代码。同样，你可以把这个方法画成图 16.2 那样的六角花，说明它也能对应上分形架构的概念。只要你能把方法的每一部分映射到六角花图中的一个单元格，代码就有可能是跟思维合拍的。

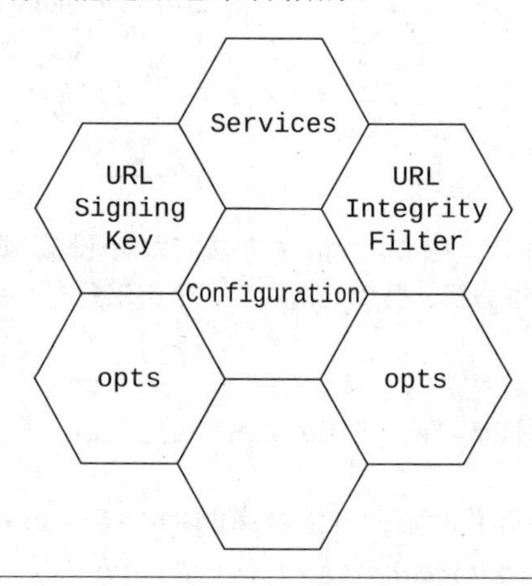

图 16.2 示例代码 16.4 中 ConfigureServices 方法的六角花图。像图 16.1 那样，本图中的单元格对应的是激活的对象。

这个方法中的细节很少；它更像代码库的目录。想知道授权的情况吗？请查阅 ConfigureAuthorization 方法来了解详情。想细看代码库中数据访问的实现吗？请移步到 ConfigureRepository 方法。

在你通过导览做进一步了解时，实际上是在拉近镜头，放大这个细节。这是在 7.2.6 节中讨论的分形架构的一个例子。无论在哪个层面，代码都是跟思维合拍的。在你放大看某个细节时，理解这一层次的代码不需要用到更高层次的知识。

在拉近镜头之前，我想先讨论浏览代码库的方法。

16.1.2 文件组织

我经常遇到的一个问题是，如何组织代码库中的文件。你应该为控制器、模型、过滤器各自单独创建子目录吗？诸如此类。或者，你应该为每个功能均新建一个子目录吗？

很少有人喜欢我的答案：简单地把所有的文件放在同一个目录里就好。要警惕的反而是，仅仅为了“组织”代码而创建子目录的做法。

文件系统是层次结构，它们是树状的：这是一种特殊的无循环图，其中任何两个顶点都正好由一条路径连接。换句话说，每个顶点最多只能有一个父节点。更直白地说：如果一个文件放在了假想的 `Controller` 目录下，它就不能同时放在 `Calendar` 目录下。

对 Firefox 代码库的一份分析指出：

> “系统架构师意识到，切分系统的方式有很多种，这表明可能存在交叉问题，而且选择一种方式来切分模块，会导致系统的其他内聚部分被分散割裂到多个模块。特别是，选择将 Firefox 的 browser 和 toolkit 组件分开，会导致‘地点’和‘主题’组件的分裂。”[110]

这就是层次结构的问题所在。不管你选择怎样的层次结构，都自动排除了其他一切结构。在单继承语言（如 C# 和 Java）中，也存在同样的继承层次问题。一旦决定从某个基类来派生，所有其他类就不再可能成为其基类。

> “请优先使用对象组合，而不是类继承。”[39]

既然应该避免继承，也就应该避免使用目录结构来组织代码。

和所有建议一样，例外情况确实存在。现在来看示例代码库。`Restaurant.RestApi` 目录包含 65 个代码文件：控制器、数据传输对象、域模型、过滤器、SQL 脚本、接口、适配器，等等。这些文件对应着各种功能，如预订和日历，也包括跨领域问题的答案，如日志。

唯一的例外是叫作 `Options` 的子目录。它之所以有 4 个文件，完全是为了能让基于 JSON 的配置文件与代码对接。这些文件中的类是专为适应 ASP.NET 的 *options* 系统[1] 而设计的。这些类是数据传输对象（DTO），而且只有这个用途（不

1 在ASP.NET Core中，options系统是一种用于配置和组织应用程序中各种设置的灵活方式。options系统允许使用者定义一个包含配置属性的类，并且通过依赖注入的方式将这些配置属性提供给应用程序的各个组件。这样就可以在整个应用程序中方便地访问和使用这些配置信息，而不需要将其硬编码在代码中。——译者注

应该被用于任何其他目的）。我对此非常有把握，所以决定把它们放在看不见的地方。

当我告诉大家，用复杂的层次结构组织代码文件是一个坏主意时，他们惊讶地反驳说："那我们怎么找文件呢？"

答案是：使用你的IDE。它有导航功能。我在前面提到，你应该用自己的IDE导航到`Startup`类时，我的意思不是"找到*Restaurant.RestApi*目录中的*Startup.cs*文件，然后打开它"。

我的意思是，"通过*IDE*去找标记（*symbol*）的定义"。例如，在Visual Studio中，这个命令叫作跳转到定义（Go To Definition），默认的快捷键是F12。其他命令还包括跳转到接口的实现，找到所有的引用，或搜索某个符号。

你的编辑器有选项卡，可以用标准的键盘快捷键在各选项卡之间切换[1]。

我曾和开发人员做团伙编程，教他们做测试驱动开发。在查看一个测试的时候，我说："好了，现在切换到被测系统吗？"

写代码的那家伙的做法是，马上回想那个类的名字，然后切换到文件视图，浏览并找到它，最后双击打开。

其实，这个文件已经在另一个选项卡中打开了。我们3分钟前还在用它工作，只要敲几下快捷键，它就唾手可得。

现在来做一个练习，把IDE的文件视图隐藏起来，学习使用IDE提供的各种功能来浏览代码库。

16.1.3　寻找细节

示例代码16.4中的方法可以让你一览全局图景，但有时候你需要看到实现细节。假设你想学习数据访问层的工作原理，就应该跳到示例代码16.5中的`ConfigureRepository`方法。

1　在Windows上，那就是Ctrl + Tab组合键。

示例代码 16.5 ConfigureRepository 方法。你可以了解数据访问组件的构成。
（*Restaurant/af31e63/Restaurant.RestApi/Startup.cs*）

```
private void ConfigureRepository(IServiceCollection services)
{
    var connStr = Configuration.GetConnectionString("Restaurant");
    services.AddSingleton<IReservationsRepository>(sp =>
    {
        var logger =
            sp.GetService<ILogger<LoggingReservationsRepository>>();
        var postOffice = sp.GetService<IPostOffice>();
        return new EmailingReservationsRepository(
            postOffice,
            new LoggingReservationsRepository(
                logger,
                new SqlReservationsRepository(connStr)));
    });
}
```

从 ConfigureRepository 方法中，你看到它把一个 IReservationsRepository 实例注册到内置的依赖注入容器中。这段代码也是跟思维合拍的：它的圈复杂度为 *1*，激活对象数为 *6*，代码行数为 *15*。图 16.3 展示了一种可能的六角花图。

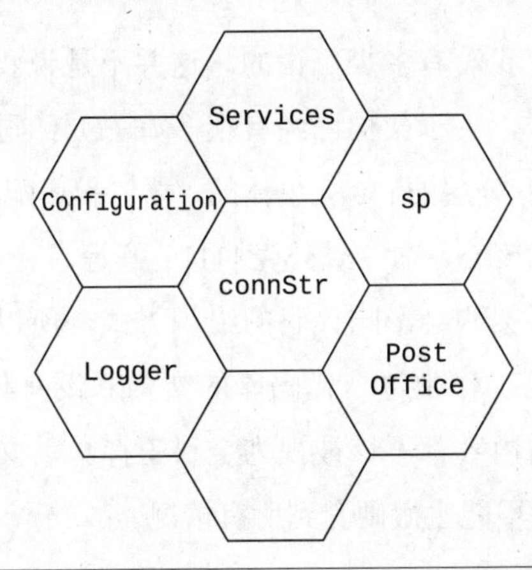

图 16.3 示例代码 16.5 中 ConfigureRepository 方法的六角花图。像图 16.1 那样，本图中的单元格对应的是激活的对象。

既然你已经把镜头拉近到一个细节，那么周围的环境信息应该暂时可以忽略。你需要记住的是 services（服务）参数、Configuration（配置）属性以及该方法创建的变量。

你可以从这段代码中学到：

- 如果想编辑应用程序的连接字符串，应该使用标准的 ASP.NET 配置系统。
- `IReservationsRepository` 服务实际上是一个 3 层嵌套的 Decorator（装饰器），它还涉及日志和电子邮件。
- 最里层的实现是 `SqlReservationsRepository` 类。

根据兴趣，你可以导航到相关的类。如果你想更深入地了解 `IPostOffice` 接口，可以跳转到定义或跳转到实现。如果你想看 `SqlReservationsRepository`，可以导航到它。这样做的时候，你会把镜头拉近到更深的细节层次。

你可以在书中找到 `SqlReservationsRepository` 的代码，参考示例代码 4.19、示例代码 12.2 和示例代码 15.1。我们已经讨论过，它们都是与思维合拍的。

代码库中的所有代码，都遵循这些原则。

16.2　架构

关于架构，我没有多少可说的。这并不是说我认为它不重要，而是因为情况跟其他主题一样，关于架构已经有很多好书介绍过了。我所介绍的大多数实践都适用于各种架构：分层的 [33]，单体的，端口和适配器 [19]，垂直切片，Actor 模型，微服务，函数式核心、命令式外壳 [11]；等等。

显然，软件架构会影响代码的组织方式，所以它绝对不是无关紧要的。你应该明确考虑自己工作中每个代码库的架构。没有什么架构是放之四海而皆准的，所以下面的任何内容都不该被视为金科玉律。前文介绍的单体架构对我们面前的任务很合适，但不能生搬硬套到所有情况。

16.2.1　单体架构

如果看过这本书的示例代码库，你可能感到不安，因为它是巨型单体架构。如果你考虑包括集成测试在内的完整代码库，如图 16.4 所示，那么总共会有 3 个软件包（package）[1]。其中，只有一个软件包可以被归为生产代码。

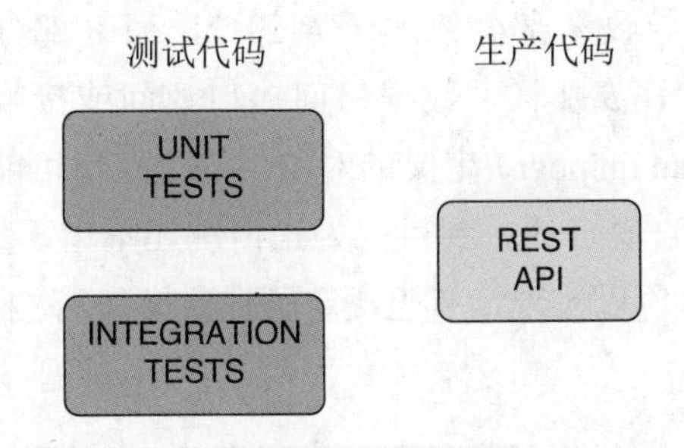

图 16.4 示例代码库中的软件包。由于所有生产代码被打成了一个包，它看起来就是单体架构。

所有的生产代码会编译成单个可执行文件。这包括数据库访问、HTTP 规范、领域模型、日志、电子邮件功能、认证和授权模块。全部在一个包里？这不就是单体架构吗？

在某种意义上，你可以说它确实是。例如从部署的角度来看，各个部分不能分开部署到不同的机器上。考虑到这个示例应用程序的情况，我认为分布部署不是“业务”目标。

你也没法以其他方式重用部分代码。如果我们想复用其中的领域模型，跑一个定期的批处理任务，会怎么样？如果你尝试这样做，就会发现要去掉 HTTP 相关代码会很烦人，电子邮件功能的代码也有这个问题。

不过，这只是我选择代码打包的方式的后果而已。1 个包比 4 个包更简单。

在这个包的内部，我采用了函数式核心、命令式外壳 [11] 的架构，这往往会贴近端口和适配器式（ports-and-adapters-style）的架构 [102]。

有必要的话，我当然能把这个代码库拆成多个包。

16.2.2 循环依赖

单体架构往往臭名远扬，因为它们很容易变成一锅粥。主要原因之一是，在

1 在Visual Studio中，它们被称为项目（project）。

单个包内部，所有代码之间都可以无障碍地互相调用[1]。

这往往会导致 *A* 部分依赖于 *B* 部分，而 *B* 部分又依赖于 *A* 部分。我经常看到的例子像图 16.5 那样：数据访问接口返回或接收的参数是由对象关系映射器（object-relational mapper）定义的对象。这个接口可能被定义为领域模型的一部分，所以实现是与它耦合的。到目前为止情况还不错，然而接口又是根据对象关系映射器来定义的，所以实现细节也决定了抽象模型。这样就违反了依赖反转原则 [60]，产生了耦合。

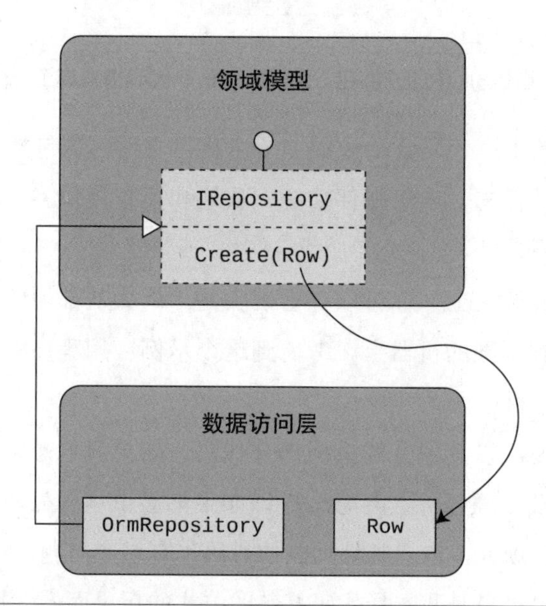

图 16.5　一个典型的数据访问周期。领域模型定义了一个数据访问接口，这里称为 IRepository。其成员的返回类型或接收参数取自数据访问层。例如，Row 类可以由一个对象关系映射器（ORM）来定义。因此，领域模型依赖于数据访问层。另一方面，OrmRepository 类又是基于 ORM 的 IRepository 接口的实现。OrmRepository 不能在不引用 IRepository 的情况下实现它，所以数据访问层也依赖于领域模型。也就是说，这些依赖关系形成了循环。

1　公平地说，在像C#这样的语言中，你可以使用private访问修饰符来防止其他类调用某个方法。对急于求成的开发者来说，这样做没有什么障碍：只要把访问修饰符改为internal［C#中的internal可以粗略地对应Java中的friendly。在Java中，friendly表示默认访问权限，同一package（包）中的代码都可以被访问，尽管它不常用。C#中的internal限定同一程序集（assembly）中的代码都可以被访问——译者注）］，就可以继续了。

在这种情况下，耦合就表现为循环依赖。如图 16.6 所示，*A* 依赖于 *B*，而 *B* 又依赖于 *C*，*C* 又依赖于 *A*。没有任何主流语言可以自行杜绝循环依赖，所以你必须始终保持警惕，避免它们出现。

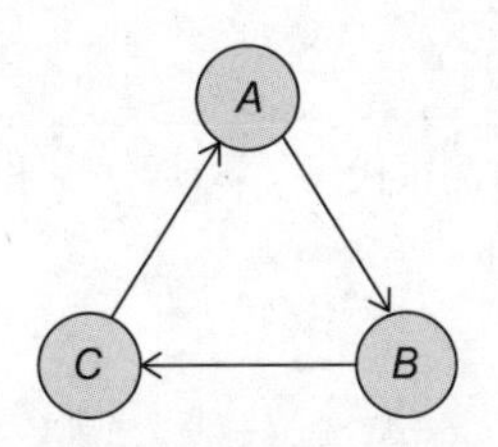

图 16.6　一个简单的循环依赖。*A* 依赖于 *B*，而 *B* 又依赖于 *C*，*C* 又依赖于 *A*。

不过，还有一个窍门可用。虽然主流语言允许代码中的循环依赖，但它们严格禁止软件包的循环依赖。举例来说，如果你试图在领域模型包中定义一个数据访问接口，同时想使用一些对象关系映射器的类作为输入参数或返回值，就必须让数据访问包依赖领域模型的包。

图 16.7 说明了接下来会发生什么。一旦想在数据访问包中实现这个接口，就需要给领域模型包新增依赖项。不过 IDE 会拒绝打破“无循环依赖”（Acyclic Dependency）原则 [60]，所以你不能这么做。

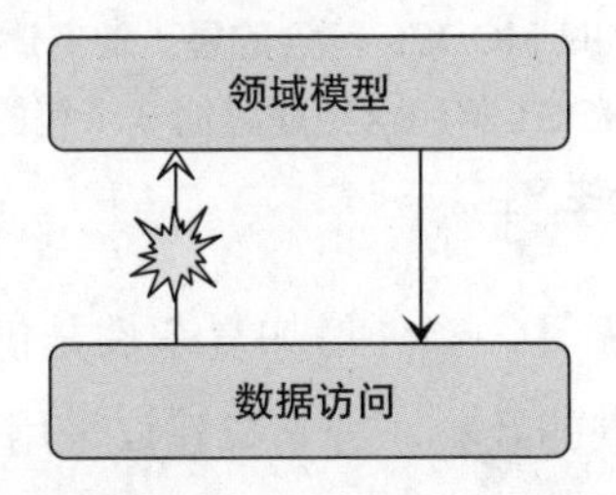

图 16.7　无法建立的循环。如果领域模型包已经引用了数据访问包，那么数据访问包就不能反过来引用领域模型包。不能在软件包之间创建循环依赖。

这应该成为督促我们将代码库拆成多个软件包的动力。IDE 会强制执行这条架构原则，虽然其粒度是很粗的。这就是软件架构中的防错设计，它兜底保证了不会出现大规模的循环依赖。

将一个系统拆分成较小的组件，我们熟悉的方法是将行为分布在领域模型、数据访问、端口或用户界面上，然后用“组合根”（Composition Root）[1][25] 包将它们组合起来。

如图 16.8 所示，你可能还想对每个包单独进行单元测试，所以现在你有 7 个包，而不是 3 个包。

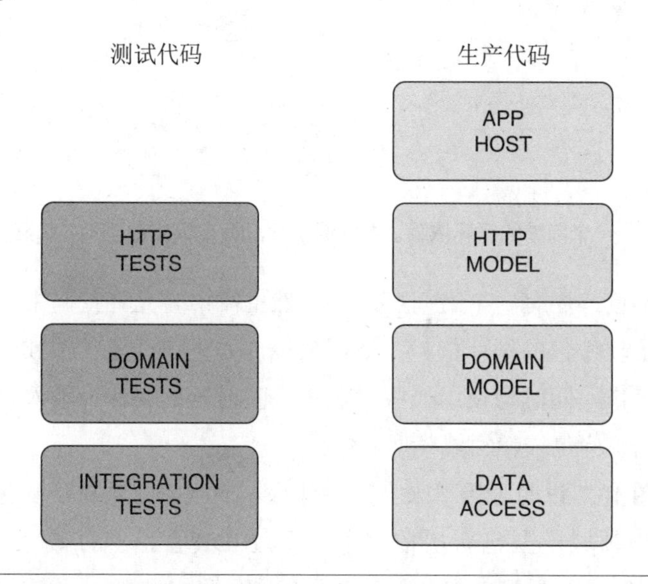

图 16.8 餐厅预订代码库示例的分解假想。HTTP MODEL 将包含所有与 HTTP 和 REST 相关的逻辑和配置，DOMAIN MODEL 包含的是“业务逻辑”，而 DATA ACCESS 包含的是与数据库交互的代码。APP HOST 将包含组成其他 3 个包的 Composition Root[25]。3 个测试包将针对包含复杂逻辑的 3 个生产包。

为了被动防止循环，额外增加复杂性是值得的。除非团队成员对内置禁止循环引用的语言有丰富的经验，否则我建议采用这种架构风格。

当然，这样的语言确实存在。F# 就是禁止循环引用的主流语言。在 F# 中，除非一段代码已经在编译顺序中更早出现的源代码文件里定义过，否则你不能使用它。新人会认为这是个可怕的缺陷，但实际上这是它最好的特点之一 [117][37]。

Haskell 采取了不同的方法；不过，最终它在类型层面上对副作用的明确处理，

1 Composite Root，意思是应用程序代码的所有依赖项都来自注入，但不会自行组合。这些依赖项将被集中在一处组合，这就是“组合根”，通常它是应用程序的入口点。——译者注

把使用者导向了端口和适配器式（ports-and-adapters-style）的架构。否则，你的代码根本无法编译 [102]!

我写 F# 和 Haskell 已经足够久了，所以能轻车熟路地遵循它们强制执行的有益规则。我相信示例代码已经充分解耦，尽管它被打包成了一个单体架构。不过，除非你有类似的经验，否则我建议你把自己的代码库拆分成多个包。

16.3 使用方法

在浏览不熟悉的代码库时，你会想看看它的运行情况。REST API 没有用户界面，所以你不能直接启动它并开始点击按钮。

不过在某种程度上，你也可以这么做。把应用程序运行起来之后，你可以在浏览器中查看其“home”资源。由 API 提供的 JSON 格式数据包含了可以在浏览器中跟踪的链接。不过，这种与系统互动的方式存在局限性。

依靠浏览器，你只能发出 `GET` 请求。但是如果要提交新的预订请求，就必须发出 `POST` 请求。

16.3.1 从测试中学习

如果代码库有覆盖完整的测试套件，通常可以从测试中了解到预期的使用情况。例如，你可能想了解如何在系统中新增一个预订记录。

示例代码 16.6 展示了一个测试，它是我在将代码库扩展为多租户系统时写的。它可以作为这一类测试的代表。

示例代码 16.6 对 Nono 餐厅进行座位预订的单元测试。
（*Restaurant/af31e63/Restaurant.RestApi.Tests/ReservationsTests.cs*）

```
[Fact]
public async Task ReserveTableAtNono()
{
    using var api = new SelfHostedApi();
    var client = api.CreateClient();
    var dto = Some.Reservation.ToDto();
    dto.Quantity = 6;

    var response = await client.PostReservation("Nono", dto);
```

```
    var at = Some.Reservation.At;
    await AssertRemainingCapacity(client, at, "Nono", 4);
    await AssertRemainingCapacity(client, at, "Hipgnosta", 10);
}
```

跟之前一样，这份代码是跟思维合拍的：它的圈复杂度为1，激活对象数为6，代码行数为14。它非常抽象，因为它没有告诉你做断言的细节，也没有说明 PostReservation 是如何实现的。

如果你有兴趣，可以去看 PostReservation 的实现，如示例代码 16.7 所示。

示例代码 16.7 用于预订的测试实用方法 [66]。
（*Restaurant/af31e63/Restaurant.RestApi.Tests/RestaurantApiClient.cs*）

```
internal static async Task<HttpResponseMessage> PostReservation(
    this HttpClient client,
    string name,
    object reservation)
{
    string json = JsonSerializer.Serialize(reservation);
    using var content = new StringContent(json);
    content.Headers.ContentType.MediaType = "application/json";

    var resp = await client.GetRestaurant(name);
    resp.EnsureSuccessStatusCode();
    var rest = await resp.ParseJsonContent<RestaurantDto>();
    var address = rest.Links.FindAddress("urn:reservations");

    return await client.PostAsync(address, content);
}
```

这个测试实用方法 [66] 使用一个 HttpClient 来与 REST API 交互。你可能还记得示例代码 16.6 中提到的客户端与一个自我托管的服务实例进行通信。不过，如果你拉近看 PostReservation 方法，就不需要再分心考虑它了。你只需知道，手里有一个能用的客户端。

这又是运用分形架构的一个例子。在你拉近看细节时，周围环境就不再重要，你不再需要把它记在脑子里。

具体来说，你可以看到辅助方法将 reservation 序列化为 JSON。然后找到适当的地址，对应发出 POST 请求。

现在有了更多的细节，也许你可以从中学到自己想知道的东西。如果你想了解如何格式化 POST 请求、使用哪些 HTTP header 等问题，看到这一层就足够了。相反，如果你想知道如何定位到某个特定的餐厅，就必须拉近看 GetRestaurant 方法。或者如果你想了解如何在 JSON 表示中找到某个特定的地址，可以拉近看 FindAddress。

写得好的测试，可以成为得力的学习资源。

16.3.2 用心聆听测试

如果《测试驱动的面向对象软件开发》[1][36] 这本书有座右铭的话，那就是“用心聆听测试”（listen to your tests）。好的测试可以教会你更多的东西，而不只是如何与被测系统互动。

请记住，测试代码也是代码。你有责任维护它，就像你有责任维护生产代码一样。如果测试代码开始腐化，你也应该重构它，就像重构生产代码那样。

你可以引入测试实用方法 [66]，如示例代码 16.7 或示例代码 16.8 所示。事实证明，示例代码 16.8 中的 GetRestaurant 方法可以作为任何想要与此特定 REST API 交互的 HttpClient 的通用入口点。由于这是一个多租户系统，任何客户端的第一步就是定位到想要的餐厅。

如果仔细看看示例代码 16.7 或示例代码 16.8，就会发现它们并非专为测试量身定制。那么，在其他场景中它们也能用吗？

示例代码 16.8　测试实用方法 [66]，根据餐厅名字定位到餐厅资源。
（*Restaurant/af31e63/Restaurant.RestApi.Tests/RestaurantApiClient.cs*）

```
internal static async Task<HttpResponseMessage> GetRestaurant(
    this HttpClient client,
    string name)
{
    var homeResponse =
        await client.GetAsync(new Uri("", UriKind.Relative));
    homeResponse.EnsureSuccessStatusCode();
    var homeRepresentation =
        await homeResponse.ParseJsonContent<HomeDto>();
```

1　《测试驱动的面向对象软件开发》，王海鹏译，由机械工业出版社于2010年出版。——译者注

```
    var restaurant =
        homeRepresentation.Restaurants.First(r => r.Name == name);
    var address = restaurant.Links.FindAddress("urn:restaurant");

    return await client.GetAsync(address);
}
```

REST API 的好处是，它支持任何“能说”HTTP 并能解析 JSON[1] 的客户端。尽管如此，但是，如果你只发布了 API，那么所有第三方程序员都必须开发自己的客户端代码。如果你的客户中有相当一部分与你的测试代码在同一平台上，你可以将这些测试实用方法推广到“官方”客户端 SDK。

这样的情况经常发生在我身上。我在重构测试代码时，会意识到其中某些代码也可以被当成生产代码来用，无论什么时候，这种发现都是让人高兴的。如果遇到这种情况发生，就把代码迁移过去，好处自然会来。

16.4 结论

“真实”的工程是确定性过程和人类判断的混合。如果你要造一座桥，除了有计算承重强度的公式，还有与任务相关的无数复杂问题需要你去解决。这座桥能承载的交通流量如何？计划的通行量是多少？极端的温度是多少？地下部分是什么样子的？是否有环境问题？

如果工程是一个充满决定性的过程，就不再需要人，只需要计算机和工业机器人就够了。

一些工程学科有可能在未来变成这样。但如果发生这种情况，它就不再是工程了，它已经变成了制造。

你可能认为这种区别只是本体论的，但我认为它与软件工程的艺术有关。你可以采用一些定量的方法论，但你仍然离不开运用自己的头脑。

我们要做的，就是将技能与恰当的流程、实用方法和技术相结合，提高开发

1　或者XML，如果你喜欢的话。

的成功概率。在本书中，我介绍了若干种当下就可以应用的技术。一位预览过本书的朋友认为其中部分想法过于超前。可能确实如此，但它们是可行的。

“未来已来,只不过是参差而来。”——William Gibson（威廉·吉布森）

这里介绍的技术并非高不可攀。一些组织机构已经在运用它们了。同样，你也可以做到。

附录A　实践技巧列表

本附录列出了本书中介绍的各种方法和实用算法及所在章节。

A.1　50/72规则

撰写符合规范的 Git 提交说明。

- 提交说明应当使用祈使句型，且不超过 50 个字符。
- 如果要写更多内容，请把第 2 行留空。
- 你可以随心所欲地写，但格式化后行宽不要超过 72 个字符。

除摘要外，重点要解释更改的原因，因为更改的内容已经可以通过 Git 的 diff 视图看到。详见 9.1.1 节。

A.2　80/24规则

代码应当写成小块的。

在以 C 为基础的编程语言，如 C#、Java、C++ 或 JavaScript 中，建议屏幕保持在 80×24 个字符的范围内，老式终端窗口就是这个尺寸。

不要死抠 80 和 24 这两个数字。我选择它们有 3 个原因：

- 实际应用的效果不错。
- 这是对传统的延续。
- 听上去类似于帕累托原则（其也被称为 80/20 规则）。

你可以采用其他的阈值。我认为这条规则的核心是选择一组门槛值，并始终遵守这些限制。

详见 7.1.3 节。

A.3 预备–执行–断言

按照“预备–执行–断言”的模式构建自动化测试。让读者能清楚地划分每个部分。参阅 4.2.2 节来获取主要思路，参阅 4.3.3 节来获取更多详细信息。

A.4 二分法

在努力理解问题的原因时，二分法可以成为一种有效的技巧。删除一半的代码，再看问题是否仍然存在。不管结果如何，你总可以知道问题出现在哪一半代码中。

不断地缩小代码的范围，直到只剩下最小可工作实例。在这种情况下，问题重现时可能已经排除了许多不相关的上下文，故而能准确定位。详见 12.3 节。

A.5 针对新代码库的checklist

在新建代码库时，或将新的“项目”添加到现有的代码库中时，请考虑按照下面的 checklist 逐项检查。这里有一份模板：

- 使用 Git
- 自动化构建
- 显示所有错误消息

你可以按照自己的具体情况修改这个清单，但要保持简洁明了。详见 2.2 节。

A.6 命令与查询分离

命令和查询应当分离。命令具有副作用，查询是返回数据的函数。每个方法都应该是命令或查询，但不应兼顾。详见 8.1.6 节。

A.7 清点变量

清点方法实现中涉及的所有变量，包括局部变量、方法参数和类字段。应当确保变量数目保持在低水平。详见 7.2.7 节。

A.8 圈复杂度

圈复杂度是少数真正有用的代码指标之一。它衡量通过某段代码的路径数量，给出方法复杂度的指示。

我发现将阈值设置为 7，在实践中表现良好。圈复杂度为 7 的代码足够完成有用的工作，所以这个阈值是足够的，不必反复重构。另一方面，它仍然足够小，很容易跟思维合拍。详见 7.1.2 节。

查看该指标还可以得知，覆盖一个方法所需要的测试用例数量的下限。

A.9 用于横切面关注点的装饰器模式

不应当将日志依赖注入业务逻辑中。这不是关注点分离，而是大杂烩。对于缓存、容错和大多数其他横跨多个关注点的场景，同样如此。

请按照 13.2 节的讲解，使用装饰器模式。

A.10 恶魔的辩词

“恶魔的辩词”技巧是一种实用方法，它可以用来评估测试套件是否需要更多的测试用例来增加可信度。你可以运用“恶魔的辩词”来给已有的（测试）代码做 review，在考虑要添加的新测试用例时，也可以从中获得启发。

采用这个技巧，意味着故意在被测系统中做一些错误实现。错得越厉害，就越应该考虑新增测试用例。详见 6.2.2 节。

A.11 功能标识

如果你无法在半天工作时间内完成一系列相关变更，请将该功能隐藏在功能标识之后，并继续与其他人的工作进行集成。

详见 10.1 节。

A.12 函数式核心、命令式外壳

优先选择纯函数。

引用透明性指的是，在不改变程序行为的情况下，可以以函数调用的结果替换函数调用本身。这是极度的抽象化。输出封装了函数的本质，而所有的实现细节都隐藏起来了（除非你需要它们）。

纯函数很方便组合，也很容易进行单元测试。详见 13.1.3 节。

A.13 交流的层次

在写代码时，请考虑一下未来的读者，其中可能就包括你自己。在沟通行为和意图时，优先按这个顺序来：

1. 提供以类型信息区分的 API 来讲解。
2. 给方法起有用的名字来讲解。
3. 以好的注释来讲解。
4. 提供自动化测试的说明性例子来讲解。
5. 在 Git 中写出有用的提交说明来讲解。
6. 编写良好的文档来讲解。

重要性从上往下依次递减。详见 8.1.7 节。

A.14 特殊情况特殊处理

好的规则在大多数情况下都是有用的，但有时候规则会妨碍工作。如果情况需要，可以打破规则，此时必须给出理由并且记录下来。详见 4.2.3 节。

在你打破规则之前，征求他人意见是一个好主意。有时候，你可能想不出如何在遵守规则的前提下获得自己想要的东西，但你的同事可能有好的建议。

A.15 解析，而不是验证

你的代码会与外部世界互动，并且外部世界并不是面向对象的。相反，你接收的数据可能是 JSON、XML、CSV、协议缓冲区或其他格式的，这些数据的完整性没有保障。

应当尽早将不够规范的数据转换为更规范的数据。即使不是解析纯文本，也可以将这一步骤视为解析。详见 7.2.5 节。

A.16 Postel定律

在编写前置条件和后置条件时，请记住 Postel 定律。

> 对发送的内容保持审慎，对接收的内容保持宽容。

方法应当可以接收各种可理解的输入，但不应该过度包容。返回值应该尽可能可靠。详见 5.2.4 节。

A.17 红绿重构

在进行测试驱动开发时，请遵循红绿重构的流程。你可以把它想象成一张 checklist[93]：

1. 编写一个失败的测试。
   - 测试运行了吗？
   - 测试失败了吗？

- 失败是因为断言造成的吗？
- 失败是因为最后一个断言失败造成的吗？

2. 用最简单的修改让所有的测试都通过。
3. 审视现在的代码。它还能改进吗？如果可以，那就改进它，但确保所有测试仍然通过。
4. 重复。

详见 5.2.2 节。

A.18 定期更新依赖项

你的代码库不应落后于其依赖项，应当定期检查更新。这很容易被忘记。但如果你落后得太多，就很难再跟上了。详见 14.2.1 节。

A.19 通过测试重现缺陷

如果可能，请按照 12.2.1 节的说明，用一个或多个自动化测试来重现 bug。

A.20 code review

人们在写代码时，很容易出错。最好由另一个人来做 code review。虽然这样不能找出所有的错误，但这是我们知道的保证质量的有力手段之一。

code review 有很多种做法：持续做 review，在结对编程或团伙编程时做 review，对 pull request 做异步 review。

review 应该是建设性的，但拒绝某个变更集也是一种正式答复。如果某个变更不容拒绝，那么 review 就毫无价值。

code review 应当成为日常工作的一部分。详见 9.2 节。

A.21 语义版本管理

请考虑使用语义版本管理。详见 10.3 节。

A.22　分开重构测试代码和生产代码

在需要重构生产代码时，自动化测试可以带来信心。与此相对，测试代码的重构更加危险，因为没有针对测试代码的自动化测试。

这不是说我们不能重构测试代码，但操作时需要小心。尤其值得注意的是，不要同时重构测试代码和生产代码。

在重构生产代码时，切勿改动测试代码。在重构测试代码时，切勿更改生产代码。详见 11.1.3 节。

A.23　切片

编程应当以小步递进的方式进行。每一步都是对已在运行系统的改进。以垂直切片为起点，逐步增加功能。详见第 4 章。

这个过程不应当被视为排他性的。根据我的经验，推动工作时它是主要方式，但也有些时候你需要停下来处理其他事情，比如修复 bug 或处理横切面关注点。

A.24　绞杀榕

有些重构可以很快完成。重命名变量、方法或类的功能已经内置在大多数 IDE 中，只需点击一下按钮即可完成。其他变更则需要几分钟或几小时才能完成。只要能在半天之内把代码库从某个完整一致的（consistent）状态转换到另一个完整一致的状态，可能就不需要做任何特殊处理了。

其他变更可能会产生更大的影响。我做过的一些重构需要几天，甚至超过一周的时间。这就不是一个好的节奏。

如果发现可能会出现这种情况，请使用绞杀榕模式来实施变更。在旧代码旁并行增加新代码，并逐步把代码从旧路径迁移到新路径。

这可能需要几小时、几天甚至几周，但在迁移过程中，系统始终保持完整一致，也始终可集成。如果原始 API 再没有代码调用，可以将其删除。

详见 10.2 节。

A.25 威胁模型

请做出专门的安全决策。

对于不是安全专家的人来说，STRIDE（威胁）模型很容易理解。依靠它，你可以交出一份不错的答卷。

- Spoofing（欺骗）。
- Tampering（篡改）。
- Repudiation（否认）。
- Information disclosure（信息泄露）。
- Denial of service（拒绝服务）。
- Elevation of privilege（提权）。

威胁建模应该由 IT 专业人员和其他利益相关方等共同完成，因为通常需要权衡业务关注点和安全风险之后，才能做出适当调整。

详见 15.2.1 节。

A.26 代码改动优先级的原则

应当以这种方式工作，即代码在大多数时间内处于有效状态。从一个有效状态转移为另一个有效状态，通常会包含代码无效的阶段，比如，此时它可能无法编译。

“代码改动优先级的原则”：建议进行一系列小改动，将无效阶段缩减到最小。请尝试通过一系列小改动来编辑代码。详见 5.1.1 节。

A.27 “某某驱动”开发

自己写的代码背后应当有某种驱动力。该驱动力可以是静态代码分析、单元测试、内置的重构工具等。详见 4.2 节。

偏离这条规则没有大问题，但离它越近，就越不容易误入歧途。

A.28 蒙住名字

用 X 替换掉方法名，看看方法的签名包含了多少信息。你可以单纯展开思考，而不必真的动手去实践。重点是，在静态类型语言中，如果你想做，那么类型可以提供很多信息。详见 8.1.5 节。

参考资料

因篇幅所限，本书所提供的参考资料内容放于博文视点网站，读者可从封底的读者服务处扫码获取。